圧電デバイスの有限要素モデルと
シミュレーション

Finite Element Modeling and Simulation of Piezoelectric Devices

加川 幸雄 [編]

加川 幸雄　山淵 龍夫　安藤 英一 [共著]

丸善出版

まえがき

　弾性構造系あるいは電気磁気系の数値解析のための有限要素モデルと数値シミュレーション技術が開発され，実用化されて久しい．

　圧電は機械系と電気系が空間的に連成している系で，弾性体の機械的変形が圧電効果により電気系に作用する，あるいはその逆に，電界が加えられると機械的変位が生じるような現象である．この現象を利用して，多くの電子素子，電気機械変換器などが開発され，広く利用されている．

　本書は，このような電気-機械結合系の有限要素法とその応用に関するものである．すなわち圧電系の有限要素モデルによる離散化方程式の導出と，いくつかの具体的な圧電デバイス（素子や機器）の数値シミュレーション例について述べたものである．

　まず，圧電現象の沿革と構成方程式の導出について述べ，圧電現象における電気機械間のエネルギーの移動を熱動力学的観点から説明し，次にエネルギー原理と変分原理について述べ，有限要素モデルによる離散化方程式の導出を展開した．振動問題においては，周波数領域，時間領域の応答について述べている．

　本書では，有限要素法による数値解法を与えるだけでなく，電気的等価回路網を構築することでその物理的振る舞いの理解に資するよう工夫している．数値計算プログラムの開発をふまえて，いくつかの種類のデバイス解析への応用例を示した．そのいくつかの例では，ほかの手法による解析，実験結果と比較して，本手法の妥当性を検証している．

　有限要素法の特徴である任意な形状，異種の材料の混在，任意な境界条件の設定など，一度ソフトウェアが開発されれば本モデルの応用の汎用性は高い．電気機械間の弱結合の仮定は課されていない．

　ロボット，マイクロマシン等の開発のために，小型，軽量なセンサー，トランスジューサ（MEMS, NEMS）などが要求されている．これらは従来，簡単な目安（1次元モデルなど）に基づいて実機を作成し実測による検証を経て実用化されてきた．小型化の問題の1つは，対象とする素子のディメンション，縦，横，高さの長さが接近するので，たとえば振動子などでは周波数領域の思わぬところにスプリアス応答や結合振動が現れることが起こりうる．また支持系，放射系など境界条件，付加の効果の見積もりも容易ではない．医療超音波用送受波器などでは所要の特性をうるために，多数

の素子のアレーあるいはスタック配列などが利用されている．いろいろ試作をしたなかでベストの材料と構成が採用されるものと思われるが，これがいつもベストである保障はない．3次元解析が必要とされる理由である．本手法がこのような分野に応用されていくことを期待している．

本書の企画，構成は加川によるものである．

1～3章は加川，4章は山淵，5章は安藤，加川，6章，7章は山淵，安藤がそれぞれ担当した．ソフトウェア，3次元圧電系有限要素解析プログラム PIEZO3D1，3次元非線形電界（分極）有限要素解析プログラム PDLPROC3DE1 の開発は主として山淵があたった．プログラムとその解説はウェブ経由でダウンロードできるが，ソースコードのみであり，プリ，ポスト・プロセッサは付属していない．

原稿は，全体を通して，加川が調整，推敲にあたり，用語，定義などの統一を図ったが，複数の著者による執筆のために，重複，不統一の感は免れていない．定義等については，必要とされる場所で説明を加えて，混乱がないように心がけた．丸善出版企画・編集部の東條健氏，木下岳士氏には，本文の校正のみならず，図面のトレース，調整などで多大のご迷惑をおかけした．ここにお礼を申しあげる．

最後に，川井忠彦先生（東京大学名誉教授）には，圧電問題の有限要素法にご興味をもっていただき，長い間ご指導，ご鞭撻をいただいた．厚くお礼を申しあげます．先生ご主宰の研究会にお招きをいただいてお話させていただいたのは，1970 年の秋だったと記憶している．それ以来，ご配慮をいただいている．

2014 年 8 月

加川　幸雄

目次

1章　圧電／磁歪現象 …………………………………… 1
　1-1　沿革　1
　　1-1-1　圧電／電歪　1
　　1-1-2　磁歪　3
　1-2　圧電板の変形と振動　3
　　1-2-1　等価モデル　5
　　1-2-2　電気機械結合係数　7
　参考文献　10

2章　圧電／磁歪構成方程式 …………………………… 11
　2-1　弾性変形と振動方程式　11
　　2-1-1　フックの法則とテンソル　11
　　2-1-2　2次元近似モデル　14
　　2-1-3　振動／波動方程式　15
　2-2　圧電基本式　16
　　2-2-1　圧電構成方程式　16
　　2-2-2　各種定数等について　18
　　2-2-3　電気機械結合係数　19
　2-3　磁歪の基本式　21
　　2-3-1　磁歪構成方程式　21
　　2-3-2　各種定数等について　22
　2-4　圧電と磁歪の双対性　23
　参考文献　24

3章　エネルギー原理 …………………………………… 27
　3-1　エネルギー保存　27
　3-2　汎関数と運動方程式　27
　　3-2-1　エネルギーの平衡　27

3-2-2　2次形式　　28
　　3-3　ハミルトンの原理　　30
　　3-4　いくつかの補足　　32
　　　3-4-1　調和振動　　32
　　　3-4-2　電界の準静的取り扱いについて　　32
　　　3-4-3　非線形モデル　　33
　　　3-4-4　境界要素法　　33
　　　3-4-5　音響放射　　33
　　参考文献　　34

4章　圧電系の有限要素法　……………………………　37
　　4-1　圧電系構成方程式　　37
　　　4-1-1　圧電基本式　　37
　　　4-1-2　各基本量の節点変数ベクトルによる表現　　38
　　4-2　圧電材の各種テンソルの表示　　40
　　　4-2-1　圧電結晶と圧電セラミックス　　40
　　　4-2-2　等方性材のテンソルの表示　　40
　　　4-2-3　水晶のテンソル表示　　41
　　　4-2-4　圧電セラミックスのテンソルの表示　　42
　　　4-2-5　テンソルの座標回転変換　　43
　　4-3　エネルギー関数　　45
　　　4-3-1　ハミルトンの原理　　45
　　　4-3-2　各種エネルギーについて　　46
　　4-4　離散化と離散化方程式　　47
　　　4-4-1　エネルギー関数　　47
　　　4-4-2　各種エネルギーのマトリックス表現　　47
　　　4-4-3　非定常応答　　50
　　　4-4-4　定常応答　　51
　　　4-4-5　固有値解析　　52
　　4-5　2次元の要素マトリックス　　53
　　　4-5-1　2次元の場合の各種テンソル　　53
　　　4-5-2　領域の要素分割と要素内変位ベクトル，ポテンシャル　　55
　　　4-5-3　ひずみベクトル{S}の節点変位ベクトル表示　　56

4-5-4　電界の強さベクトル $\{E\}$ の節点ポテンシャルベクトル表示　57
4-5-5　要素マトリックスの導出　57
4-6　3次元の要素マトリックス　59
4-6-1　領域の要素分割と要素内の変位ベクトル，ポテンシャル　59
4-6-2　要素内の任意点でのポテンシャル ϕ　61
4-6-3　全体座標変数と局所座標変数による微分，積分演算　62
4-6-4　ひずみベクトル $\{S\}$ の節点変位ベクトル表示　62
4-6-5　電界の強さベクトル $\{E\}$ の節点ポテンシャルベクトル表示　63
4-6-6　要素マトリックスの導出　63
4-6-7　仮想係数を消去した要素マトリックスの導出　64
4-7　文献についての補足　65
参考文献　65

5章　モーダル・モデルと電気的等価回路　67

5-1　モーダル解析　67
5-2　モードの分離　70
5-3　定常強制振動　71
5-4　圧電効果の振動への影響　72
5-5　等価回路と集中定数　74
5-6　等価回路モデルの有効限界　76
5-6-1　モーダル解析と等価回路　76
5-6-2　弾性棒の1次元振動と解析解　77
5-6-3　数値実験　78
参考文献　82

6章　圧電デバイス応用例　85

6-1　面内振動　85
6-1-1　2次元電気・機械振動子の有限要素シミュレーション　85
6-1-2　任意な電極配列をもつ電気・機械素子の有限要素シミュレーション　92
参考文献　99
6-2　軸対称振動子，音響放射，トランスジューサ　100
6-2-1　軸対称圧電振動体の有限要素シミュレーション　100
6-2-2　音響放射を伴う超音波トランスジューサ　106

6-2-3　無限要素による音響放射問題の解析　112
参考文献　117
6-3　圧電トランスの3D有限要素モデル　119
6-3-1　圧電トランスと等価回路　119
6-3-2　有限要素モデル　121
6-3-3　実験　122
6-3-4　モデリングと解析　123
6-3-5　双峰特性　128
参考文献　132
6-4　温度効果の組み込み　133
6-4-1　有限要素法による回転カット板水晶振動子の温度特性　133
6-4-2　3次元有限要素モデルを用いた圧電振動子の温度特性解析と温度センサー解析への応用　143
6-4-3　圧電振動体の熱問題　148
参考文献　156
6-5　回転の効果——圧電型振動ジャイロ　158
6-5-1　平板圧電振動ジャイロ——2次元有限要素解析　159
6-5-2　コリオリ力　165
6-5-3　円筒形型振動ジャイロ——3次元有限要素法による解析　166
参考文献　172
6-6　単一素子3軸力センサー／アクチュエータ　174
6-6-1　円筒形型圧電セラミックスによる3軸センサーおよびアクチュエータ——3次元有限要素解析　174
6-6-2　3軸アクチュエータ　180
参考文献　182
6-7　曲げ振動子　183
6-7-1　電歪振動子を貼付した音片振動子とフィルターの解析　183
6-7-2　圧電単結晶を用いたセンサー　186
参考文献　192
6-8　振動制御　193
6-8-1　等価回路モデル　193
6-8-2　圧電素子によるパッシブ制振　196
参考文献　201

6-9 非定常／時間領域問題　202
　　6-9-1 ピエゾ振動子の過渡応答特性——時間領域解法と周波数領域解法　202
　　6-9-2 円環型超音波モーター　206
　参考文献　217
6-10 3次元非線形電界のための有限要素法——圧電材における分極プロセスシミュレーション　219
　　6-10-1 圧電セラミックスの分極特性　219
　　6-10-2 汎関数表示　220
　　6-10-3 ニュートン・ラフソン法による定式化　223
　　6-10-4 計算例　225
　参考文献　231

関連参考文献　……………………………………………………………… 232
7章　ダウンロードできるプログラムについて　…………………… 240
あとがき　………………………………………………………………… 242
索引　……………………………………………………………………… 245

【※以下はダウンロードしてご覧ください】

7章　ダウンロードできるプログラム

7-1 3次元圧電弾性振動解析有限要素法プログラム（PIEZO3D1）
　7-1-1 理論解説
　7-1-2 プログラムの概要
　7-1-3 メインプログラムと主なサブルーチンプログラム
　7-1-4 メインプログラムの説明
　7-1-5 サブルーチンプログラムの説明
　7-1-6 計算例
　7-1-7 3次元圧電弾性振動解析有限要素法プログラム（PIEZO3D1）コード
7-2 圧電分極シミュレーションプログラム（POLPROC3DE1）
　7-2-1 理論解説
　7-2-2 プログラムの概要
　7-2-3 メインプログラムと主なサブルーチンプログラム
　7-2-4 メインプログラムの説明

7-2-5　サブルーチンプログラムの説明
7-2-6　共通サブルーチンの使用法
7-2-7　計算例
7-2-8　圧電分極シミュレーションプログラム（POLPROC3DE1）コード

参考文献

1章　圧電／磁歪現象

1-1　沿革

1-1-1　圧電／電歪

　圧電効果（Piezoelectric effect）は，ある種の物質（水晶など）に圧力を加えると，物質の表面に，圧力に比例する電圧（電荷）が現れる現象である．そのような性質を有する物質は圧電材と呼ばれ，この効果はピエゾ効果と呼ばれる．これは結晶格子の分極（Polarization）によるものと考えられている．力の向きを反対にすると，電圧の極性は逆になる．

　圧電効果は1880年ごろ，キュリー兄弟により発見されたといわれている．またこの逆の現象，すなわち物質の表面に設けた電極に電圧を印加すると，物質がひずむ逆圧電効果は，リップルマンにより1881年に予測され，熱力学に基づいて数学的に導かれた．このように圧電効果は可逆的である．

　これは電気→機械，機械→電気の変換を可能にする現象であるが，これに先立つこと半世紀前，1831年に電磁誘導現象がファラデーにより発見され，1865年には，マックスウェルによって電磁場の動力学理論が発表された．これにより電気⇄機械変換が可能となり，電動機，発電機が発明された．またラウドスピーカ，マイクロフォンのような電気音響機器も実用化されるようになった．しかし，上の圧電効果は，その変換のメカニズムがより直接的である．

　強誘電体の多くは，圧力を加えるとその表面に電圧が生じる．また電圧を加えると，ひずみが生じる．ただしこの現象では，電圧の極性を逆にしてもひずみの向きは変わらない．ただひずみの大きさが印加電圧（電界）にほぼ比例するだけである．このような現象を電歪（Electrostriction）と呼ぶ．しかし偏倚（バイアス）電圧を与えておけば，そこを中心としたひずみの変化は圧電と同様の扱いができる．

　単結晶ではないが，セラミックス磁器のような多結晶からなる物質で高電圧を印加すると，その方向の分極が残留して圧電性を示すものがある．これは多結晶の各ドメインは圧電性をもっているが，それらがランダムに分布しているために，そのままでは全体として圧電性を示さない．しかし，高電圧を加えることで，分極方向がそろって圧電材と同様の圧電性を示すようになると考えられる．

このような圧電セラミックスでは，成分の配分を変えることで，用途に応じた種々の異なる特性を実現することが可能であることから，工業化と相まって，広く用いられるようになった[1]．

先に述べた電磁誘導作用による電気⇄機械変換は，電流と磁界との作用によるもので，大きな変位を生み出すのが容易なのに対して，圧電作用による変換は高い駆動電圧に対しても，小さな変位が得られるにすぎない．しかし大きな力が得られることに特徴がある．

このように応用範囲に限界もあり，圧電効果の実用的な応用は，20世紀に入ってからである．1918年のランジュバンによるソナーの送受信器への応用が有名である．これは数十 kHz の水中超音波の送・受波用のトランスジューサで，厚み振動をする水晶板の両面に鋼製の平板を接着したサンドイッチ構造のものである．水晶部は厚さが薄くなるので，高価な水晶は少量で済み，さらに低い電圧で駆動できる．両面の鋼平板の厚さを変えれば，共振周波数は任意に選ぶことができる．このような構成は，合理的設計が可能なので，ランジュバン形振動子として現在も広く利用されている．

圧電セラミックスは，第二次世界大戦を契機に，わが国を含む多くの国々で，研究開発が行われ，戦後，従来の天然物質よりも圧電定数が一桁大きい材料が発見された．$BaTiO_3$（チタン酸バリウム），PZT（チタン酸ジルコン酸鉛）などがそれである．これらは成分の配分を変えることでいろいろな特性を実現できる特徴もある．したがって超音波トランスジューサだけでなく，回路フィルター，圧電アクチュエータ等に広く利用されている．

20世紀半ばになって，圧電定数がさらに大きい圧電材の開発が行われ，また鉛などを使わない環境にやさしい材料も見出されている[2]．

水晶は温度特性が良好なので，時計や発信機の振動子として現在でも広く利用されている．水晶は現在ではオートクレーブ法による人工のものが得られるようになっている．結晶の圧電材としては，水晶のほかに ADP, CdS, ZnO, $LiNiO_3$ などが実用的なものとして知られている．また，ポリフッ化ビニリデン（PVDF）などの高分子系の軟らかい圧電材も圧電セラミックスに劣らない圧電効果をもつものが現れ，生体のなかにも骨などが圧電性をもつことが発見されている[3]．

本書の目的は，おもにこのような電気機械変換機能を利用した圧電デバイス設計解析のための有限要素法モデルとその数値シミュレーション技術を提供することである．上に見たように，圧電，磁歪はそのメカニズムの物理は異なっても，マクロにみればその振る舞いは同じモデルで扱うことができる．したがって，以下ではこれらを区別することはない．

1-1-2 磁歪

磁歪（Magnetostriction）は，ある種の強磁性物質では外部から磁界が与えられると，物質が伸縮，変形する現象である．これは 1887 年にジュールにより発見されたもので，ジュール効果とも呼ばれる．逆に，コイル内に挿入された磁性体に応力を加えると，コイルに電圧が励起される．この逆磁歪効果はビラリ効果と呼ばれている．この2つの効果も可逆的である．磁歪効果は先の電歪効果と双対の関係にあるといえる．したがってこの効果は，物理的なメカニズムと背景が異なってはいても，そのマクロな取り扱いや数学的記述は類推が可能である．

しかし具体的なデバイスの設計解析を考えると，3 次元磁界の解析は磁気ベクトル・ポテンシャルの問題であって，そのほかに渦電流が絡んでくる．したがって磁界解析そのものが有限要素法モデルと数値解析的手段を用いても必ずしも単純ではない．

上に見たように，磁歪の発見は，圧電の発見と同時期で非常に古く，初期には電力トランスのような積層薄鋼板構造のトランスジューサが利用された．第二次大戦後，損失を改善するために渦電流の小さいセラミックス磁器の磁歪材がわが国とオランダなどで開発され，数十 kHz の超音波トランスジューサとして広く利用された．しかし偏倚磁界用のコイルや永久磁石を必要として不便で，効率などに不利な面があり，圧電セラミックス材の発展とともに，しだいに圧電材に置き換えられていった．

しかし，近年になって，一桁以上大きな巨大ひずみを発生する磁歪材 F. Terfenol-D（Tb-Dy-Fe 系合金），$TbCo_2$-$DyCo_2$（$TbCo_2$ と $DyCo_2$ の固溶体）が発見されて[4]，磁歪の利用もリバイバルとなり，デバイスへの応用も盛んになりつつある[5]．磁歪デバイスについても，非線形性を組み入れれば，類似の有限要素法の適用が可能であり，いくつかの計算例が発表されている[6]～[8]．

1-2 圧電板の変形と振動

図 1.1 は天然水晶の結晶を示したものである．結晶には異方性があり，弾性定数，圧電定数などは方向により異なる値をもっている．圧電板を振動体などとして利用する場合には，用途に応じて図 1.1 (B) に示してあるように，適当な板を切り出して利用することになる．板には切り出し方向によって X，Y，Z 板などの名前が付けられて，それぞれ特徴ある特性を示す．実際に工業用として利用されるものは図 1.1 (C) に示すような人工水晶で，高温高圧下（オートクレーブ）で，天然のクズ水晶原料から水熱合成法により育成されたものである．

圧電セラミックスの場合は，分極処理（Poling）の方向によってさまざまな異方性

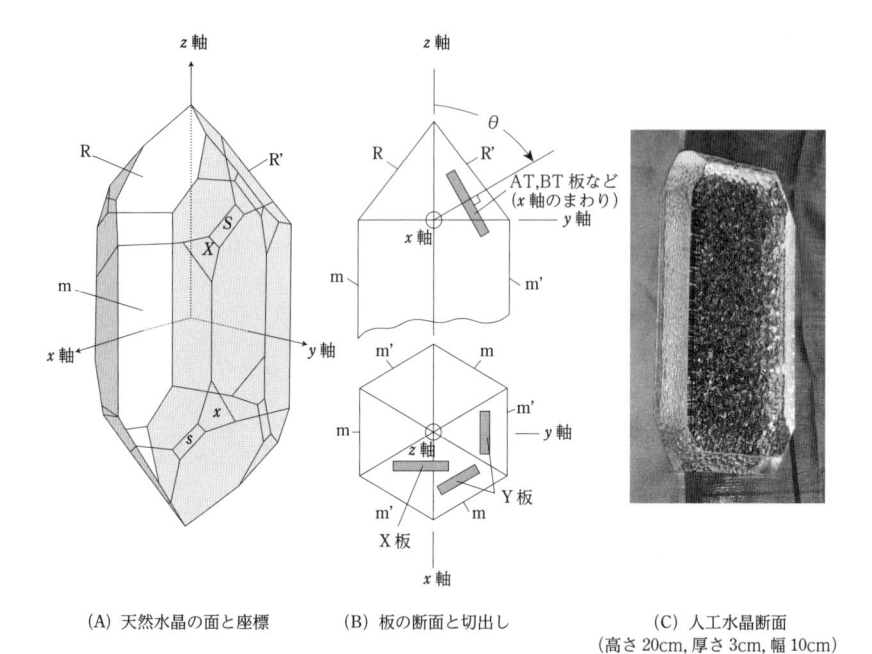

(A) 天然水晶の面と座標　　(B) 板の断面と切出し　　(C) 人工水晶断面
　　　　　　　　　　　　　　　　　　　　　　　　　（高さ20cm, 厚さ3cm, 幅10cm）
図 1.1　水晶と切断板

を示す．したがって板の両面に施された電極に，直流電圧を印加すれば，縦効果，横効果によって，図 1.2 に示したようにさまざまな変形をする．交番電圧を加えれば，板は当然振動することになる．用途に応じてそれぞれの変形を利用している．

図 1.3 に示すのは細長い板の例である．図 1.3（A）は，板の両面に設けた電極に DC 電圧 V を加えた場合の例である．板の厚み方向に電界 $E_x=-V/t$ が加わり，横効果によって y 方向に変位 ξ が生じる．また，変位 ξ を拘束すると力 F が生じる．力が電圧 V に比例するものとすると，次の関係で表される：

$$F = K\xi - AV \tag{1.1}$$

ここで，K はばね定数で $V=0$，$E_x=0$ のときの板のスティフネスに相当する．すなわち，変位拘束 $\xi=0$ であれば $F=-AV$，変位を自由にすれば $F=0$，$K\xi=AV$ である．比例定数 $A(=\partial F/\partial V)$ は入力電圧に対する発生力の割合で，力係数と呼ばれ，この場合 $A=eb$ で与えられる．ここで e は圧電応力定数，b は電極の幅である．

電極に生じる電荷に対しては，電気機械変換を考えないとき（$A=0$）の静電容量を C_d とすると電荷は $Q=C_dV$ であるが，結合によりそこに生じた変位が電荷を生むものとすると

1-2 圧電板の変形と振動

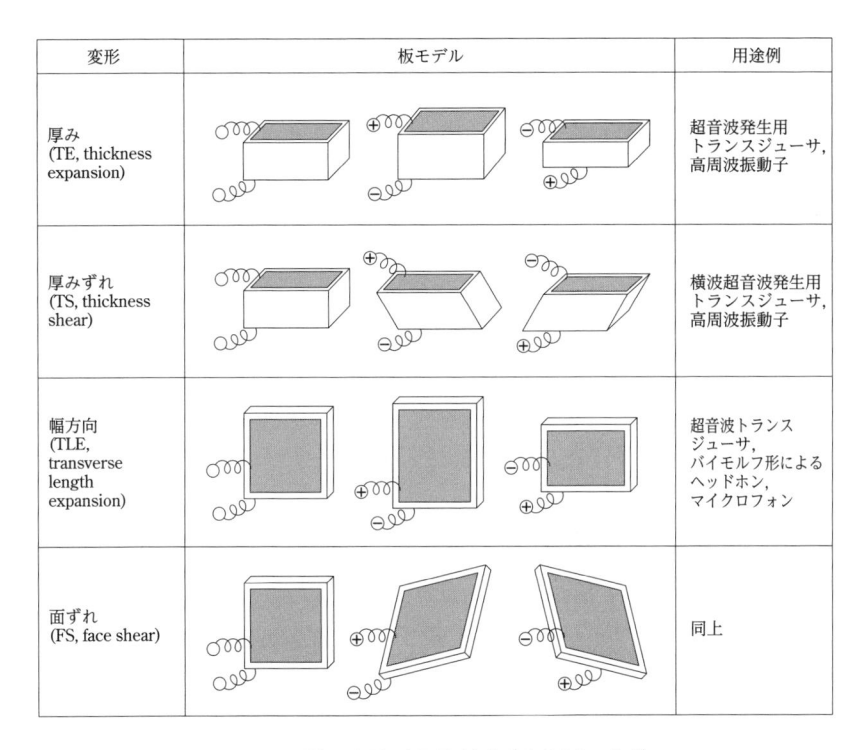

変形	板モデル	用途例
厚み (TE, thickness expansion)		超音波発生用トランスジューサ, 高周波振動子
厚みずれ (TS, thickness shear)		横波超音波発生用トランスジューサ, 高周波振動子
幅方向 (TLE, transverse length expansion)		超音波トランスジューサ, バイモルフ形によるヘッドホン, マイクロフォン
面ずれ (FS, face shear)		同上

図 1.2　圧電板の変形と応用例（文献 [9] をもとに改変）

$$Q = C_d V + A\xi \tag{1.2}$$

と書ける．この系は可逆的であり，比例定数 A が上の力係数と同一のものであることがわかっている．電気端子に入っている C_d は，機械端を拘束したとき（$\xi=0$）の容量で制動容量と呼ばれる．

1-2-1　等価モデル

交番電圧を印加すれば，長さ方向に伸縮振動をする．この振動の一番簡単な固有振動は図 1.3 (B) の等価モデルで表したような振動様式（モード）で，中心部にばねがあって両端についた 2 つの錘（等価質量 M）が対向運動をするモデルで表されるような様式で左右対称である．ここで変位 ξ は y 方向の変位である．この振動の周波数は棒の長さによって決まるから，等価質量が決まれば，ばねの大きさ（等価ばね K）はこれを満たすように定められる．

この場合の電気機械変換の機能は図 1.3 (A) の場合と同様であるが，振動が調和振

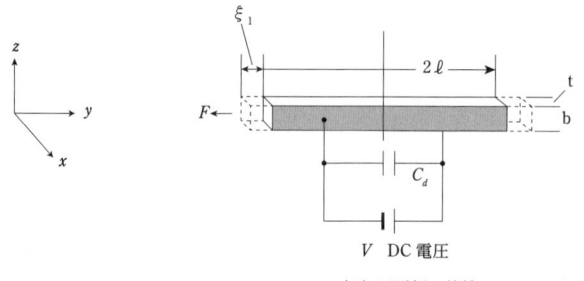

6　1章　圧電/磁歪現象

(A) 圧電板の伸縮

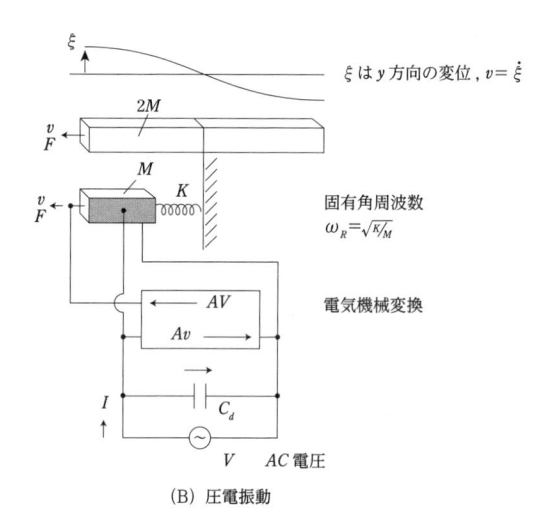

ξ は y 方向の変位, $v = \dot{\xi}$

固有角周波数
$\omega_R = \sqrt{K/M}$

電気機械変換

(B) 圧電振動

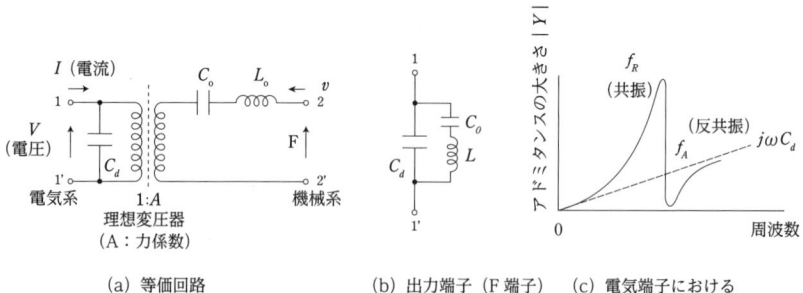

(a) 等価回路
1:A 理想変圧器
(A:力係数)

(b) 出力端子 (F 端子) 無負荷

$L_o = \dfrac{M}{A^2}$　$C_o = \dfrac{A^2}{K}$

(c) 電気端子における入力アドミタンス特性

$Y = I/V$

(C) 等価回路

図1.3　圧電板の応答

動であることを考えて，変位 ξ の代わりに粒子速度 $v=\dot{\xi}\to j\omega\xi$，電荷の代わりに電流 $I=\dot{Q}\to j\omega Q$ を考えている．関係式は同様に次のように書ける：

$$\left.\begin{array}{l} F = Z_r v - AV \\ I = Av + Y_1 V \end{array}\right\} \tag{1.3}$$

この表示では変数はすべて，それぞれの振幅を意味することになる．

ここで Z_r は振動系のインピーダンスで

$$Z_r = j\omega M + \frac{K}{j\omega}$$

Y_1 は制動容量 C_d のアドミタンス

$$Y_1 = j\omega C_d$$

である．出力端に拘束がない（短絡，$F=0$）場合，式 (1.3) を1つの式にまとめると，

$$I = (Y_1 + Y_m)V \tag{1.4}$$

ここで，$Y_m = \dfrac{A^2}{Z_r}$ は動アドミタンスと呼ばれる．

また力係数は

$$A = \frac{F}{V} = eb \qquad (e：圧電応力定数) \tag{1.5}$$

図 1.3 (C. a) はその電気的等価回路で，電気系と機械系は理想変成器（電圧変圧器）で結合されている．力係数 A はその巻線比である．図 1.3 (C. b) はこれを組み込んで電気系としてみた場合であって，等価質量，ばね定数は A^2 によって電気的量に変換されている．したがって電気端子でアドミタンスの計測をすると，振動系共振の反作用が現れる．すなわち図 1.3 (C. c) に示すのは，そのときの電気端子のアドミタンス ($Y=I/V$) の周波数特性である．電気機械結合がない場合の圧電板は単なるコンデンサであるから，アドミタンスは周波数に比例して増加 ($Y=j\omega C_d$) するが，機械系の反作用により L, C の直列共振が起きる周波数 (f_R) で応答が著しく大きくなる．さらに少し上の周波数では直列回路は誘導性となるので，制動容量との並列共振により反共振 (f_A) が現れる．実際には，厳密には，電気系，機械系ともに損失が存在するので共振点で無限大になることはない[10]．

1-2-2 電気機械結合係数

電気機械結合係数 k は結合の大きさを示す指標であって

で定義される．また有限要素法はエネルギー法であるから，弾性体の変形に伴うポテンシャルエネルギーの計算は容易である．

振動体が拘束されていれば，電気的に蓄えられるエネルギーは

$$U_E = \frac{1}{2} C_d V^2 \tag{1.7}$$

このときの機械的出力は $F = -AV$ であるから，機械的に蓄えられるエネルギーは

$$U_M = \frac{1}{2}\frac{F^2}{K} = \frac{1}{2}\frac{A^2V^2}{K} = \frac{1}{2} C_o V^2 \tag{1.8}$$

ここで C_o は電気系から K をみた等価容量 $C_o = A^2/K$ である．よって

$$k^2 = \frac{C_o}{C_d + C_o} \approx \frac{C_o}{C_d} \qquad (C_o \ll C_d) \tag{1.9}$$

このとき外部から加えられたエネルギーは C_d と C_o に分配される．すなわち電気的エネルギーの機械的エネルギーへの変換の割合を示しているといえる．

AC 印加の場合，等価容量の大きさが振動モードに依存するから，電気機械結合係数は振動様式によって異なる．

電気端子の入力アドミタンスから f_A, f_R を計測すれば，電気機械結合係数は

$$k \approx \frac{f_A^2 - f_R^2}{f_A^2} \tag{1.10}$$

により求められる．

圧電体振動には高次のモードが存在するので，応答は詳しくは，図 1.4（A）のよう

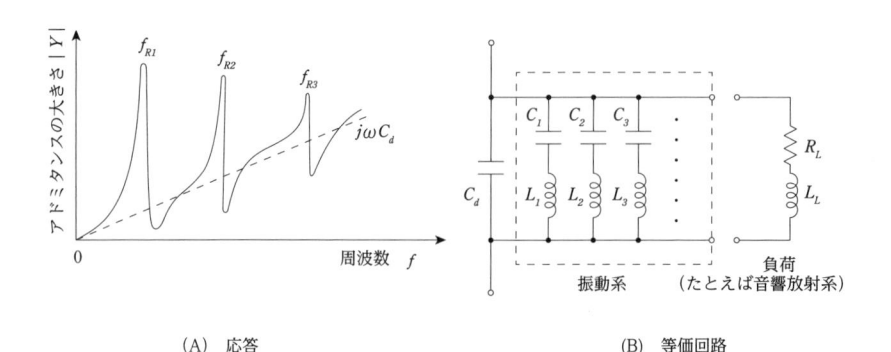

(A) 応答　　　　　　　　　　　　　　(B) 等価回路

図 1.4　高次モードを含む等価回路（文献 [10] をもとに改変）

になる．このときの等価回路は図 1.4 (B) に示したようなものとなるが，各モードについての結合係数の評価も有限要素法では容易である．

　直流，あるいは低周波では電気機械結合係数は，材料定数と次のような関係にある：

$$k^2 = \frac{d^2}{\varepsilon^S c^E} \tag{1.11}$$

電気機械変換効果を表す定数として圧電（歪）定数 d がある．これは次のように定義される：

$$d = \frac{発生電荷密度}{印加応力} = \frac{発生歪}{印加電界} \tag{1.12}$$

また g 定数も使われる：

$$g = \frac{発生電界}{印加応力} = \frac{発生歪}{印加電荷密度} \tag{1.13}$$

前出の圧電(応力)定数 e は

$$e = \frac{発生応力}{印加電界} = \frac{発生電荷密度}{印加歪} \tag{1.14}$$

で定義される．これらの間には次のような関係がある：

$$d = \varepsilon_0 \varepsilon^T g, \qquad e = c^E d$$

ここで $\varepsilon_0 (= 9 \times 10^{-12}\,\mathrm{F/m})$ は真空の誘電率，ε は比誘電率，$s(=1/c)$ はコンプライアンス，c はスティフネス，上付き添え字の S, T, E などはそれぞれひずみ，応力，電界がゼロあるいは一定であるときの値であることを示す（2-2-2 項参照）．

　実際の圧電材では，S, T, E などがベクトル量なのに対して，d, e, s などはテン

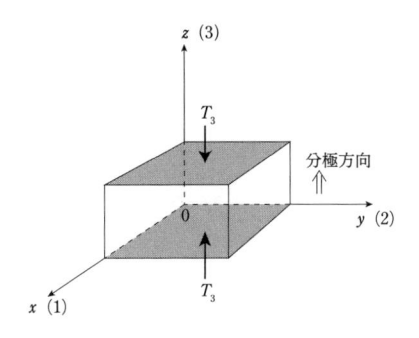

図 1.5　圧電セラミックス板と座標の例

ソル量で表されなければならない．図1.5は圧電セラミックスの例である．上下間に応力が印加されると，上下の面だけでなく，横方向の面にも電荷が発生する．これが横効果である．圧電定数は d_{33}, d_{31}, d_{32} などで表されることになる．

参考文献

[1] 一ノ瀬昇 監修，日本電子材料工業会 編：圧電セラミックス新技術，オーム社（1991）．
[2] Saito, Y., Takao, H., Tani, T., Nonoyama, T., Takatori, K., Homma, T., Nagaya, T. and Nakamura, M.: Lead-free piezoceramics, *Nature*, **432**, 81-88 (2004).
[3] 深田栄一：高分子の圧電性と焦電性，静電気学会誌，**3**，83-91（1979）．
[4] Yang, S., Bao, H., Zhou, C., Wang, Y., Ren, X., Matsushita, Y., Katsuya, Y., Tanaka, M., Kobayashi, K., Song, X. and Gao, J.: Large magnetostriction from morphotropic phase boundary in ferromagnets, *Phys. Rev. Letts.*, **104**, 197-201 (2010).
[5] たとえば，河守章好，吉河 隆，宮田哲治，鎌田弘志，中埜岩男，土屋利雄，網谷泰孝，中西俊之：超磁歪材料を用いた低周波音源，信学技報，**US93-40**，57-64（1993）．
[6] Mackerle, J.: Smart materials and structures—a finite-element approach: a bibliography (1986-1997), *Modeling Simul. Mater. Sci. Eng.*, **6**, 293-334 (1998).
[7] 榎園正人，白藤康成，矢野 隆：有限要素法による磁気ひずみの解析，電気学会マグネティクス研究会資料，**MAG-84**，55-64（1984）．
[8] Chowdhury, H. A.: A finite element approach for the implementation of magnetostrictive material terfenol-D in CNG fuel injection actuation, *ASME Procs. 34th Design Automation Conference*, 749-756 (2008).
[9] Berlincourt, D. A.: Piezoelectric transducers, *Electro-Technology*, 33-38 (1970).
[10] 丸竹正一：圧電効果とその応用，エレクトロニクス，**9**，109-114（1964）．

2章 圧電/磁歪構成方程式

2-1 弾性変形と振動方程式

2-1-1 フックの法則とテンソル

フックの法則によれば,弾性細棒に力 F を加えると,生じた変位 u は力に比例する:

$$F = Ku$$

ここで比例定数 K はヤング率である.

F を細棒単位面積あたりの力(応力)T とし u を単位長さあたりの変位(ひずみ)S とすれば,これは

$$T = cS \tag{2.1}$$

と書ける.このときの比例定数 c は弾性定数(スティフネス)と呼ばれる.

上の細棒の条件を外せば,図 2.1 に示す微小立方体(六面体)に作用する力と変形の問題になる.図 2.1(A)は,$z(3)$-軸に垂直な面(面積 A_z)に作用する応力を $F_z(=T_3)$ とすると,これは面に垂直な成分 $T_{zz}(T_{33})$ と,面内で $x(1)$-軸に平行な成分 $T_{zx}(=T_{31})$,$y(2)$-軸に平行な成分 $T_{zy}(=T_{32})$ の 3 つの成分からなる.同様に A_x 面に作用する応力 $F_x(=T_1)$ は T_{11},T_{12},T_{13} から,A_y 面に作用する応力 $F_y(=T_2)$ は T_{21},T_{22},T_{23} からなる.

これらの応力をまとめて書くと

$$[T_{ij}] = \begin{bmatrix} T_{11} & T_{12} & T_{13} \\ T_{21} & T_{22} & T_{23} \\ T_{31} & T_{32} & T_{33} \end{bmatrix} \tag{2.2}$$

これは応力マトリックスと呼ばれる.対角成分は面に垂直にはたらく力であるから,これらは張力,圧力に相当する.非対角成分は面にはたらくせん断応力で,ずれ力に相当する.立方体が移動も回転もしないものとすれば,相対面に同様の拮抗力が作用していなければならない.したがって非対角成分は対称で,$T_{ij}=T_{ji}$(i, j はそれぞれ 1, 2, 3)の関係にある.

(A) 力と応力

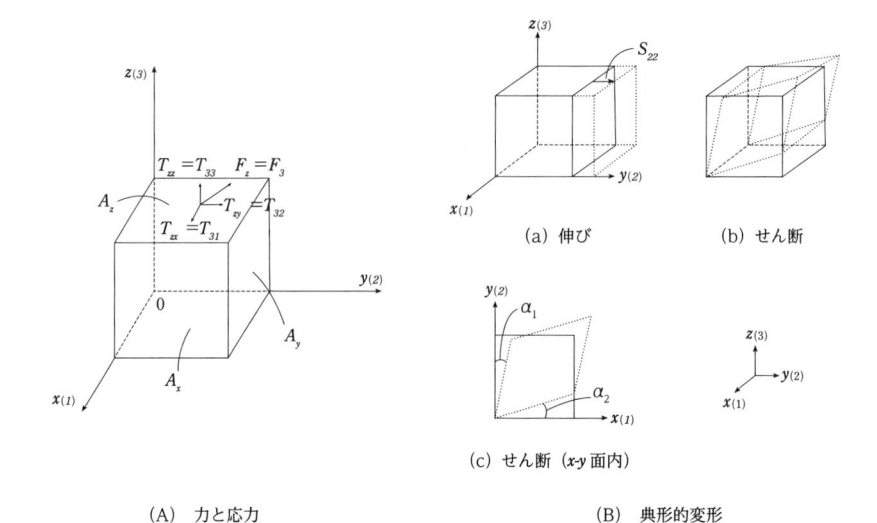

(B) 典形的変形

図 2.1 微小立方体に作用する力と変形

図 2.1 (B) に示すのは，立方体変形の典型的な例で，図 2.1 (B. a) は $y(2)$ 方向の伸びの例で，ひずみは次のように与えられる：

$$S_{ii} = \frac{\partial u_i}{\partial x_i} = u_{i,i} \tag{2.3}$$

添え字は i, j のように間にコンマを入れて微分を表す表現も用いられる．

図 2.1 (B. b) はせん断ひずみ S_{kl} の例である．微小変位を考えれば，

$$S_{kl} = \frac{1}{2}\left(\frac{\partial u_k}{\partial x_l} + \frac{\partial u_l}{\partial u_k}\right) = \frac{1}{2}(u_{k,l} + u_{l,k}) \qquad (k, l = 1, 2, 3) \tag{2.4}$$

で与えられる．$k = l$ の場合，式 (2.3) はこれに吸収される．

図 2.1 (B. c) は図 2.1 (B. b) の特別な場合で，z (3)-軸に垂直な面についてみたものである：

$$S_{12} = \frac{1}{2}(\alpha_1 + \alpha_2) \tag{2.4}'$$

$$\because \alpha_1 = \tan\alpha_1 = u_{x,y}, \quad \alpha_2 = \tan\alpha_2 = u_{y,x}$$

応力マトリックス同様ひとまとめにすると，ひずみマトリックスは

$$[S_{kl}] = \begin{bmatrix} S_{11} & S_{12} & S_{13} \\ S_{21} & S_{22} & S_{23} \\ S_{31} & S_{32} & S_{33} \end{bmatrix} \qquad (2.5)$$

となる．この場合も，$S_{kl}=S_{lk}$ で対称である．

ここで対角成分の和，トレース

$$S_{kk} = S_{11}+S_{22}+S_{33} \qquad (2.6)$$

は体積の増分（膨張）を表す．

式 (2.1) のフックの法則に対応する，応力-ひずみ関係式は，c を弾性定数（スティフネス定数）として

$$T_{ij} = c_{ijkl}S_{kl} \qquad (2.7)$$

で表される（これはテンソル表示と呼ばれ，同一の添え字について和をとる約束になっている）．

マトリックス演算ではテンソル表示は不便なので，添え字をまとめて，$ij=ji \to p$ すなわち対角成分については 11→1, 22→2, 33→3 非対角成分については 23=32→4, 13=31→5, 12=21→6 とすれば，$T_{ij}=T_p$ ($p=1\sim6$) とすることができる．

S_{kl} についても同様に表せば

$$S_{kl} = S_q \quad (k=l)$$

ただし

$$2S_{kl} = S_q \quad (k \neq l)$$

ここで $q=1\sim6$ である．したがって式 (2.7) は

$$T_p = c_{pq}S_q \qquad (2.7)'$$

となる．ここで $c_{pq}=c_{qp}$ である．このような表示を工学表示（Engineering Notation）という．

マトリックス表示をすれば

$$\{T\} = [c]\{S\}, \quad \boldsymbol{T} = \boldsymbol{cS} \qquad (2.7)''$$

である．弾性定数マトリックスは対称マトリックスである．すなわち $[c]=[c]^t$．上付き添え字 t は転置を示す．

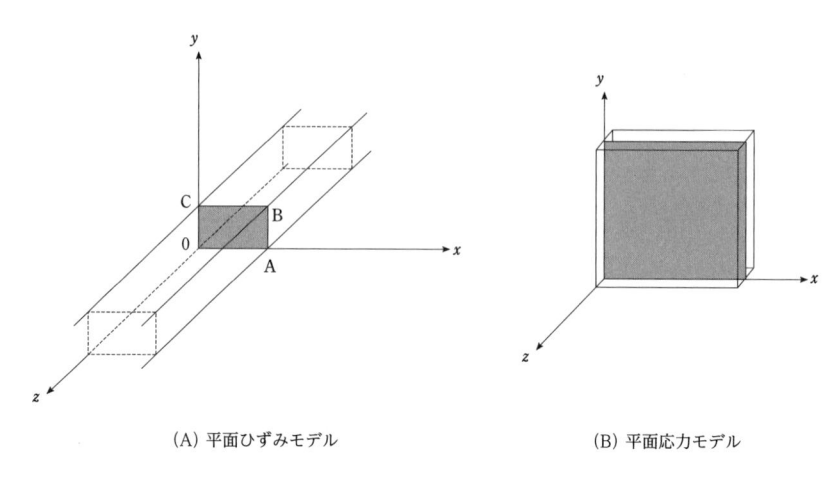

(A) 平面ひずみモデル　　　　　　　　(B) 平面応力モデル

図2.2　2次元モデル近似

{ }は列ベクトルを，行ベクトルは転置して{ }′で表す．[ ]はマトリックスを表す．応力，ひずみの表示についてはT_{ii}, T_{ij}, S_{ii}, S_{ij}の代わりにσ_x, τ_{xy}, ε_x, γ_{xy}などが使われることも多い．本書ではテンソル表示，工学表示，マトリックス表示を適宜使い分けている．

2-1-2　2次元近似モデル

コンピュータの発達は著しく，高速大容量のPCなども身近になった．それでも3次元モデルをそのまま解くことは，計算資源，コストの面でいつもベストとは限らない．ある条件を満たすような問題では，2次元的モデルで有効な情報を得ることが可能である．図2.2に示すような形状の対象がそうである．図2.2(A)はz軸方向に十分長く，作用力がz方向に関しては一様であるような場合である．この場合，x-y断面を考えると，zに垂直のどの面についても棒の端面近傍以外はほぼ同一と考えてよいから，断面内に生じるひずみは2次元的である．したがって次のひずみ成分を

$$S_{zz} = S_{yz} = S_{xz} = 0$$

とおいてもよいであろう．これは平面ひずみの仮定である．

次に図2.2(B)のようなz方向には十分薄い板を考える．応力が面内にはたらくものとすれば，板の表面上の応力はゼロであるから

$$T_{zz} = T_{yz} = T_{xz} = 0$$

とおいてもよいであろう．これは平面応力の仮定である．このような近似が仮定できる対象に対しては，いずれの場合も，図に陰影面で示すような2次元平面モデルを解くだけで有用な情報が得られると考えられる[1]．

2-1-3 振動／波動方程式

1次元細棒問題では，フックの法則は$T=cS$で与えられた．ニュートンの慣性の法則により慣性力との平衡は

$$\frac{\partial T}{\partial x} = \rho_0 \frac{\partial^2 u}{\partial t^2} \tag{2.8}$$

と書ける．ここでρ_0は弾性体の密度である．これらを組み合わせると，次の運動方程式が得られる．これが1次元の振動／波動方程式である：

$$\frac{\partial^2 u}{\partial x^2} = \frac{\rho_0}{c} \frac{\partial^2 u}{\partial t^2} \tag{2.9}$$

波動が調和振動的である場合には，解は変位uに関して

$$u = Ae^{j(\omega t - \beta x)} + Be^{j(\omega t + \beta x)} \tag{2.10}$$

と書くことができる．右辺の第1項は，順方向に伝わる波，第2項は逆方向に伝わる波を表している．

ここで，ωは振動角周波数，βは波数（$=\omega/v_L$，$v_L=\sqrt{c/\rho_0}$，ただしv_Lは伝搬速度，cは弾性係数）である．

一般に3次元の場合は

$$\frac{\partial T_{ij}}{\partial x_j} = \rho_0 \frac{\partial^2 u_j}{\partial t^2} \quad \left(\text{あるいは} \frac{\partial T_p}{\partial x_q} = \rho_0 \frac{\partial^2 u_q}{\partial t^2}\right) \tag{2.11}$$

となる．ただし，$T_{ij}=c_{ijkl}S_{kl}$（あるいは$T_p=c_{pq}S_q$）である．

等方性弾性体の場合，c_{pq}は式(4.8)に示してある．すなわちこの場合，独立定数はE，ν（ヤング率，ポアソン比）あるいはλ，μ（ラーメの定数）のそれぞれ2つだけである．式(4.8)を考慮すれば，式(2.11)は次のようになる（少し飛躍があるが）：

$$\rho_0 \frac{\partial^2 \boldsymbol{u}}{\partial t^2} = (c_{11}-c_{44})\nabla(\nabla \cdot \boldsymbol{u}) + c_{44}\Delta \boldsymbol{u} \tag{2.11}'$$

ここで$\nabla = \left(\dfrac{\partial}{\partial x_1} \quad \dfrac{\partial}{\partial x_2} \quad \dfrac{\partial}{\partial x_3}\right)$, $\Delta = \nabla^2 = \left(\dfrac{\partial^2}{\partial x_1^2} + \dfrac{\partial^2}{\partial x_2^2} + \dfrac{\partial^2}{\partial x_3^2}\right)$．

どのようなベクトルも，スカラー量ϕのgradとベクトル量$\boldsymbol{\phi}$のrotの和で表すことができる．このヘルムホルツの恒等式

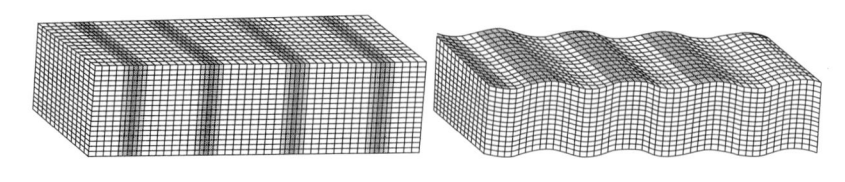

(A) 縦波（体積変位波）　　　　　(B) 横波（非体積変位波）

図 2.3　波動様式の例 [2]

$$u = \nabla\phi + \nabla\times\psi \tag{2.12}$$

を適用すれば（$\nabla\times(\nabla\phi)=0$, $\nabla\cdot(\nabla\times\psi)=0$ であることに注意すると），式 (2.11)′ は次のように書ける：

$$\nabla\left(\rho_0\frac{\partial^2\phi}{\partial t^2}-c_{11}\nabla^2\phi\right)+\nabla\times\left(\rho_0\frac{\partial^2\psi}{\partial t^2}-c_{44}\nabla^2\psi\right)=0 \tag{2.13}$$

それぞれの項をゼロとおけば

$$\frac{\partial^2\phi}{\partial t^2}-v_L\nabla^2\phi=0 \tag{2.14}$$

$$\frac{\partial^2\psi}{\partial t^2}-v_T\nabla^2\psi=0 \tag{2.15}$$

となり，ここで

$$v_L=\sqrt{c_{11}/\rho_0},\qquad v_T=\sqrt{c_{44}/\rho_0}$$

となる．式 (2.14) は縦波（v_L は縦波の伝搬速度）などの膨張波（圧力波など）を，式 (2.15) は横波（v_T は横波の伝搬速度）などの非体積波（非圧縮波など）を表している．この導出には，いくつもの道筋がある[2]~[5]．図 2.3 はそれぞれの波の伝搬の様子の一例である．

2-2　圧電基本式

2-2-1　圧電構成方程式

結晶圧電体や分極により圧電性を示すセラミックスなどは，異方性を有し，圧電特性が方向により異なる．

ここでは，現象の基本を考察するためにまず，無次元あるいは 1 次元のモデルを想

定して，電気・機械変換を考えていく．本節はおもに文献 [6] に準拠している．

圧電効果は，電気的な量すなわち電界の強さ E，電気変位 D あるいは電気分極 $P(D=\varepsilon_0 E+P)$ と機械的な量すなわち応力 T，ひずみ S との間に結合が存在する現象である．それらを結びつける係数として圧電定数（d, g, e など）が定義される．

ひずみ S と分極 P を独立変数として，応力 T，電界 E がこれらの関数として与えられるとしよう．すなわち

$$\left.\begin{array}{l} T = T(S, P) \\ E = E(S, P) \end{array}\right\} \tag{2.16}$$

である．微小変化に対しては次のように書ける：

$$\left.\begin{array}{l} dT = \dfrac{\partial T}{\partial S}dS + \dfrac{\partial T}{\partial P}dP \\ dE = \dfrac{\partial E}{\partial S}dS + \dfrac{\partial E}{\partial P}dP \end{array}\right\} \tag{2.16}'$$

ここで

$$\frac{\partial T}{\partial S}=c, \quad \frac{\partial E}{\partial P}=\frac{1}{\chi}, \quad \frac{\partial T}{\partial P}=-\varGamma_1, \quad \frac{\partial E}{\partial S}=-\varGamma_2 \tag{2.17}$$

とおく．c は弾性定数（スティフネス），χ は分極率として定義される．よって式 (2.16)' は，次のように書ける：

$$\left.\begin{array}{l} T = c^P S - \varGamma P \\ E = -\varGamma S + \dfrac{1}{\chi^S}P \end{array}\right\} \tag{2.18}$$

あるいは

$$\left.\begin{array}{l} S = \dfrac{1}{c^P}(T+\varGamma P) \\ P = \chi^S(E+\varGamma S) \end{array}\right\} \tag{2.19}$$

ここで

$$\varGamma = \varGamma_1 = \varGamma_2 \tag{2.20}$$

としているが，この関係は実験的にも確かめられている．$\varGamma$ は圧電率として定義される．c, χ 等には c^P, χ^S のように上付き添え字を冠しているが，これは次のような意味である：

$$c^P = \left.\frac{\partial T}{\partial S}\right|_{P=0}, \quad \chi^S = \left.\frac{\partial P}{\partial E}\right|_{S=0}, \quad \varGamma = -\left.\frac{\partial T}{\partial P}\right|_{S=0} = -\left.\frac{\partial E}{\partial S}\right|_{P=0}$$

したがって χ^S は拘束分極率と見なすことができる．上は「Γ」形式の基本式と呼ばれ，これを T, P について整理すると

$$\left.\begin{array}{l} T = -(\chi^S\Gamma)E - (c^P - \chi^S\Gamma^2)S \\ P = \chi^S E + (\chi^S\Gamma)S \end{array}\right\} \quad (2.21)$$

ここで $e = \chi^S\Gamma$, $c^E = c^P - \chi^S\Gamma^2$ とおくと

$$\left.\begin{array}{l} T = -eE + c^E S \\ P = -\chi^S E + eS \end{array}\right\} \quad (2.22)$$

となる．これは T, D について次のようにも書ける：

$$\left.\begin{array}{l} T = c^E S - eE \\ D = eS + \varepsilon^S E \end{array}\right\} \quad (2.22)'$$

これを「e」形式という．式 (2.19)，式 (2.22) に $D = \varepsilon_0 \varepsilon_r E = \varepsilon_0 E + P$ の関係を用いて S, D について整理すると

$$\left.\begin{array}{l} S = dE + \dfrac{1}{c^E} T \\ D = \chi^T E + dT \end{array}\right\} \quad (2.23)$$

が得られる．上式中の d は圧電定数である．これを「d」形式という．ここで

$$d = \frac{\chi^S\Gamma}{c^P - \chi^S\Gamma^2} = \frac{e}{c^E}, \quad \chi^T = \frac{c^P \chi^S}{c^P - \chi^S\Gamma^2} = \frac{c^P}{c^E}\chi^S \quad (2.24)$$

としている．

係数は同様に

$$e = \left.\frac{T}{E}\right|_{S=0} = \left.\frac{D}{S}\right|_{E=0}, \quad c^E = \left.\frac{T}{S}\right|_{E=0}, \quad d = \left.\frac{S}{E}\right|_{T=0} = \left.\frac{D}{T}\right|_{E=0}, \quad \chi^T = \left.\frac{D}{E}\right|_{T=0}$$

$$(2.25)$$

ここで χ^T は自由分極率である．

2-2-2　各種定数等について

ここで定義をまとめておく：

  S, T：ひずみ，応力

  D, E, P：電気変位（電束密度），電界強度，電気分極

  c：弾性定数（スティフネス），c^D ($D=0$, あるいは一定), c^E ($E=0$, 一定), c^P ($P=0$, 一定)

  ε：誘電率，ε^S ($S=0$, 拘束誘電率), ε^T ($T=0$, 自由誘電率)

   $\varepsilon = \varepsilon_0 \varepsilon_r$ とおくと，ε_r は比誘電率，ε_0 ($= 8.854 \times 10^{-12}$ F/m) は真空の誘電率

χ：分極率，χ^S（$S=0$, 拘束分極率），χ^T（$T=0$, 自由分極率）

d, g：圧電歪定数

e, h：圧電応力定数

Γ：圧電率

これらの間には次のような関係がある：

$$c^E \varepsilon^T = c^D \varepsilon^S, \ \varepsilon^S = 1+\chi^S, \ \varepsilon^T = 1+\chi^T, \ d = \frac{e}{c^E}, \ e = c^E d = \chi^S \Gamma,$$

$$g = \frac{d}{\varepsilon^T}, \ h = \frac{e}{\varepsilon^S}$$

以上にみたように，いくつもの基本式が提案されている．

本書では式 (2.22)′ のかたちの「e」形式を採用している．第1式 $T=cS$ は広義のフックの法則であり，右辺第2項は，電界 E との結合を示している．第2式 $D=\varepsilon E$ は広義のオームの法則であり，右辺第1項は，ひずみ S との結合を示していて，物理的意味も明確である．

実際の問題は，3次元テンソル場である．したがって式 (2.22)′ をテンソル場について書き直すと，次のようになる：

$$\left. \begin{array}{l} T_{ij} = c^E_{ijkl} S_{kl} - e_{ijm} E_m \\ D_n = e_{nkl} S_{kl} + \varepsilon^S_{nm} E_m \end{array} \right\} \quad (2.26)$$

ここで $i, j, k, l = 1\sim3$, $n, m = 1\sim3$ である．工学表示にすれば

$$\left. \begin{array}{l} T_p = c^E_{pq} S_q - e_{pm} E_m \\ D_n = e_{nq} S_q + \varepsilon^S_{nm} E_m \end{array} \right\} \quad (2.26)'$$

である．ここで $p, q = 1\sim6$, $n, m = 1\sim3$ である．これをマトリックス表示にすれば

$$\left. \begin{array}{l} \boldsymbol{T} = \boldsymbol{c}^E \boldsymbol{S} - \boldsymbol{e}^t \boldsymbol{E} \\ \boldsymbol{D} = \boldsymbol{e} \boldsymbol{S} + \boldsymbol{\varepsilon}^S \boldsymbol{E} \end{array} \right\} \quad (2.27)$$

$\boldsymbol{T}, \boldsymbol{S}$ はそれぞれ6成分，$\boldsymbol{D}, \boldsymbol{E}$ はそれぞれ3成分のベクトル，$\boldsymbol{c}$ は6×6，$\boldsymbol{e}$ は3×6，$\boldsymbol{\varepsilon}$ は3×3のマトリックスである．$(\ )^t$ において，上付き添え字 t は転置を表す．

2-2-3 電気機械結合係数

波動伝播場における圧電による結合の効果について考えてみよう．z方向に伝わる1次元の縦波を考える．このときの電気的条件は

$$電界は E_z = -\frac{\partial \phi}{\partial z}, \ 電気変位は \frac{\partial D_z}{\partial z} = 0$$

である．ϕ はポテンシャル，D_z はz方向の電気変位である．構成方程式は

$$T_{zz} = c_{33}^E \frac{\partial u_z}{\partial z} - eE_z \\ D_z = e\frac{\partial u_z}{\partial z} + \varepsilon^S E_z \Bigg\} \tag{2.28}$$

運動方程式は

$$\frac{\partial T_{zz}}{\partial z} = \rho_0 \frac{\partial^2 u_z}{\partial t^2} \tag{2.29}$$

これらより次式を得る:

$$\rho_0 \frac{\partial^2 u_z}{\partial t^2} = c_{33}^E (1+k^2) \frac{\partial^2 u_z}{\partial z^2} \tag{2.30}$$

この式は圧電効果がない場合より k^2 に相当する分だけスティフネスが増加している. ここで $k^2 = \dfrac{e^2}{c_{33}^E \varepsilon^S}$ である. 圧電がある場合は伝搬速度が速くなる.

$$v = \sqrt{\frac{c_{33}^E}{\rho_0}} \quad \text{とおけば,} \quad v^D = v\sqrt{1+k^2}$$

すなわち

$$c_{33}^D = c_{33}^E(1+k^2) \quad \text{あるいは} \quad \frac{c_{33}^D}{c_{33}^E} = 1+k^2$$

c_{33}^E は $E=0$ としたとき, c_{33}^D は $D=0$ としたときのスティフネスである. このように定義された k も電気機械結合係数と呼ばれる.

前章でもふれたように, 電気機械結合係数の最も基本的な定義は

$$k^2 = \frac{U_E}{U_M} \tag{2.31}$$

で与えられた. ここで $U = U_M + U_E$ である. U_E は誘電体としての圧電材に蓄えられた電気的エネルギー, U_M は弾性体としての圧電材に蓄えられた機械的エネルギーである. その物理的意味は明らかである. $U(=U_M+U_E)$ を全エネルギーとするとその関係は次のように書ける:

$$\frac{U_E}{U} = \frac{k^2}{2(1+k^2)} \tag{2.32}$$

有限要素モデルでは, DC 駆動時に誘電体(等価制動容量 C_d)に蓄えられるエネルギーの算出は容易であるし, この時の機械系の変位分布, 応力分布, ひずみ分布から機械系のポテンシャルエネルギーも容易に計算される. したがって上の定義に基づいた電気機械結合係数が容易に求められる.

振動系では, 共振を利用することが多い. このような場合にも, 有限要素法はエネ

ルギー法であるから，機械系における各共振点でのエネルギーを算出することは容易であり，各共振モードにおける電気機械結合係数が容易に計算される．このような各共振系の等価回路における共振 i の等価容量 C_i を求めれば，これは振動系のポテンシャルエネルギーに対応するわけであるから，1-2 節で考察したように，電気機械結合係数がこれらの容量比として定義されるのは容易に理解できよう．

2-3 磁歪の基本式

磁歪は電歪と双対の関係にあるから，ここで考察しておく．

2-3-1 磁歪構成方程式

応力 T と磁界 H がともに磁化 M とひずみ S の関数であるものとする：

$$T = T(M,S)$$
$$H = H(M,S) \tag{2.33}$$

この微分形を考えていく．そのプロセスは圧電系の場合と類似である．すなわち

$$\left. \begin{array}{l} dT = \dfrac{\partial T}{\partial S}dS + \dfrac{\partial T}{\partial M}dM \\ dH = \dfrac{\partial H}{\partial S}dS + \dfrac{\partial H}{\partial M}dM \end{array} \right\} \tag{2.34}$$

ここで

$$\frac{\partial T}{\partial S} = c, \quad \frac{\partial H}{\partial M} = \frac{1}{\kappa} \tag{2.35}$$

とおく．κ は磁化率である．

式 (2.34) の第 1 式右辺第 2 項は，磁化の増分 dM が与えられるとすると，$\dfrac{\partial T}{\partial M}dM$ の内部応力が発生することを示している．ただし，このとき，ひずみは一定でなければならない．この条件を満たすためには外力 $dT' = -\dfrac{\partial H}{\partial M}dM$ が加えられることが必要である．ここで，dT' と dM の比として磁歪率が定義される．すなわち

$$\Gamma_1 = \frac{\partial T'}{\partial M} = -\frac{\partial T}{\partial M} \tag{2.36}$$

第 2 式右辺第 1 項は，ひずみ dS により $\dfrac{\partial H}{\partial S}dS$ なる磁界が発生することを示している．このときは磁化が一定でなければならないから，$dH' = -\dfrac{\partial H}{\partial S}dS$ なる磁気力が加えられる必要がある．このときの dH' と dS の比も磁歪率として定義すれば

$$\Gamma_2 = \frac{\partial H'}{\partial S} = -\frac{\partial H}{\partial S} \tag{2.37}$$

この関係を導入すると，式 (2.34) は次のようになる：

$$\left.\begin{array}{l} T = cS - \Gamma_1 M \\ H = \Gamma_2 S + \dfrac{1}{\kappa} M \end{array}\right\} \tag{2.38}$$

磁歪率が $\Gamma_1 = \Gamma_2 = \Gamma$ であることは，実験によって確かめられている．すなわち，圧電現象と同様，磁歪現象も可逆的である．よって式 (2.38) は次のようにも書ける：

$$\left.\begin{array}{l} T = (c^H \kappa \Gamma)S - (\kappa \Gamma)H \\ M = (\kappa \Gamma)S + \kappa H \end{array}\right\}$$

ここで

$$c^H = c^M \left(1 - \frac{\kappa \Gamma^2}{c^M}\right) \tag{2.39}$$

c^M は式 (2.35)，式 (2.38) の c のことである．

また磁歪定数 $K = \kappa \Gamma$ を導入すると，式 (2.38) は次のように書ける：

$$\left.\begin{array}{l} T = c^H S - KH \\ M = KS + \kappa H \end{array}\right\} \tag{2.40}$$

さらに磁化についての関係式を導入すれば，次のようになる：

$$\left.\begin{array}{l} T = c^H S - KH \\ B = KS + \mu^S H \end{array}\right\} \tag{2.41}$$

機械系では $T = cS$，電気系では $B = \mu H$ の関係が成立するので（μ は透磁率），第 1 式の右辺第 2 項，第 2 式の第 1 項はそれぞれ電気機械結合による効果を表している．テンソル表示では

$$\left.\begin{array}{l} T_{ij} = c^H_{ijkl} S_{kl} - K_{ijm} H_m \\ B_n = K_{nkl} S_{kl} + \mu^S_{nm} H_m \end{array}\right\} \tag{2.42}$$

マトリックス表示では

$$\left.\begin{array}{l} \boldsymbol{T} = \boldsymbol{c}^H \boldsymbol{S} - \boldsymbol{K}^t \boldsymbol{H} \\ \boldsymbol{B} = \boldsymbol{K} \boldsymbol{S} + \boldsymbol{\mu}^S \boldsymbol{H} \end{array}\right\} \tag{2.43}$$

となる．これは磁歪定数 K を用いた形の基本式「K」形式である．（ ）^{t} は転置を表す．

2-3-2　各種定数等について

ここでも磁歪に関する定義を確認しておく：

S, T：ひずみ，応力

B, H：磁束密度（磁気誘導），磁界強度，$B=\mu H=\mu_0\mu_r H=\mu_0 H+M$

M：磁化の強さ

c：スティフネス定数，$c^B=\left.\dfrac{T}{S}\right|_{B=0}$ （磁束密度一定）

$\qquad c^H$（磁界一定） $\quad c^H\mu^T=c^B\mu^S,\ \dfrac{c^H}{c^B}=\dfrac{\mu^S}{\mu^T}=1-k^2$

$\qquad c^M$（磁化一定）

μ：透磁率，$\mu^S=\left.\dfrac{B}{H}\right|_{S=0}$ （拘束透磁率），$\mu^S=1+\chi^S$

$\qquad\mu^T=\left.\dfrac{B}{H}\right|_{T=0}$ （自由透磁率），$\mu^T=1+\chi^T$

ここで，$\mu=\mu_0\mu_r$（μ_r を比透磁率と定義すると，$\mu_0(=4\pi\times10^{-7})$ H/m は真空の透磁率）である．

κ：磁化率，$\kappa^S=\left.\dfrac{M}{H}\right|_{S=0}$ （拘束磁化率）

$\qquad \kappa^T=\left.\dfrac{M}{H}\right|_{T=0}$ （自由磁化率）

K：磁歪定数，$K=\left.\dfrac{T}{H}\right|_{S=0}=\left.\dfrac{B}{S}\right|_{H=0}=\left.\dfrac{T}{S}\right|_{H=0}\quad K=\kappa\Gamma$

Γ：磁歪率

2-4　圧電と磁歪の双対性

　前節では，圧電問題に対応して磁歪問題のための構成方程式も導いている．電界と磁界の間に双対関係が成立するように，磁歪は圧電（電歪）とはその物理は異なるものの，構成方程式についても1つの双対関係があり，その有限要素法による取り扱いも類似である．

　圧電セラミックスに対して，磁歪フェライト・セラミックスが1950年代にオランダのフィリップス社やわが国のトーキンにより開発されて，π型やI型などの形状のトランスジューサが，28 kHz，48 kHz の超音波送受波器として，超音波ソナーや超音波洗浄機用として広く利用された．しかし電気機械結合係数が小さい，偏倚用コイルと直流電源あるいは永久磁石が必要であるだけではなく，フェライト・セラミックスの

もつ脆弱性などのために，圧電セラミックス材の発展とともに，しだいに圧電セラミックスに置き換えられていった．しかしその後，レアアースを添加した磁性材の開発に伴って，Terfenol-D などの巨大な磁歪をもつ材料が見出され，復権の動きが起こった[7]~[10]．それに伴い，シミュレーション技術も要求されるようになり[11]~[13]，その有限要素モデルについては，参考文献［14］に論文リストがまとめられている．そのほか多くの事例が発表されている．

圧電と磁歪はマクロに見れば，その数学的表現に双対性があり，同様の手法が適用できる．しかし，磁界を含む問題は，本質的に非線形性を伴うものであり，それへの配慮が欠かせない[15]．幸いなことに，磁界解析では有限要素モデルがよく研究されており，その援用が期待できる[16],[17]．非線形性への対応には，ニュートン・ラフソン法[18],[19]に基づく反復計算の適用が標準的手法になっている．

電磁界を支配するマックスウェル方程式において，電界系，磁界系の間に次のような対応の関係がある：

$$D \leftrightarrow B, \quad E \leftrightarrow H, \quad P \leftrightarrow M, \quad \varepsilon \leftrightarrow \mu$$

したがって，「e」形式の圧電に対する構成方程式と「K」形式の磁歪に対する構成方程式が次の対応関係にある：

$$T = c^E S - e^t E \qquad T = c^H S - K^t H$$
$$\Longleftrightarrow$$
$$D = eS + \varepsilon^S E \qquad B = KS + \mu^S H$$

ここでは $e \leftrightarrow K$ の対応が見られる．これは $e = \chi^S \Gamma$，（ただし χ は分極率，Γ は圧電率）$K = \kappa \Gamma$，（ただし κ は磁化率，Γ は磁歪率）であることを考えると納得がいく．このように 2 つの系の対応関係を念頭に置くと理解しやすい．

参考文献

[1] 加川幸雄：有限要素法による振動・音響工学――基礎と応用，培風館（1981）．
[2] David, J. and Cheeke, N.: Fundamentals and Applications of Ultrasonic Waves, CRC Press（2002）．
[3] Rose, J. L.: Ultrasonic Waves in Solid Media, Cambridge University Press（1999）．
[4] 加川幸雄，小柴正則，池内雅紀，鏡 慎：電気電子のための有限境界要素法，オーム社（1984）．
[5] 尾上守夫 監修，十文字弘道，富川義朗，望月雄藏 著：電気電子のための固体振動論の基礎，オーム社（1982）．
[6] 柴山乾夫：電気音響変換器，東北大学大学院講義プリント（1961）．
[7] van der Burgt, C. M.: Dynamical physical parameters of the magnetostrictive excitation of extensional and trosional vibration in ferrites, *Philipps Res. Rep.*, **8**, 91-132（1953）．

[8] Legvold, S., Alstad, J. and Rhyne, J.: Giant magnetostriction in Dysprosium and Holmium single crystals, *Phys. Rev. Lett.*, **10**, 509-511 (1963).

[9] Clark, A. E., DeSavage, B. F. and Bozorth, R.: Anomalous thermal expansion and magnetostriction of single-crystal Dysprosium, *Phys. Rev.*, **138**, A216-A224 (1965).

[10] 佐藤政司, 小林忠彦：超磁歪合金とその音響素子への応用, 日本音響学会誌, **46**, 591-598 (1990).

[11] 榎園正人, 白藤康成, 矢野 隆：有限要素法による磁気ひずみの解析, 電気学会マグネティックス研究会, **MAG-84**, 55-64 (1984).

[12] Benbouzid, M. E. H., Beyne, G. and Meunier, G.; A 2D dynamic formulation for nonlinear finite element modeling of tefenol-D rods, *Second International Conference Computation in Electromagnetics*, 52-55 (1994).

[13] Benbouzid, M. E. H., Body, C., Reyne, G. and Meunier, G.: Finite element modeling of giant magnetstriction in thin films, *IEEE Trans. Magnetics*, **31**, 3563-3568 (1995).

[14] Mackerle, J.: Smart materials and structures—a finite element approach: a bibliography (1986-1997); *Modeling Simul. Mater. Sci. Eng.*, **6**, 293-334 (1998).

[15] Margin, G. A.: Compatibility of magnetic hysteresis with thermodynamics, *Int. J. Appl. Electromag. Mater.*, **2**, 7-19 (1991).

[16] 中田高義, 高橋則雄：電気工学の有限要素法, 森北出版 (1982).

[17] 加川幸雄, 村山健一：BASIC による電気・電子有限要素法, 科学技術出版社 (1986).

[18] たとえば, ラルストン, A., ラビノヴィッツ, P. 著, 戸田英雄, 小野令美 訳：電子計算機のための数値解析の理論と応用 (下), ブレイン図書 (1986).

[19] 橋本 修：電気・電子工学のための数値計算法入門——例題で学ぼう, 総合電子出版社 (1999).

3章 エネルギー原理

3-1 エネルギー保存

圧電材では，圧電効果により力学的エネルギーが電気的エネルギーに移動する．これを熱力学原理（第一原理：エネルギー保存，第二原理：エントロピー増大）を利用して考えることができる．本章の考察は，文献 [1]～[4] を参考にしている．

自由エネルギー（本来の熱力学では等温，等圧下の熱エネルギー）は次のように定義される：

$$G = U - S_{ij}T_{ij} - E_m D_m - (\sigma\theta) \tag{3.1}$$

ここで U は部材の内部エネルギー，S_{ij}, T_{ij}, E_m, D_m はひずみ，応力，電界，電気変位で，前章で定義されたものと同じものである．σ, θ はエントロピーと温度で，この最後の項が本来の熱エネルギーであるが，本章では，熱との変換作用はないものとしてこの項は考えない．

3-2 汎関数と運動方程式

3-2-1 エネルギーの平衡

表面 s で囲まれた体積 v の圧電体を考える．エネルギー保存則によれば，圧電体内のエネルギー（内部エネルギー）の増加の割合は，表面に作用する応力による仕事から外部に移動する電気的エネルギーを差し引いたものの割合に等しい．すなわち

$$\frac{\partial}{\partial t}\int_v (T+U)dv = \int_s (f_j \dot{u}_j - n_j \phi \dot{D}_j)ds \tag{3.2}$$

ここで T は運動エネルギー，U は内部エネルギーである．ここで n_j は表面 s に外向き垂直な単位方向ベクトル $\boldsymbol{n}$ の j 方向成分である．また (˙) は時間微分を示す．v 内では，慣性力については運動方程式

$$\rho \ddot{u}_j = T_{ij,i} \quad (\text{ただし } T_{ij} = T_{ji}) \tag{3.3}$$

が成立し，運動エネルギーは

$$\mathrm{T} = \frac{1}{2}\rho \dot{u}_j \dot{u}_j \tag{3.4}$$

で与えられる．下付き添え字に現れるコンマ (,) は，次の文字についての微分演算を表す．

また表面では，力，応力の関係は

$$T_{ij,j} = f_j \tag{3.5}$$

式 (3.4)，式 (3.5) を式 (3.2) に代入し，発散定理を適用すれば，この積分は任意の体積について成立するから，被積分関数について次の関係が得られる：

$$\rho \ddot{u}_j \dot{u}_j + \dot{U} = (T_{ij}\dot{u}_j)_{,i} - (\phi \dot{D}_i)_{,i} \tag{3.6}$$

$$\therefore \quad \dot{U} = (T_{ij,i} - \rho \ddot{u}_j)\dot{u}_j + T_{ij}\dot{u}_{j,i} - \phi \dot{D}_{i,i} - \phi_{,i}\dot{D}_i$$

$$= T_{ij}\dot{u}_{j,i} - \phi \dot{D}_{i,i} - \phi_{,j}\dot{D}_j \tag{3.7}$$

電位と電界の関係は

$$E_k = -\phi_{,k} \tag{3.8}$$

変位とひずみの関係は

$$S_{ij} = \frac{1}{2}(u_{i,j} + u_{j,i}) \tag{3.9}$$

で定義されることに注目すれば，境界で変位電流が無漏れ（多くの強誘電体ではこの条件が成立する）であれば

$$D_{i,i} = 0 \tag{3.10}$$

であるから，内部エネルギー $\dot{U}$ は式 (3.7) により次のようになる：

$$\dot{U} = T_{ij}\dot{S}_{ij} + E_i\dot{D}_i \tag{3.11}$$

これは圧電場のための熱力学第一法則に相当する．

3-2-2　2次形式

式 (3.1) は，圧電場について見ると次のように書ける：

$$G = U - S_{ij}T_{ij} - E_i D_i \tag{3.12}$$

時間微分を施せば

$$\dot{G} = \dot{U} - \dot{S}_{ij}T_{ij} - S_{ij}\dot{T}_{ij} - \dot{E}_i D_i - E_i \dot{D}_i \tag{3.13}$$

式 (3.11) によって次のようになる:

$$\dot{G} = T_{ij}\dot{S}_{ij} - D_i \dot{E}_i \tag{3.14}$$

これは G が S, E の関数

$$G = G(S_{ij}, E_i) \tag{3.15}$$

であることを含んでいるから, $\dot{G}$ は

$$\dot{G} = \left(\frac{\partial G}{\partial S_{ij}}\right)\dot{S}_{ij} - \left(\frac{\partial G}{\partial E_i}\right)\dot{E}_i \tag{3.16}$$

と書ける. これを式 (3.14) に等しいとおけば, 次のようになる:

$$\left(T_{ij} - \frac{\partial G}{\partial S_{ij}}\right)\dot{S}_{ij} - \left(D_i + \frac{\partial G}{\partial E_i}\right)\dot{E}_i = 0 \tag{3.17}$$

これは任意の $\dot{S}_{ij}, \dot{E}_i$ について成立するから, それぞれの係数から

$$T_{ij} = \frac{\partial G}{\partial S_{ij}} \tag{3.18}$$

すなわち

$$T_{ij} = \frac{1}{2}\left(\frac{\partial G}{\partial S_{ij}} + \frac{\partial G}{\partial S_{ji}}\right) \quad \therefore \quad \frac{\partial G}{\partial S_{ij}} = \frac{\partial G}{\partial S_{ji}}$$

また

$$D_i = -\frac{\partial G}{\partial E_i} \tag{3.19}$$

圧電材内では電気機械間のエネルギーの移動があるので, 式 (3.12) の 2 次形式は, 次のようなものである:

$$G = \frac{1}{2}S_{ij}c^E_{ijkl}S_{kl} - E_i e_{ijk}S_{jk} - \frac{1}{2}E_i \varepsilon^S_{ij} E_j \tag{3.20}$$

ここで

$$c^E_{ijkl} = c^E_{ijlk} = c^E_{jikl} = c^E_{klij} \quad (対称)$$

$$e_{ijk} = e_{ikl}, \quad \varepsilon_{ij}^S = \varepsilon_{ji}^S \qquad (対称)$$

式 (3.18)，式 (3.19)（すなわち式 (3.20) の変分）から次の関係式が得られる：

$$\left.\begin{array}{l} T_{ij} = c_{ijkl}^E S_{kl} - e_{kij} E_k \\ D_i = e_{ikl} S_{kl} + \varepsilon_{ik}^S E_k \end{array}\right\} \tag{3.21}$$

これは圧電基本式，構成方程式である．

式 (3.20) の形の関数が，次章からの有限要素解析のための汎関数として採用されることになる．

3-3 ハミルトンの原理

動的な機械系における汎関数（ラグランジュ関数）は次のように定義される：

$$L = T - V \tag{3.22}$$

ここで，T は運動エネルギー，V はポテンシャルエネルギーである．

ハミルトンの原理によれば，このような系では，時間 $t_0 \sim t_1$ に関して

$$\delta \int_{t_0}^{t_1} L dt = 0 \tag{3.23}$$

が成立する．外力がある場合，仮想仕事を W とすれば，

$$\delta \int_{t_0}^{t_1} L dt + \int_{t_0}^{t_1} \delta W dt = 0 \tag{3.24}$$

となる．

圧電振動系の汎関数は次のように定義される：

$$L = \int_v \left[\frac{1}{2} \rho \dot{u}_j \dot{u}_j - G(S_{kl}, E_k) \right] dv \tag{3.25}$$

仮想仕事は

$$\delta W = \int_s (\bar{f}_k \delta u_k - \bar{Q} \delta \phi) ds \tag{3.26}$$

ここで Q は電荷，ϕ は電位である．したがって，式 (3.24) の変分原理は

$$\delta \int_{t_0}^{t_1} dt \int_v \left(\frac{1}{2} \rho \dot{u}_j \dot{u}_j - G(S_{kl}, E_k) \right) dv + \int_{t_0}^{t_1} dt \int_s (\bar{f}_k \delta u_k - \bar{Q} \delta \phi) ds = 0 \tag{3.27}$$

ここで，$\bar{f}_k$, $\bar{Q}$ は表面作用する力，（ ˉ ）は既知を表す．$t = t_0$, $t = t_1$ で値がゼロとなる．

式 (3.27) を各項ごとに調べてみよう．ただし $E_k = \phi_{,k}$, $S_{ij} = \frac{1}{2}(u_{i,j} + u_{j,i})$, $T_{ij} = \dfrac{\partial G}{\partial S_{ij}}$, $D_k = -\dfrac{\partial G}{\partial E_k}$ である．

第1項では

$$\delta \int_{t_0}^{t_1} dt \int_v \frac{1}{2} \rho \dot{u}_j \dot{u}_j dv = \int_{t_0}^{t_1} dt \int_v \rho \dot{u}_j \delta \dot{u}_j dv$$

$$= \int_{t_0}^{t_1} dt \int_v \left(\frac{\partial}{\partial t}(\rho \dot{u}_j \delta u_j) - \rho \ddot{u}_j \delta u_j \right) dv = \int_v [\rho \dot{u}_j \delta u_j]_{t_0}^{t_1} dv - \int_{t_0}^{t_1} dt \int_v \rho \ddot{u}_j \delta u_j dv$$

$$= -\int_{t_0}^{t_1} dt \int_v \rho \ddot{u}_j \delta u_j dv \tag{3.28}$$

また

$$\delta \int_{t_0}^{t_1} dt \int_v G(S_{kl}, E_k) dv = \int_{t_0}^{t_1} dt \int_v \left[\frac{\partial G}{\partial S_{kl}} \delta S_{kl} + \frac{\partial G}{\partial E_k} \delta E_k \right] dv$$

ここで，$\delta S_{kl} = \frac{1}{2}[\delta u_{k,l} + \delta u_{l,k}]$, $\delta E_k = -\delta \phi_{,k} = -(\delta \phi)_{,k}$ であることに注意すると，また式 (3.18) において $T_{kl} = T_{lk}$ は対称であるから，次のようになる：

$$= \int_{t_0}^{t_1} dt \int_v [T_{kl}(\delta u_l)_{,k} + D_k(\delta \phi)_{,k}] dv$$

発散定理を用いて

$$= \int_{t_0}^{t_1} dt \int_s [n_k T_{kl} \delta u_l + n_k D_k \delta \phi] ds - \int_{t_0}^{t_1} dt \int_v [T_{kl,k} \delta u_l + D_{k,k} \delta \phi] dv \tag{3.29}$$

これを式 (3.27) に代入すれば

$$\delta \int_{t_0}^{t_1} dt \int_v \left(\frac{1}{2} \dot{u}_j \dot{u}_j - G(S_{kl}, E_k) \right) dv + \int_{t_0}^{t_1} dt \int_s (\hat{f}_k \delta u_k - \widehat{Q} \delta \phi) ds$$

$$= \int_{t_0}^{t_1} dt \int_v (T_{kl,k} - \rho \ddot{u}_l) \delta u_l dv + \int_v D_{k,k} \delta \phi dv + \int_s (\hat{f}_l - n_k T_{kl}) \delta u_l ds$$

$$- \int_s [(\widehat{Q} - n_k D_k) \delta \phi] ds = 0 \tag{3.30}$$

δu_l, $\delta \phi$ は任意であるから，v 内において，応力に関する運動方程式は

$$T_{kl,k} - \rho \ddot{u}_l = 0 \tag{3.31}$$

電荷に関する静電方程式は

$$D_{k,k} = 0 \tag{3.32}$$

s 表面においては

$$\hat{f}_l - n_k T_{kl} = 0 \quad (あるいは \delta u_l = 0) \tag{3.33}$$

$$\hat{Q} - n_k D_k = 0 \quad (あるいは \delta \phi = 0) \tag{3.34}$$

となる．以上のように，ハミルトンの原理に基づいて圧電体内に関する圧電方程式と表面における境界条件が得られた．表面に拘束がなく力が作用しなければ，$\hat{f}_l=0$ である．

電荷は常に存在するが，多くの圧電体は強誘電体であり，比誘電率は外部の真空（空気）に対して十分大きい（$\varepsilon_r \gg 1$）から，電極のない部分では $n_k D_k=0$ の無漏れ条件が存在するとしてよい．以上が我々の有限要素モデルの出発点である．

3-4 いくつかの補足

3-4-1 調和振動

時間的変動が調和的であれば，変位は $u_j = U_j e^{j\omega t}$ とすることができる．U_j は振幅である．したがって $\dot{u}_j \to j\omega u_j$ として，このときの u_j を調和振動の振幅と考えればよく，そのほかについても同様である．したがって $d/dt = j\omega$ として時間項は考慮しないでよい．慣性の効果はダランベールの原理により慣性力 $F_j = \rho \ddot{u}_j = -\rho \omega^2 U_j \to -\rho \omega^2 u_j$ で与えられる．また応答は周波数領域で与えられる．

3-4-2 電界の準静的取り扱いについて

圧電振動問題は厳密には，電磁波動界と弾性波動界とが，圧電材を介して空間的に結合している問題である．以上に見たように，本書では電磁界はその電界にしか注目していない．圧電材における電界-弾性界の結合が，線形であれば，扱われる周波数は同一である．電磁波は，伝搬速度が弾性波の伝搬速度の 10^5 程度も速いためにそれだけ波長が長い．部材に弾性波が生じるような変動に対して電磁波の波長はきわめて長く，電界分布はほぼ一様分布で周波数変動だけが存在すると考えてよい．したがって，電磁波の波動性は考慮しなくてもよいであろう．

また，多くの圧電材は強誘電体であって，そこに蓄えられる静電的エネルギーに比べて磁気的エネルギーは十分小さい．これが，このような問題で準静的モデルが可能である理由である．圧電問題では先に考察したような取り扱いが標準的な解法であり，本書もこれに準じている．

圧電材を介した電磁波と弾性波との結合問題で，波動性効果を含めた場合の検討が

なされている．電磁波の波動性の影響はきわめて小さく，無視してよいことが結論されている．詳しくは文献 [5] を参照していただきたい．

しかしながら現在では，周波数が GHz 以上の電磁波が広く実用化されている．超音波，弾性波もこの帯域の波の送波，受波が可能となり，その応用もはじまっている．したがって通信技術のデバイスとして，この 2 つの界を結合した効果を利用するデバイスが現れるかもしれない．そのようなときには，波動性も含めた解析が要請されることになるであろう．

3-4-3 非線形モデル

本書は，小振幅，線形問題を対象としたものである．電気機械結合にかかわる定数なども同様の扱いをしている．圧電材にかかわるもう 1 つの問題は，非線形を含む場合である．セラミックスが直流電圧印加によって圧電性を示す場合の分極操作については，非線形性，ヒステリシスを当然考慮する必要がある（6-10 節参照）．

磁界問題は本質的に非線形性を伴う．磁性材の場合には，非線形性を考慮した有限要素法が広く採用されている[6]．

マイクロマシンなどに圧電素子をアクチュエータとして利用することが考えられている．また，海洋音響技術では，巨大なトランスジューサの利用もはじまっている．いずれの場合も，大振幅，極限での動作の利用が期待されている．デバイスが大振幅，極限駆動で使われるときは，弾性の非線形が問題となる．固体力学では，弾性体の非線形解析や極限解析が実用に供されている[7]．圧電／磁歪問題の有限要素解析も前述のような解法を取り込み，さらなる発展が期待できるものと思われる．

3-4-4 境界要素法

境界要素法はグリーン関数を利用した半解析的な手法である．境界積分方程式法において境界積分に，有限要素法的な区分近似を導入したものといえる．ポテンシャル問題，弾性問題に広く利用されており，圧電場問題への拡張の取り組みもなされているが[8]，基本的な考え方のみで具体的な考察はない．グリーン関数による圧電場の解析は，電極間のアドミタンスの評価や等価回路の導出に利用されている[9]．音響空間の境界要素モデルについては成書がある[10]~[12]．また，文献 [11] にはソフトウェアも付いている．文献 [12] は弾性波動問題についての研究書である．

3-4-5 音響放射

トランスジューサが水中や空気中で音波を放射あるいは受波をする目的で利用され

る場合，圧電振動系はその境界の一部で半無限媒質に接触することになる．トランスジューサ側からみると，放射系は接合面から外側をみた放射インピーダンスが負荷されたものとなる．有限要素法は有限領域に対応するモデルであるから，半無限領域に対応させるためには工夫が必要である．一番簡単な方法は，外側に適当な広さの有限要素領域を設け，その外側を特性インピーダンス（ρc, c は音速）で終端する方法である．もう1つは減衰を導入し，外側に伝播するに従い波動が減衰して，無反射となるように工夫するものである．これらについては文献 [13]～[17] を参考にしていただきたい．これらは周波数領域応答問題についてのものである．時間領域問題については文献 [18], [19] がある．

境界要素法は半無限領域問題に容易に対応できる．固体-流体境界について離散化を行うだけでよい．音響の境界要素法についての成書については先に示した[10],[11]．

参考文献

[1] Busch-Vishniac, I. J.: Electromechanical Sensors and Actuators, Springer（1999）.
[2] Berlincourt, D. A., Curran, D. R. and Jaffe, H.: Piezoelectric and Piezomagnetic Materials and Their Function in Transducers, in Mason, M. P. *ed.*: Physical Acoustics, vol. 1, Part A, 187-189, Academic Press（1964）.
[3] Tiersten, H. F.: Linear Piezoelectric Plate Vibrations, Plenum Press（1969）.
[4] 抜山平一：電気磁気学，丸善（1955）.
[5] 日本機械学会 編：電磁力応用機器のダイナミックス，コロナ社（1990）.
[6] 高橋則雄：三次元有限要素法——磁界解析技術の基礎，電気学会（2006）.
[7] たとえば，川井忠彦 編：コンピュータによる極限解析法シリーズ，培風館（1990）.
単体の非線形プログラムとしては，LUCAS 有限要素法非線形構造解析プログラムなどがある．
[8] Tanaka, K. and Tanaka, M.: A boundary element formulation in linear piezoelectric problems, *J. Appl. Math. Physics*, **31**, 568-580（1980）.
[9] Holland, R. and EerNisse, E. P.: Design of Resonant Piezoelectric Devices, The MIT Press（1969）.
[10] von Estorff, O. *ed.*: Boundary Elements in Acoustics, Advances and Applications, WIT Press（2000）.
[11] Wu, T. W. *ed.*: Boundary Element Acoustics—Fundamentals and Computer Codes, WIT Press（2000）.
[12] 小林昭一 編著：波動解析と境界要素法，京都大学学術出版会（2000）.
[13] Kagawa, Y., Yamabuchi, T. and Kawakami, K.: Infinite element approach to sound radiation and scattering, *J. Eng. Design*, **1**, 1-8（1983）.
[14] Pujara, K. K., Kagawa, Y., Yamabuchi, T. and Takeda, S.: Performance of sound barriers in low frequency range, *J. Eng. Design*, **1**, 81-86（1984）.
[15] 加川幸雄 編，加川幸雄，山淵龍夫，村井忠邦，土屋隆生 著：音場・圧電弾性場（FEM プログラム選 3）——2次元，軸対称，3次元・2次元，森北出版（1998）.
[16] 加川幸雄：開領域問題のための有限／境界要素法，サイエンス社（1983）.
[17] 山淵龍夫，加川幸雄：ハイブリッド型無限要素を用いたポアソン，ヘルムホルツ開領域問題の解析，信学論（A），**J68-A**, 239-246（1985）.
[18] Astley, P. J.: Transient wave envelope elements for wave propagation, *J. Sound & Vib.*, **192**, 245-261

(1996).

[19] Astley, P. J., Cogatte, J-P. and Creners, L.: Three-dimensional wave envelope elements of variable order for acoustic radiation and scattering, Part II formulation in the time domain, *J. Acoust. Soc. Am.*, **103**, 64-72 (1998).

4章　圧電系の有限要素法

　圧電弾性体問題は，機械系と電気系が結合している問題としてとらえることができる．このような問題を有限要素法で解く場合には，エネルギー関数に変分原理を適用する定式化が行われる．本章では，圧電基本式から出発し，エネルギー関数の導出，有限要素による離散化と要素マトリックスの導出を経て，離散化された振動方程式を導く．

4-1　圧電系構成方程式

4-1-1　圧電基本式

　図 4.1 は，圧電振動体を示したもので，電位，電荷を与える電極および力，変位を規定する領域が示されている．機械的な変数である応力，ひずみ，電気的な変数である電界，電気変位を関連づける式は圧電基本式（構成方程式）と呼ばれる．この式には種々の形の表現式がある（2 章参照）．ここでは，次のような「e」形式を採用することとする：

$$\left.\begin{array}{l}\{T\} = [c^E]\{S\}-[e]^t\{E\} \\ \{D\} = [e]\{S\}+[\varepsilon^S]\{E\}\end{array}\right\} \tag{4.1}$$

ここで，圧電基本式は「e」形式を例にとったが，この基本式を構成するテンソルを，ほかの形式で現れるテンソルも含め，以下に示す．定義もまとめて再記しておく．これらのテンソルはすべてが独立であるわけではなく，次に示される変換式により変換

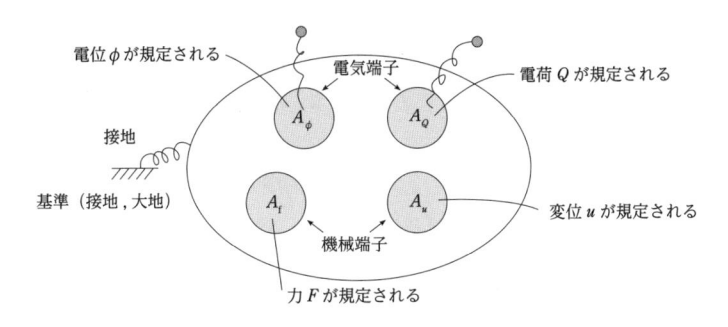

図 4.1　圧電振動体

が可能である（2-2節参照）．

$[c^E]$：スティフネス・テンソル，$\{E\}=\{0\}$のとき　　$(=[s^E]^{-1})$

$[c^D]$：スティフネス・テンソル，$\{D\}=\{0\}$のとき　　$(=[s^D]^{-1})$

$[s^E]$：コンプライアンス・テンソル，$\{E\}=\{0\}$のとき　$(=[c^E]^{-1})$

$[s^D]$：コンプライアンス・テンソル，$\{D\}=\{0\}$のとき　$(=[c^D]^{-1})$

$[c^D]=[c^E]+[h][e]^t$：$[c^E]$から$[c^D]$への変換式

$[s^D]=[s^E]-[d][g]^t$：$[s^E]$から$[s^D]$への変換式

$[e]$：圧電応力定数テンソル　　　$(=[c^E][d]=[h][\varepsilon^S])$

$[h]$：圧電応力定数テンソル　　　$(=[c^D][g])$

$[d]$：圧電ひずみ定数テンソル　　$(=[s^E][e])$

$[g]$：圧電ひずみ定数テンソル　　$(=[d][\varepsilon^T]^{-1})$

$[\varepsilon^S]$：誘電率テンソル，$\{S\}=\{0\}$のとき

$[\varepsilon^T]$：誘電率テンソル，$\{T\}=\{0\}$のとき

$[\varepsilon^T]=[\varepsilon^S]+[d]^t[e]$：$[\varepsilon^S]$から$[\varepsilon^T]$への変換式

$[\ ]^t$は$[\ ]$の転置（行列）を示す．誘電率εはひずみと同一文字を使っている場合があるので注意すること．

次に，圧電基本式を構成する諸量を，あとで説明する離散化を考慮して，要素の節点量を用いた表現について説明する．

4-1-2　各基本量の節点変数ベクトルによる表現

有限要素法では，要素内任意の位置における値を適当な内挿関数（補間関数ともいう）を想定して，エネルギー関数を評価し，要素節点に関する離散化が行われる．内挿関数の具体的な表現は次節で述べることとし，ここでは変位ベクトル$\{u\}$に関する内挿関数マトリックスを$[N_u]$，電位ϕに関する内挿関数ベクトルを$\{N_\phi\}$，それらの微分係数からなる内挿関数マトリックスをそれぞれ$[N'_u]$, $[N'_\phi]$とする．式(4.1)を構成するひずみベクトル$\{S\}$は変位ベクトル$\{u\}$で，電界の強さベクトル$\{E\}$は電位ϕで表される．$\{\ \}$は列ベクトルを表す．以下同様である．

(1)　変位

まず，要素内の任意点の変位ベクトル$\{u\}$は，内挿関数マトリックス$[N_u]$と節点変位ベクトル$\{d\}_e$から，次のように補間される：

$$\{u\} = \{u_x\ u_y\ u_z\} = [N_u]\{d\}_e \tag{4.2}$$

ここで，u_x, u_y, u_zはそれぞれ，x, y, z方向の変位成分である．具体的考察は4-6

節を参照のこと．以下同様である．

(2) ひずみベクトル

ひずみベクトル $\{S\}$ は定義に基づいて，$\{u\}$ の偏微分係数により，$\{d\}_e$ と関係づけられる：

$$\{S\} = \begin{bmatrix} \varepsilon_x \\ \varepsilon_y \\ \varepsilon_z \\ \gamma_{yz} \\ \gamma_{zx} \\ \gamma_{xy} \end{bmatrix} = \begin{bmatrix} u_{x,x} \\ u_{y,y} \\ u_{z,z} \\ \dfrac{1}{2}(u_{y,z}+u_{z,y}) \\ \dfrac{1}{2}(u_{z,x}+u_{x,z}) \\ \dfrac{1}{2}(u_{x,y}+u_{y,x}) \end{bmatrix} = [N'_u]\{d\}_e \qquad (4.3)$$

ここで，ε_x, ε_y, ε_z はそれぞれ，x, y, z 方向のひずみ，γ_{yz}, γ_{zx}, γ_{xy} はそれぞれ，yz, zx, xy 方向のせん断ひずみである．$\{\ \}_e$ の下付き添え字は要素を表す．

(3) 電位

要素内の任意点の電位 ϕ は，内挿関数ベクトル $\{N_\phi\}$ と節点電位ベクトル $\{\phi\}_e$ を用いて次のように補間される：

$$\phi = \{N_\phi\}^t\{\phi\}_e \qquad (4.4)$$

(4) 電界の強さベクトル

電界の強さベクトル $\{E\}$ は，x, y, z 方向の電界成分からなるベクトルで，ポテンシャルの傾斜として定義され，$[N'_\phi]$ と $\{\phi\}_e$ を用いて表される．ここで，$[N'_\phi]$ はマトリックスであることに注意する：

$$\{E\} = \{E_x\ E_y\ E_z\} = \left\{-\frac{\partial\phi}{\partial x}\ -\frac{\partial\phi}{\partial y}\ -\frac{\partial\phi}{\partial z}\right\} = -[N'_\phi]\{\phi\}_e \qquad (4.5)$$

(5) 応力ベクトル

応力ベクトル $\{T\}$ は式 (4.1) 第1式から，次式となる：

$$\{T\} = \begin{bmatrix} \sigma_x \\ \sigma_y \\ \sigma_z \\ \tau_{yz} \\ \tau_{zx} \\ \tau_{xy} \end{bmatrix} = [c^E][N'_u]\{d\}_e + [e]^t[N'_\phi]\{\phi\}_e \qquad (4.6)$$

ここで，σ_x, σ_y, σ_z はそれぞれ，x, y, z 方向の主応力，τ_{yz}, τ_{zx}, τ_{xy} はそれぞれ，yz, zx, xy 方向のせん断応力である．

(6) 電気変位ベクトル

電気変位（電束密度）ベクトル $\{D\}$ は x, y, z 方向の電気変位成分からなるベクトルで，式 (4.1) 第2式から次式で表される：

$$\{D\} = \{D_x\, D_y\, D_z\} = [e][N'_u]\{d\}_e - [\varepsilon^s][N'_\phi]\{\phi\}_e \tag{4.7}$$

4-2 圧電材の各種テンソルの表示

4-2-1 圧電結晶と圧電セラミックス

圧電材は何らかの異方性をもつ．水晶のような圧電結晶体のほか，異方性をもつ結晶体には圧電性を示すものが多い．水晶は温度特性に優れた圧電結晶体である．ニオブ酸リチウムも水晶よりも圧電性が大きいのが特徴で，弾性表面波フィルターの基板として利用されている．圧電セラミックスのように，セラミックスそれ自体は等方性材であるが，分極処理を施したあと，分極軸のまわりには等方性，分極軸に垂直な方向に異方性を示す．チタン酸バリウム磁器，PZTと呼ばれる鉛ジルコン酸チタン酸磁器などがよく知られている．また，水晶の場合のように，本来の結晶軸方向も含めて，目的に応じて種々の方向に切り出されて使用されるものがある (1-2 節参照)．これらの圧電材の特性はスティフネス・テンソル，圧電応力テンソルおよび誘電率テンソルで示される．すなわち，本来の結晶軸方向と異なる切片に対しては，元のテンソルに座標軸との角度の回転変換を行うことによって，必要なテンソルを得ることができる[1],[3]．ここでは，水晶と圧電セラミックスの例を紹介するにとどめるが，詳しくは文献 [6] を参照していただきたい．

4-2-2 等方性材のテンソルの表示

まず，圧電性のない等方性材のスティフネス・テンソルの例を示す．スティフネス・テンソルは $[c]$ で示される．この場合，独立変数はヤング率 E とポアソン比 ν の2つだけである．

$$[c] = [c_{ij}]$$
$$= \frac{E(1-\nu)}{(1+\nu)(1-2\nu)} \times$$

$$\begin{bmatrix} 1 & \dfrac{\nu}{1-\nu} & \dfrac{\nu}{1-\nu} & 0 & 0 & 0 \\ & 1 & \dfrac{\nu}{1-\nu} & 0 & 0 & 0 \\ & & 1 & 0 & 0 & 0 \\ & 対 & & \dfrac{1-2\nu}{2(1-\nu)} & 0 & 0 \\ & & & & \dfrac{1-2\nu}{2(1-\nu)} & 0 \\ & & 称 & & & \dfrac{1-2\nu}{2(1-\nu)} \end{bmatrix} \quad [\mathrm{N/m^2}] \quad (4.8)$$

ここで，E は材質のヤング率，ν はポアソン比である．共通係数を [ ] 外に出してあることに注意する．ラーメの定数，λ, G(あるいは μ) を用いる表現もある．

4-2-3 水晶のテンソルの表示

圧電振動体である水晶は，三方晶系 (32, D_3) に属する結晶である．光軸 (z 軸)，電気軸 (x 軸)，機械軸 (y 軸) からなる．X, Y, Z-カットなどがあり，各軸に垂直に切り出されたことを示す．実際には，種々の方向に切り出された多種の部材が利用されている．切り出しの方向によっては AT-カット (x-z 面を x 軸の周りに $+35°15'$ 回転した面で切断) のように優れた温度特性をもつものがある．ここでは，基本結晶の各種テンソルを次に示す．z 軸を 3 軸にとる．テンソルはこの場合，10 種類の自由変数がある．これについては文献 [3]，[5]，[6] を参照していただきたい．

(1) スティフネス・テンソル

$$[c^E] = \begin{bmatrix} c_{11} & c_{12} & c_{13} & c_{14} & 0 & 0 \\ c_{12} & c_{11} & c_{13} & -c_{14} & 0 & 0 \\ c_{13} & c_{13} & c_{33} & 0 & 0 & 0 \\ c_{14} & -c_{14} & 0 & c_{44} & 0 & 0 \\ 0 & 0 & 0 & 0 & c_{44} & c_{14} \\ 0 & 0 & 0 & 0 & c_{14} & c_{66} \end{bmatrix} \quad [\mathrm{N/m^2}] \qquad (4.9)$$

ここで $c_{66} = (c_{11}-c_{12})/2$ となる．
$[c^E]$ は工学表示 c^E_{pq} に対応している．これらの定数が計測により決定されている．以下同様である．

(2) 圧電応力定数テンソル

$$[e] = \begin{bmatrix} e_{11} & -e_{11} & 0 & e_{14} & 0 & 0 \\ 0 & 0 & 0 & 0 & -e_{14} & -e_{11} \\ 0 & 0 & 0 & 0 & 0 & 0 \end{bmatrix} \quad [\mathrm{C/m^2}] \tag{4.10}$$

(3) 誘電体テンソル

$$[\varepsilon^S] = \varepsilon_0 \begin{bmatrix} \varepsilon_{11} & 0 & 0 \\ 0 & \varepsilon_{11} & 0 \\ 0 & 0 & \varepsilon_{33} \end{bmatrix} \quad [\mathrm{F/m}] \tag{4.11}$$

ここで，ε_{11}，ε_{33} は比誘電率，ε_0 は真空中の誘電率で 8.855×10^{-12} [F/m] である．

4-2-4 圧電セラミックスのテンソルの表示

圧電セラミックスは分極処理が施されている．すなわち，セラミックスに直流の高電界を一定時間印加することによって強い圧電性をもつことになる．分極軸のまわりでは等方性を示す．結晶ではないが，六方晶系 (6 mm, C_{6v}) と類似のテンソル構造となる．通常，分極軸を 3 軸 (z 軸) にとるが，ここでは，圧電セラミックスが圧電材としてよく利用されるので，解析プログラムを作成する場合の便宜を考慮して，分極軸を x, y, z 軸にとった場合のテンソルをそれぞれ示しておく．この場合，テンソルの自由変数は 10 種類である．

(1) スティフネス・テンソル

$$[c^E] = \begin{bmatrix} c_{33} & c_{13} & c_{13} & 0 & 0 & 0 \\ c_{13} & c_{11} & c_{12} & 0 & 0 & 0 \\ c_{13} & c_{12} & c_{11} & 0 & 0 & 0 \\ 0 & 0 & 0 & c_{66} & 0 & 0 \\ 0 & 0 & 0 & 0 & c_{44} & 0 \\ 0 & 0 & 0 & 0 & 0 & c_{44} \end{bmatrix} \quad (x \text{方向分極の場合})$$

$$[c^E] = \begin{bmatrix} c_{11} & c_{13} & c_{12} & 0 & 0 & 0 \\ c_{13} & c_{33} & c_{13} & 0 & 0 & 0 \\ c_{12} & c_{13} & c_{11} & 0 & 0 & 0 \\ 0 & 0 & 0 & c_{44} & 0 & 0 \\ 0 & 0 & 0 & 0 & c_{66} & 0 \\ 0 & 0 & 0 & 0 & 0 & c_{44} \end{bmatrix} \quad (y \text{方向分極の場合}) \quad [\mathrm{N/m^2}] \tag{4.12}$$

$$[c^E] = \begin{bmatrix} c_{11} & c_{12} & c_{13} & 0 & 0 & 0 \\ c_{12} & c_{11} & c_{13} & 0 & 0 & 0 \\ c_{13} & c_{13} & c_{33} & 0 & 0 & 0 \\ 0 & 0 & 0 & c_{44} & 0 & 0 \\ 0 & 0 & 0 & 0 & c_{44} & 0 \\ 0 & 0 & 0 & 0 & 0 & c_{66} \end{bmatrix} \quad (z\text{方向分極の場合})$$

ここで,$c_{66}=(c_{11}-c_{12})/2$ である.

(2) 圧電応力定数テンソル

$$[e] = \begin{bmatrix} e_{33} & e_{31} & e_{31} & 0 & 0 & 0 \\ 0 & 0 & 0 & 0 & e_{15} & 0 \\ 0 & 0 & 0 & 0 & 0 & e_{15} \end{bmatrix} \quad (x\text{方向分極の場合})$$

$$[e] = \begin{bmatrix} 0 & 0 & 0 & 0 & 0 & e_{15} \\ e_{31} & e_{33} & e_{31} & 0 & 0 & 0 \\ 0 & 0 & 0 & e_{15} & 0 & 0 \end{bmatrix} \quad (y\text{方向分極の場合}) \quad [\text{C/m}^2] \quad (4.13)$$

$$[e] = \begin{bmatrix} 0 & 0 & 0 & 0 & e_{15} & 0 \\ 0 & 0 & 0 & e_{15} & 0 & 0 \\ e_{31} & e_{31} & e_{33} & 0 & 0 & 0 \end{bmatrix} \quad (z\text{方向分極の場合})$$

(3) 誘電率テンソル

$$[\varepsilon^S] = \varepsilon_0 \begin{bmatrix} \varepsilon_{33} & 0 & 0 \\ 0 & \varepsilon_{11} & 0 \\ 0 & 0 & \varepsilon_{11} \end{bmatrix} \quad (x\text{方向分極の場合})$$

$$[\varepsilon^S] = \varepsilon_0 \begin{bmatrix} \varepsilon_{11} & 0 & 0 \\ 0 & \varepsilon_{33} & 0 \\ 0 & 0 & \varepsilon_{11} \end{bmatrix} \quad (y\text{方向分極の場合}) \quad [\text{F/m}] \quad (4.14)$$

$$[\varepsilon^S] = \varepsilon_0 \begin{bmatrix} \varepsilon_{11} & 0 & 0 \\ 0 & \varepsilon_{11} & 0 \\ 0 & 0 & \varepsilon_{33} \end{bmatrix} \quad (z\text{方向分極の場合})$$

ここで,ε_{11},ε_{33} は比誘電率,ε_0 は真空中の誘電率で,8.855×10^{-12} [F/m] である.

4-2-5 テンソルの座標回転変換

4-2-3 項で水晶のカットについてふれたが,種々のカットに対するこれら定数のテンソル表示は,次の座標の回転変換により特徴づけられる.図 4.2 に座標の回転を示す.

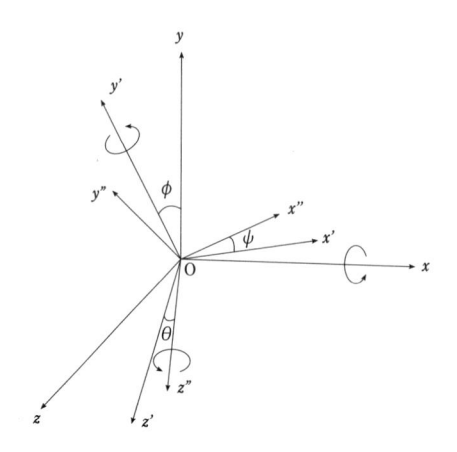

図 4.2 座標の回転

　(x, y, z) 座標を出発点とする．まず，x 軸を反時計回りに $\phi°$ 回転し，(x, y', z') 座標を得る．次に y' 軸を反時計回りに $\theta°$ 回転し，(x', y', z'') 座標を得る．最後に z'' 軸を反時計回りに $\psi°$ 回転し，(x'', y'', z'') 座標を得る．時計回りの回転には負号を与える．(x, y, z) 座標と，(x'', y'', z'') 座標の関係は (x, y, z) 座標に，ϕ, θ, ψ の回転行列を 3 回かけた行列を $[m]$ とすると，

$$\begin{bmatrix} x'' \\ y'' \\ z'' \end{bmatrix} = [m] \begin{bmatrix} x \\ y \\ z \end{bmatrix} = \begin{bmatrix} l_1 & m_1 & n_1 \\ l_2 & m_2 & n_2 \\ l_3 & m_3 & n_3 \end{bmatrix} \begin{bmatrix} x \\ y \\ z \end{bmatrix} \tag{4.15}$$

ここで，$[m]$ は，次式で与えられ，l, m, n は方向余弦である：

$$[m] = \begin{bmatrix} 1 & 0 & 0 \\ 0 & \cos\phi & -\sin\phi \\ 0 & \sin\phi & \cos\phi \end{bmatrix} \begin{bmatrix} \cos\theta & 0 & -\sin\theta \\ 0 & 1 & 0 \\ \sin\theta & 0 & \cos\theta \end{bmatrix} \begin{bmatrix} \cos\psi & -\sin\psi & 0 \\ \sin\psi & \cos\psi & 0 \\ 0 & 0 & 1 \end{bmatrix} \tag{4.16}$$

　(x, y, z) 座標系の応力ベクトル，ひずみベクトル，電界ベクトル，電気変位ベクトル $\{T\}, \{S\}, \{E\}, \{D\}$ に対して，回転変換を行った (x'', y'', z'') 座標系の対応した諸量を $\{T''\}, \{S''\}, \{E''\}, \{D''\}$ で表し，回転座標系におけるスティフネス・テンソル，圧電応力定数テンソル，誘電率テンソル $[c^{E''}], [e''], [\varepsilon^{S''}]$ を求める．座標回転の行列 $[m]$ の成分を用いて，$\{T''\}$ と $\{T\}$ を関連づけるもう 1 つの行列 $[A]$ が定義される．詳しくは文献 [1]，[3] を参照していただくこととして，ここでは結果のみを示す．

$$\{T''\} = [A]\{T\} \tag{4.17}$$

ここで，$[A]$ は次式で与えられる：

$$[A] = \begin{bmatrix} l_1^2 & l_2^2 & l_3^2 & 2l_2l_3 & 2l_3l_1 & 2l_1l_2 \\ m_1^2 & m_2^2 & m_3^2 & 2m_2m_3 & 2m_3m_1 & 2m_1m_2 \\ n_1^2 & n_2^2 & n_3^2 & 2n_2n_3 & 2n_3n_1 & 2n_1n_2 \\ m_1n_1 & m_2n_2 & m_3n_3 & m_2n_3+m_3n_2 & m_3n_1+m_1n_3 & m_1n_2+m_2n_1 \\ n_1l_1 & n_2l_2 & n_3l_3 & n_2l_3+n_3l_2 & n_3l_1+n_1l_3 & n_1l_2+n_2l_1 \\ l_1m_1 & l_2m_2 & l_3m_3 & l_2m_3+l_3m_2 & l_3m_1+l_1m_3 & l_1m_2+l_2m_1 \end{bmatrix} \tag{4.18}$$

この回転変換は直交性を保った変換であるため，行列 $[m]$ および $[A]$ は直交行列で，$[m]^{-1}=[m]^t$ および $[A]^{-1}=[A]^t$ のようにその転置行列が逆行列となる．$\{T\}, \{S\}, \{E\}, \{D\}$ などは，

$$\begin{aligned} \{T\} = [A]^t\{T''\}, \quad \{S\} = [A]^t\{S''\} \\ \{E\} = [m]^t\{E''\}, \quad \{D\} = [m]^t\{D''\} \end{aligned} \tag{4.19}$$

で表される．式 (4.1) に上式を代入すると，

$$\begin{aligned} {[A]^t\{T''\} = [c^E][A]^t\{S''\} - [e]^t[m]^t\{E''\}} \\ {[m]^t\{D''\} = [e][A]^t\{S''\} + [\varepsilon^S][m]^t\{E''\}} \end{aligned} \tag{4.20}$$

となり，さらに

$$\begin{aligned} \{T''\} = [A][c^E][A]^t\{S''\} - [A][e]^t[m]^t\{E''\} \\ \{D''\} = [m][e][A]^t\{S''\} + [m][\varepsilon^S][m]^t\{E''\} \end{aligned} \tag{4.21}$$

となる．式 (4.21) より，回転変換を行ったテンソルは次式で表される：

$$\begin{aligned} [c^{E''}] &= [A][c^E][A]^t \\ [e''] &= [A][e][m]^t \\ [\varepsilon^{S''}] &= [m][\varepsilon^S][m]^t \end{aligned} \tag{4.22}$$

4-3 エネルギー関数

4-3-1 ハミルトンの原理

時間的に変化を伴う場の汎関数は，エネルギー関数 $\mathcal{L}$ を用いて次のように与えられる．すなわち，ハミルトンの原理は，t_1 から t_2 まで時間区間について定義され，これが停留することを述べている：

$$\mathcal{H} = \int_{t_1}^{t_2} \mathcal{L} \, dt \tag{4.23}$$

ここで，エネルギー関数 $\mathcal{L}$ はひずみエネルギー V，損失エネルギー J，運動エネルギー T，静電エネルギー H，外部から与えられた仕事 W からなる．要素ごとに定義すれば次式で与えられる：

$$\mathcal{L} = \sum_e (V_e + J_e - T_e - H_e - W_e) \tag{4.24}$$

ここで，$\sum_e$ はすべての要素に関する総和を意味する．

ここでの汎関数の定義には，汎関数のなかに，損失エネルギー，静電エネルギー，外部から与えられた仕事が含まれている．符号が3-3節と一致していないが，停留問題としての本質は変わらないことに注意する．

4-3-2 各種エネルギーについて

(1) ひずみエネルギー

$$V_e = \frac{1}{2} \iiint_e \{S\}^t \{T\} dv_e \tag{4.25}$$

ここで，dv_e は微小体積である．のちに，ひずみベクトル $\{S\}$ および，応力ベクトル $\{T\}$ に含まれる電界の強さベクトル $\{E\}$ は，それぞれ変位ベクトル $\{u\}$ および，電位ベクトル $\{\phi\}$ で表されることになる．

(2) 損失エネルギー

ここでは純機械的ひずみエネルギーに比例する構造減衰を考えている．損失エネルギー J_e は後に述べる．

(3) 運動エネルギー

$$T_e = \frac{1}{2} \rho \iiint_e \{\dot{u}\}^t \{\dot{u}\} dv_e \tag{4.26}$$

ここで，ρ は圧電体の密度，$\{u\}$ は変位ベクトルで，$(\cdot)$ は時間微分を表す．

(4) 静電エネルギー

$$H_e = \frac{1}{2} \iiint_e \{D\}^t \{E\} dv_e \tag{4.27}$$

電界の強さベクトル $\{E\}$ および，電気変位ベクトル $\{D\}$ に含まれるひずみベクトル $\{S\}$ は，それぞれ電位ベクトル $\{\phi\}$ および，変位ベクトル $\{u\}$ で表されることになる．

(5) 外部から与えられる仕事

$$W_e = \iint_{A_u} F \bar{u} dA + \iint_{A_F} \hat{F} u dA + \iint_{A_\phi} \bar{\phi} D_n dA + \iint_{A_Q} \phi \hat{D}_n dA \tag{4.28}$$

ここでの積分は，規定境界面 A に接する要素の表面についてだけ行うものとする．

第1項, 第2項は機械的になされる仕事である. (~) は既定値を表す. それぞれ, 変位, 力が規定されている. 第3項, 第4項は電気的になされる仕事で, 電位, 電束密度 (電気変位) が規定されている. D_n は表面に垂直方向の電束密度を表し, D_n を面積積分したものが電荷 $Q\,(=\iint D_n dA)$ となる.

4-4 離散化と離散化方程式

有限要素法では, 全体の領域を有限の要素で分割する. これを離散化と呼んでいる. 実際の圧電体は連続体であるので, 有限の要素に分割することは近似モデルの構築を意味する. 実際には, 振動問題を例とすれば, 低次の共振周波数とモードを利用することが多いため, 要素分割が十分に細かければ実用的に十分な精度が得られると考えられる. このように要素に分割し, 要素表面に節点を設け, 未知変数を割り当てる. 要素間はこの節点を通して接合されている. このようなモデルに関して有限次元の離散化方程式 (マトリックス方程式), 固有方程式や連立方程式などが導かれ, これを数値的に解くことによって近似解を得るわけである.

4-4-1 エネルギー関数

前章では, 時間的に変化する系に対するエネルギー関数を導いた. エネルギー関数が時間的に変化を伴う場合は, ハミルトンの原理により, 式 (4.23) の汎関数の時間ステップに関する停留性

$$\delta \mathcal{H} = \delta \int_{t_1}^{t_2} \mathcal{L} dt = \int_{t_1}^{t_2} \delta \mathcal{L} dt = 0 \tag{4.29}$$

により離散化方程式が得られる.

4-4-2 各種エネルギーのマトリックス表現

要素の各エネルギー関数は前節の結果を用いると, マトリックス表現が可能となる.
(1) 要素のひずみエネルギー

要素のひずみエネルギー (ポテンシャルエネルギー) V_e は, 構成方程式による電気系への結合を導入すれば, 剛性マトリックス $[K]_e$ と結合マトリックス $[P]_e$ を用いて次のようになる:

$$V_e = \frac{1}{2}\{d\}_e^t[K]_e\{d\}_e + \frac{1}{2}\{d\}_e^t[P]_e\{\phi\}_e \tag{4.30}$$

ここで

$$[K]_e = \iiint_e [N'_u]^t [c^E][N'_u] dv_e \quad (剛性マトリックス) \tag{4.31}$$

$$[P]_e = \iiint_e [N'_u]^t [e]^t [N'_\phi] dv_e \quad (結合マトリックス) \tag{4.32}$$

(2) 要素の損失エネルギー

要素の損失エネルギー J_e は損失マトリックス $[R]_e$ に対して次のように表される：

$$J_e = \{\dot{d}\}_e^t [R]_e \{d\}_e \tag{4.33}$$

ここで，$[R]_e$ は構造減衰を想定すれば，剛性マトリックス $[K]_e$ に対して

$$[R]_e = \alpha [K]_e \tag{4.34}$$

となる．α は減衰定数．弾性振動体の場合，代わりに共振時の尖鋭度 Q が与えられることが多い．このような弾性体の平均的な損失を表す場合，上式の損失係数 α は共振角周波数を ω_0 として

$$[R]_e = \alpha [K]_e = \frac{1}{\omega_0 Q}[K]_e \tag{4.35}$$

の関係で与えられる．

(3) 運動エネルギー

要素の運動エネルギー T_e は質量マトリックス $[M]_e$ を用いると次式のようになる：

$$T_e = \frac{1}{2}\{\dot{d}\}_e^t [M]_e \{\dot{d}\}_e \tag{4.36}$$

ここで

$$[M]_e = \rho \iiint_e [N_u]^t [N_u] dv_e \quad (質量マトリックス) \tag{4.37}$$

(4) 要素の静電エネルギー

要素の静電エネルギー H_e は静電マトリックス $[G]_e$ と結合マトリックス $[P]_e$ を用いて次のようになる：

$$H_e = -\frac{1}{2}\{d\}_e^t [P]\{\phi\}_e + \frac{1}{2}\{\phi\}_e^t [G]_e \{\phi\}_e \tag{4.38}$$

ここで

$$[G]_e = \iiint_e [N'_\phi]^t [\varepsilon^s][N'_\phi] dv_e \quad (静電マトリックス) \tag{4.39}$$

(5) 外部から与えられた仕事

外部から与えられた機械的仕事 W_e は，変位 $\hat{u}$ が与えられた面 A_u および力 $\hat{F}$ が与えられた面 A_F に関する積分により，次のようになる：

$$\iint_{A_u} F\hat{u}\,dA = \{\hat{d}\}_u^t \{F\}_u \tag{4.40}$$

$$\iint_{A_F} \hat{F}u\,dA = \{d\}_F^t \{\hat{F}\}_F \tag{4.41}$$

ここで $\{\hat{d}\}_u$ は変位が規定された面に属する全節点変位ベクトル，$\{F\}_u$ は対応した節点での力ベクトルで，$\{\hat{F}\}_F$ は力が規定された面に属する全節点力ベクトル，$\{d\}_F$ は対応した節点での変位ベクトルである．一方，電気的仕事は，電位 $\hat{\phi}$ が与えられた面 A_ϕ および電荷 $\hat{Q}$ が与えられた面 A_Q に関する面積分により，次のようになる：

$$\iint_{A_\phi} \hat{\phi} D_n\,dA = \{\hat{\phi}\}_\phi^t \{Q\}_\phi \tag{4.42}$$

$$\iint_{A_Q} \phi \hat{D}_n\,dA = \{\phi\}_Q^t \{\hat{Q}\}_Q \tag{4.43}$$

ここで $\{\hat{\phi}\}$ は電位が規定された面に属する全節点変位ベクトル，$\{Q\}_\phi$ は対応した節点での電荷ベクトルで，$\{\hat{Q}\}$ は電荷が規定された面に属する全節点電荷ベクトル，$\{\phi\}_Q$ は対応した節点での電位ベクトルである．仕事 W は，全駆動要素表面に関して

$$W = \{\hat{d}\}_u^t \{F\}_u + \{d\}_F^t \{\hat{F}\}_F + \{\hat{\phi}\}_\phi^t \{Q\}_\phi + \{\phi\}_Q^t \{\hat{Q}\}_F \tag{4.44}$$

の形で与えられる．したがって，系全体に関するエネルギー関数 $\mathscr{L}$ は次式となる：

$$\mathscr{L} = \sum_e \left(\frac{1}{2}\{d\}_e^t [K]_e \{d\}_e + \{\dot{d}\}_e^t [R]_e \{d\}_e - \frac{1}{2}\{\dot{d}\}_e^t [M]_e \{\dot{d}\}_e + \{d\}_e^t [P]_e \{\phi\}_e \right.$$
$$\left. - \frac{1}{2}\{\phi\}_e^t [G]_e \{\phi\}_e \right) - \{\hat{d}\}^t \{F\}_u - \{d\}_F^t \{\hat{F}\}_F - \{\hat{\phi}\}^t \{Q\}_\phi - \{\phi\}_Q^t \{\hat{Q}\}_Q \tag{4.45}$$

さらに，系全体のマトリックス，ベクトルを下付き添え字 e を省いた記号で表せば，エネルギー関数 $\mathscr{L}$ は離散化された形で最終的に次式となる：

$$\mathscr{L} = \frac{1}{2}\{d\}^t [K]\{d\} + \{\dot{d}\}^t [R]\{d\} - \frac{1}{2}\{\dot{d}\}^t [M]\{\dot{d}\} + \{d\}^t [P]\{\phi\} - \frac{1}{2}\{\phi\}^t [G]\{\phi\}$$
$$- \{\hat{d}\}_u^t \{F\}_u - \{d\}_F^t \{\hat{F}\}_F - \{\hat{\phi}\}_\phi^t \{Q\}_\phi - \{\phi\}_Q^t \{\hat{Q}\}_Q \tag{4.46}$$

これらの系全体に関するマトリックス，ベクトルは接合された要素節点に関する整

合条件,すなわち接合節点における変位,電位は等しい,節点における力の総和は(加わる外力も含めれば)ゼロ,電荷の総和もゼロとなるなどの条件を課すことによって得られる.

4-4-3 非定常応答

(1) 離散化方程式

非定常解析の場合,変位ベクトル $\{d(t)\}$ と,その時間微分 $\{\dot{d}(t)\}$ は独立した変数として扱われる.式 (4.46) の運動エネルギーの項には $\{d\}$ の項が含まれないので,次のように部分積分により変形される:

$$\int_{t_1}^{t_2}\{\dot{d}\}^t[M]\{\dot{d}\}dt = \{d\}^t[M]\{\dot{d}\}\Big|_{t_2}^{t_1} - \int_{t_1}^{t_2}\{d\}^t[M]\{\ddot{d}\}dt$$

$$= -\int_{t_1}^{t_2}\{d\}^t[M]\{\ddot{d}\}dt \tag{4.47}$$

ここでは $d(t_1)=d(t_2)=0$ が仮定されている.そこで式 (4.46) を $\{d\}$ および $\{\phi\}$ について変分を取ると次式が得られる:

$$\left.\begin{array}{l}[K]\{d\}+[R]\{\dot{d}\}+[M]\{\ddot{d}\}+[P]\{\phi\} = \{\widehat{F}\} \\ [P]^t\{d\}-[G]\{\phi\}=\{\widehat{Q}\}\end{array}\right\} \tag{4.48}$$

ここで,$\{\widehat{F}\}$ は,系全体の次元のベクトルで,力が規定されている節点以外の節点での値はゼロである.$\{\widehat{Q}\}$ も,系全体の次元のベクトルで,電荷が規定されている節点以外の節点での値はゼロである.

式 (4.48) が最終的に得られた離散化方程式である.機械的な変位ベクトルおよびその時間微分ベクトルと電位ベクトルが,結合マトリックス $[P]$ によりたがいに結合した式となっていることに注意する.

式 (4.48) をまとめると次の形に書くことができる:

$$[\overline{M}]\{\ddot{\overline{d}}\}_t+[\overline{R}]\{\dot{\overline{d}}\}_t+[\overline{K}]\{\overline{d}\}_t = \{\overline{F}\}_t \tag{4.49}$$

ここで係数マトリックスはそれぞれ

$$[\overline{M}] = \begin{bmatrix} [M] & [0] \\ [0] & [0] \end{bmatrix}$$

$$[\overline{R}] = \begin{bmatrix} [R] & [0] \\ [0] & [r] \end{bmatrix} \quad (\text{誘電体損失を考慮しなければ } [r]=[0] \text{ である.})$$

$$[\overline{K}] = \begin{bmatrix} [K] & [P] \\ [P]^t & [G] \end{bmatrix}$$

$$\{\overline{d}\} = \begin{bmatrix} \{d\} \\ \{\phi\} \end{bmatrix}$$

$$\{\overline{F}\} = \begin{bmatrix} \{F\} \\ \{Q\} \end{bmatrix}$$

下付き添え字は時刻を表す．すなわち $t=t_0+\Delta t+2\Delta t+\cdots$ で，出発時間 t_0 から Δt ステップで進行するものとする．

これらは，右辺の駆動（既知）$\{\overline{F}\}_t$ に対して，初期条件 $\{\overline{d}\}_{t_0}$, $\{\dot{\overline{d}}\}_{t_0}$, $\{\ddot{\overline{d}}\}_{t_0}$ が与えられれば，たとえばニューマーク β 法[8], [9] を用いれば次のように進行することができる．Δt 後の応答は次のようになる：

$$\{\ddot{\overline{d}}\}_{t_0+\Delta t} = [A]^{-1}(\{\overline{F}\}_{t_0}-[\overline{R}]\{B\}-[\overline{K}]\{C\}) \tag{4.50}$$

$$\{\dot{\overline{d}}\}_{t_0+\Delta t} = \{\dot{\overline{d}}\}_{t_0}+0.5\Delta t(\{\ddot{\overline{d}}\}_{t_0}+\{\ddot{\overline{d}}\}_{t_0+\Delta t}) \tag{4.51}$$

ここで

$$[A] = [\overline{M}]+0.5\Delta t[\overline{R}]+\beta\Delta t^2[\overline{K}]$$

$$\{B\} = \{\dot{\overline{d}}\}_{t_0}+0.5\Delta t\{\ddot{\overline{d}}\}_{t_0}$$

$$\{C\} = \{\overline{d}\}_{t_0}+\Delta t\{\dot{\overline{d}}\}_{\Delta t}+(0.5-\beta)\Delta t^2\{\ddot{\overline{d}}\}_{t_0}$$

β はステップ幅の重みづけ係数である．

このようにして得られた Δt 後の結果を初期値として次のステップに進むことで，応答計算は進行していく（計算例は 6-9 節を参照）．

4-4-4　定常応答

時間に関して，調和振動を考えると，$(\cdot)=j\omega$（ω：角周波数）とおけば，式 (4.48) は次のようになる：

$$\left. \begin{array}{l} ([K]+j\omega[R]-\omega^2[M])\{d\}+[P]\{\phi\} = \{\widehat{F}\} \\ [P]^T\{d\}-[G]\{\phi\} = \{\widehat{Q}\} \end{array} \right\} \tag{4.52}$$

式 (4.52) は，連立方程式であるので，任意の駆動（電気的・機械的，大きさ・位相など），駆動周波数を与えると，周波数応答（変位分布，応力分布，電位分布）が得られる．ここで得られる解の変位や電位の成分は振幅であることに注意する．

式 (4.52) を電気的駆動問題として解く場合，電極に角周波数 ω の交番電流／電荷

を与えて駆動する代わりに電位で駆動することが多い．まず，電位ベクトル $\{\phi\}$ を，電位を与える電極に節点を有する部分 $\{\hat{\phi}\}_p$ と電極に属さない部分 $\{\phi\}_q$ に分離する．接地する基準電極の電位があればゼロにおかれるので，この電極に属する節点に関する部分はあらかじめ削除しておくことになる．したがって行列 $[P]$ および $[G]$ の対応する部分もそれに応じて削除しておく．すると，式 (4.52) は次のように変形される：

$$\begin{bmatrix} [K]+j\omega[R]-\omega^2[M] & [P]_p & [P]_q \\ [P]_p^t & -[G]_{pp} & -[G]_{pq} \\ [P]_q^t & -[G]_{pq}^t & -[G]_{qq} \end{bmatrix} \begin{Bmatrix} \{d\} \\ \{\hat{\phi}\}_p \\ \{\phi\}_q \end{Bmatrix} = \begin{Bmatrix} \{0\} \\ \{Q\}_p \\ \{0\} \end{Bmatrix} \quad (4.53)$$

電位ベクトル $\{\hat{\phi}\}_p$ の成分はすべて等電位であるから，電極に与える電位はすべて $\hat{\phi}$ となる．上では $\{F\}=\{0\}$ とした．電極からの入力アドミタンス Y_{in} は上式に $\hat{\phi}$ を与えて解き，電荷ベクトル $\{Q\}_p = [P]_p^t\{d\} - [G]_{pp}\{\hat{\phi}\}_p - [G]_{pq}\{\phi\}_q$ を求める．その成分の和である総電荷を Q とすると，入力アドミタンスは

$$Y_{in} = \frac{dQ}{dt}/\hat{\phi} = j\omega Q/\hat{\phi} \quad (4.54)$$

で与えられる．

4-4-5 固有値解析

共振子などの解析においては，共振周波数とモード図が要求される．このような場合，式 (4.52)，式 (4.53) を固有値問題として解くことになる．外力を $\{F\}=0$，損失を $[R]=[0]$ とおき，電気的境界条件より，電位に関する変数 $\{\phi\}$ を消去した固有方程式を解くことにより得られる．

(1) 電極短絡条件の固有値問題解析

電気端子短絡の場合は，式 (4.53) で，$\{\hat{\phi}\}_p=\{0\}$ とおけば，固有方程式は

$$([K]+[P]_q[G]_{qq}^{-1}[P]_q^t - \omega^2[M])\{d\} = 0 \quad (4.55)$$

となる．この式は，剛性行列が圧電性により増加していることを示している．i 番目の固有値 ω_i（共振周波数 f_i）に対する変位ベクトル（固有モード）$\{d\}_i$ が得られる．変位ベクトルはすべて相対値であることに注意する．電極を除いた部分の電位分布 $\{\phi\}_{qi}$ は

$$\{\phi\}_{qi} = [G]_{qq}^{-1}[P]_q^t\{d\}_i \quad (4.56)$$

より得られる．$\{\phi\}_{qi}$ から電荷分布 $\{Q\}_{pi}$ は

$$\{Q\}_{pi} = [P]_p^t\{d\}_i - [G]_{pq}\{\phi\}_{qi} \tag{4.57}$$

から求められ，総電荷 Q_i から，短絡電流 $I_s = j\omega_i Q_i$ が得られる．

(2) 電極開放条件の固有値解析

この条件は電極間に電流が流れないので，電極電荷はゼロである．したがって式 (4.52) で $\{\hat{Q}\} = \{0\}$ とおき，この式の第2式から $\{\phi\}$ を消去すれば

$$([K] + [P][G]^{-1}[P]^t - \omega^2[M])\{d\} = 0 \tag{4.58}$$

を固有方程式として解くことになる．i 番目の固有値（共振周波数 f_i）に対する変位ベクトル（固有モード）$\{d\}_i$ が得られると，対応した電位分布 $\{\phi\}_i$ は，

$$\{\phi\}_i = [G]^{-1}[P]^t\{d\}_i \tag{4.59}$$

から得られる．

以上のように固有値解析では $[R] = [0]$ とするのが普通であるが，そのまま複素固有値問題として解くこともできる．この場合，複素固有値の虚数部はそのモードのダンピングを表すことになる．

4-5 2次元の要素マトリックス

本節では，2次元の場合について，具体的に要素マトリックスを導出する．まず，スティフネス・テンソル $[c^E]$，圧電応力定数テンソル $[e]$，誘電率テンソル $[\varepsilon^S]$ の具体的な形を示す．次に，要素内の任意点での変位ベクトル，ポテンシャルを，節点に割り当てられた変数を用いて補間する．詳しくは文献 [7] の2次元圧電振動の理論解説の部分を参照していただきたい．

4-5-1 2次元の場合の各種テンソル

4-2節では3次元の場合のテンソルについて説明した．この節では2次元の要素行列を導くにあたり2次元のテンソルを記述する．

本来は3次元 (x, y, z) で表されるモデルを2次元 (x, y) のモデルとして解析するので，以下のいずれかの場合を仮定する．1つは z 方向に関して十分に長く，z 方向には一様に変形し，ひずみがゼロである場合，もう1つは，z 方向は非常に薄く，応力がゼロの場合である．ここでは前者の平面ひずみモデルを用いることとして説明する（2-1-2項参照）．

2次元の場合，ひずみ $\{S\}$，応力 $\{T\}$，電界 $\{E\}$，電気変位 $\{D\}$ は，それぞれ次のようになる：

$$\left.\begin{aligned}\{S\} &= \{\varepsilon_x\ \varepsilon_y\ \gamma_{xy}\} = \left\{u_{x,x}\ u_{y,y}\ \frac{1}{2}(u_{x,y}+u_{y,x})\right\} \\ \{T\} &= \{\sigma_x\ \sigma_y\ \tau_{xy}\} \\ \{E\} &= \{E_x\ E_y\} \\ \{D\} &= \{D_x\ D_y\}\end{aligned}\right\} \tag{4.60}$$

圧電材の各種テンソルは以下のように表される：

(1) 等方性材のスティフネス・テンソル

$$[c] = \frac{E(1-\nu)}{(1+\nu)(1-2\nu)}\begin{bmatrix} 1 & \dfrac{\nu}{1-\nu} & 0 \\ \dfrac{\nu}{1-\nu} & 1 & 0 \\ 0 & 0 & \dfrac{1-2\nu}{2(1-\nu)} \end{bmatrix}\ [\mathrm{N/m^2}] \tag{4.61}$$

圧電材のスティフネス・テンソル $[c]$ の独立変数は，ヤング率 E とポアソン比 ν の2つである．

圧電セラミックスの場合，3軸を分極方向とするのが普通であるが，x 軸方向および y 軸方向に分極した場合のテンソルを示す．

(2) 圧電材のスティフネス・テンソル

$$\begin{aligned}[c^E] &= \begin{bmatrix} c_{33} & c_{13} & 0 \\ c_{13} & c_{11} & 0 \\ 0 & 0 & c_{44} \end{bmatrix}\ (x\text{ 方向分極の場合}) \\ & \hspace{5cm} [\mathrm{N/m^2}] \\ [c^E] &= \begin{bmatrix} c_{11} & c_{13} & 0 \\ c_{13} & c_{33} & 0 \\ 0 & 0 & c_{44} \end{bmatrix}\ (y\text{ 方向分極の場合})\end{aligned} \tag{4.62}$$

(3) 圧電応力定数テンソル

$$\begin{aligned}[e] &= \begin{bmatrix} e_{33} & e_{31} & 0 \\ 0 & 0 & e_{15} \end{bmatrix}\ (x\text{ 方向分極の場合}) \\ & \hspace{5cm} [\mathrm{C/m^2}] \\ [e] &= \begin{bmatrix} 0 & 0 & e_{15} \\ e_{31} & e_{33} & 0 \end{bmatrix}\ (y\text{ 方向分極の場合})\end{aligned} \tag{4.63}$$

(4) 誘電率テンソル

$$[\varepsilon^S] = \varepsilon_0 \begin{bmatrix} \varepsilon_{33} & 0 \\ 0 & \varepsilon_{11} \end{bmatrix}\ (x\text{ 方向分極の場合}) \quad [\mathrm{F/m}]$$

$$[\varepsilon^S] = \varepsilon_0 \begin{bmatrix} \varepsilon_{11} & 0 \\ 0 & \varepsilon_{33} \end{bmatrix} \quad (y\text{方向分極の場合}) \tag{4.64}$$

ここで，ε_{11}, ε_{33} は比誘電率，ε_0 は真空中の誘電率で，8.855×10^{-12} [F/m] である．

4-5-2 領域の要素分割と要素内変位ベクトル，ポテンシャル

有限要素法では，対象を有限個の要素に分割する．図4.3に分割された1つの要素を示す．このような要素をアイソパラメトリック要素という[9]．これはアイソパラメトリック2次三角要素である．節点は6個で，各節点 i に x, y 方向の変位 d_{xi}, d_{yi} およびポテンシャル ϕ_i を割り当てる．したがって，1つの要素は12個の変位項と6個のポテンシャルからなる変数をもつことになる．要素マトリックスの計算には，図4.3（B）に示すような局所座標系に写像し，面積座標 $(\zeta_1, \zeta_2, \zeta_3)$ を用いるのが便利である．

(1) 変位成分

要素内の任意点での変位ベクトルは，2次元の場合，式（4.2）を参考に $\{u\} = \{u_x\ u_y\} = [N_u]\{d\}_e$ である．ここで，$[N_u]$ は，補間関数マトリックス，$\{d\}_e$ は節点変位ベクトルである．各変位成分 u_x, u_y は次式で表される：

$$u_x = \{N\}^t \{d_x\}_e \qquad u_y = \{N\}^t \{d_y\}_e \tag{4.65}$$

要素はアイソパラメトリック要素であるから，要素内の任意点 (x, y) の座標値を三角座標変数で表すと，u_x, u_y と同じ補間関数 $\{N(\zeta_1, \zeta_2, \zeta_3)\}$ を用いて

$$x = \{N\}^t \{x\}_e \qquad y = \{N\}^t \{y\}_e \tag{4.66}$$

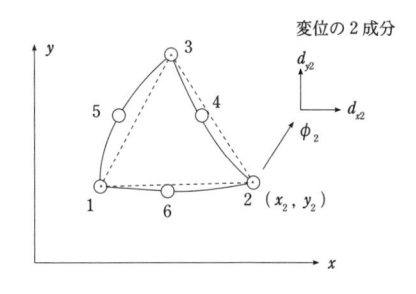

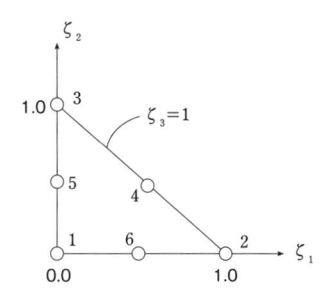

(A) 全体座標系における要素と節点変数の割付　　(B) 局所座標系における要素

図4.3　6節点2次三角要素の局所座標系への写像変換

で表される．$\{d_x\}_e, \{d_y\}_e, \{x\}_e, \{y\}_e$ はそれぞれ 6 節点での (x,y) 座標値，(x,y) 方向の変位を成分にもつベクトルであり，次式で与えられる：

$$
\left.\begin{aligned}
\{d_x\}_e &= \{d_{x1}, d_{x2}, \cdots, d_{x6}\} \\
\{d_y\}_e &= \{d_{y1}, d_{y2}, \cdots, d_{y6}\} \\
\{x\}_e &= \{x_1, x_2, \cdots, x_6\} \\
\{y\}_e &= \{y_1, y_2, \cdots, y_6\}
\end{aligned}\right\} \tag{4.67}
$$

$\{N\}$ は面積座標変数 $(\zeta_1, \zeta_2, \zeta_3)$ を用いると[1]，次式で定義される：

$$
\begin{aligned}
\{N\} &= \{N_1, N_2, \cdots, N_6\} \\
&= [D]^t \{\zeta_1^2 \ \zeta_2^2 \ \zeta_3^2 \ \zeta_2\zeta_3 \ \zeta_3\zeta_1 \ \zeta_1\zeta_2\}
\end{aligned} \tag{4.68}
$$

ここで，$[D]$ は次式で与えられる：

$$
[D] = \begin{bmatrix} 1 & & & & & \\ & 1 & & & & \\ & & 1 & & & \\ & -1 & -1 & 4 & & \\ -1 & & -1 & & 4 & \\ -1 & -1 & & & & 4 \end{bmatrix} \quad \text{（記述のない部分はゼロである）} \tag{4.69}
$$

また $[N_u], \{d\}_e$ は次のようなものである：

$$
[N_u] = \begin{bmatrix} \zeta_1^2 & \zeta_2^2 & \zeta_3^2 & \zeta_2\zeta_3 & \zeta_3\zeta_1 & \zeta_1\zeta_2 & 0 & 0 & 0 & 0 & 0 & 0 \\ 0 & 0 & 0 & 0 & 0 & 0 & \zeta_1^2 & \zeta_2^2 & \zeta_3^2 & \zeta_2\zeta_2 & \zeta_3\zeta_1 & \zeta_1\zeta_2 \end{bmatrix} \begin{bmatrix} [D] & [0] \\ [0] & [D] \end{bmatrix} \tag{4.70}
$$

ここで $[0]$ は 6×6 のゼロ行列である．また

$$
\{d\}_e = \{d_{x1}, d_{x2}, \cdots, d_{x6}, d_{y1}, d_{y2}, \cdots, d_{y6}\} \tag{4.71}
$$

(2) ポテンシャル成分

要素内の任意点での電位ポテンシャル ϕ は，式 (4.4) から $\phi = \{N_\phi\}^t \{\phi\}_e$ である．ただし $\{N_\phi\}, \{\phi\}_e$ は次式で表される：

$$
\{N_\phi\} = \{N\}, \quad \{\phi\}_e = \{\phi_1 \ \phi_2 \ \cdots \ \phi_6\} \tag{4.72}
$$

4-5-3 ひずみベクトル $\{S\}$ の節点変位ベクトル表示

ひずみベクトル $\{S\}$ は，式 (4.3) から，$\{S\} = [N_u'] \{d\}_e$ である．$[N_u']$ は，2 次元の場合，式 (4.60)，式 (4.65) から，次式となる：

$$[N'_u] = \frac{1}{2\Delta_e} \begin{bmatrix} \zeta_1 & \zeta_2 & \zeta_3 & 0 & 0 & 0 & 0 & 0 & 0 \\ 0 & 0 & 0 & \zeta_1 & \zeta_2 & \zeta_3 & 0 & 0 & 0 \\ 0 & 0 & 0 & 0 & 0 & 0 & \zeta_1 & \zeta_2 & \zeta_3 \end{bmatrix} \begin{bmatrix} [B]_e & [0] \\ [0] & [C]_e \\ [C]_e & [B]_e \end{bmatrix} \quad (4.73)$$

([0]は3×6のゼロ行列,Δ_eは三角要素の面積)

ここで,$[B]_e$,$[C]_e$は次式で与えられる:

$$[B]_e = \begin{bmatrix} 3b_1 & -b_2 & -b_3 & 0 & 4b_3 & 4b_2 \\ -b_1 & 3b_2 & -b_3 & 4b_3 & 0 & 4b_1 \\ -b_1 & -b_2 & 3b_3 & 4b_2 & 4b_1 & 0 \end{bmatrix}$$

$$[C]_e = \begin{bmatrix} 3c_1 & -c_2 & -c_3 & 0 & 4c_3 & 4c_2 \\ -c_1 & 3c_2 & -c_3 & 4c_3 & 0 & 4c_1 \\ -c_1 & -c_2 & 3c_3 & 4c_2 & 4c_1 & 0 \end{bmatrix} \quad (4.74)$$

$b_i = y_j - y_m$,$c_i = x_m - x_j$(x_i,y_iは三角要素の3頂点の座標,節点番号はi,j,mの順で回転)である.

4-5-4 電界の強さベクトル $\{E\}$ の節点ポテンシャルベクトル表示

電界の強さベクトル $\{E\}$ は,式 (4.5) から,$\{E\} = -[N'_\phi]\{\phi\}_e$ である.$[N'_\phi]$ は式 (4.68),式 (4.72) を用いて,次式で与えられる:

$$[N'_\phi] = \frac{1}{2\Delta_e} \begin{bmatrix} \zeta_1 & \zeta_2 & \zeta_3 & 0 & 0 & 0 \\ 0 & 0 & 0 & \zeta_1 & \zeta_2 & \zeta_3 \end{bmatrix} \begin{bmatrix} [B]_e \\ [C]_e \end{bmatrix} \quad (4.75)$$

4-5-5 要素マトリックスの導出

(1) 剛性マトリックス

$$[K]_e = \iint_e [N'_u]^t [c^E][N'_u] dxdy \quad (4.76)$$

$[K]_e$ は2次元の場合,積分が解析的にでき,分極方向に応じて最終的に次のようになる:

$$[K]_e = \frac{1}{12\Delta_e} \begin{bmatrix} c^E_{33}[B_b]_e + c^E_{44}[C_c]_e & c^E_{13}[B_c]_e + c^E_{44}[B_c]^t_e \\ c^E_{13}[B_c]^t_e + c^E_{44}[B_c]_e & c^E_{11}[C_c]_e + c^E_{44}[B_b]_e \end{bmatrix} \quad (x\text{方向分極})$$

$$[K]_e = \frac{1}{12\Delta_e} \begin{bmatrix} c^E_{11}[B_b]_e + c^E_{44}[C_c]_e & c^E_{13}[B_c]_e + c^E_{44}[B_c]^t_e \\ c^E_{13}[B_c]^t_e + c^E_{44}[B_c]_e & c^E_{33}[C_c]_e + c^E_{44}[B_b]_e \end{bmatrix} \quad (y\text{方向分極}) \quad (4.77)$$

ここで

$$[B_b]_e = \begin{bmatrix} 3b_1^2 & -b_1b_2 & -b_1b_3 & 0 & 4b_1b_3 & 4b_1b_2 \\ & 3b_2^2 & -b_2b_3 & 4b_2b_3 & 0 & 4b_1b_2 \\ & & 3b_3^2 & 4b_2b_3 & 4b_1b_3 & 0 \\ & 対 & & 4(b_1^2+b_2^2+b_3^2) & 8b_1b_2 & 8b_1b_3 \\ & & 称 & & 4(b_1^2+b_2^2+b_3^2) & 8b_2b_3 \\ & & & & & 4(b_1^2+b_2^2+b_3^2) \end{bmatrix}$$

(4.78)

$$[B_c]_e =$$

$$\begin{bmatrix} 3b_1c_1 & -b_1c_2 & -b_1c_3 & 0 & 4b_1c_3 & 4b_1c_2 \\ -b_2c_1 & 3b_2c_2 & -b_2c_3 & 4b_2c_3 & 0 & 4b_2c_1 \\ -b_3c_1 & -b_3c_2 & 3b_3c_3 & 4b_3c_2 & 4b_3c_1 & 0 \\ 0 & 4b_3c_2 & 4b_2c_3 & 4(b_1c_1+b_2c_2+b_3c_3) & 4(b_1c_2+b_2c_1) & 4(b_3c_1+b_1c_3) \\ 4b_3c_1 & 0 & 4b_1c_3 & 4(b_1c_2+b_2c_1) & 4(b_1c_1+b_2c_2+b_3c_3) & 4(b_2c_3+b_3c_2) \\ 4b_2c_1 & 4b_1c_2 & 0 & 4(b_3c_1+b_1c_3) & 4(b_2c_3+b_3c_2) & 4(b_1c_1+b_2c_2+b_3c_3) \end{bmatrix}$$

(4.79)

である.$[C_c]_e$ は $[B_b]_e$ 内の成分 b_i を c_i で置き換えた行列で対称である.

(2) 結合マトリックス

$$[P]_e = \iint_e [N_u']^t [e][N_\phi] dx dy \tag{4.80}$$

$[P]_e$ は,分極方向に応じて最終的に次のようになる:

$$[P]_e = \frac{1}{12\Delta_e} \begin{bmatrix} e_{33}[B_b]_e + e_{15}[C_c]_e \\ e_{31}[B_c]_e^t + e_{15}[B_c]_e \end{bmatrix} \quad (x\text{方向分極})$$

$$[P]_e = \frac{1}{12\Delta_e} \begin{bmatrix} e_{31}[B_c]_e + e_{15}[B_c]_e^t \\ e_{33}[C_c]_e + e_{15}[B_b]_e \end{bmatrix} \quad (y\text{方向分極}) \tag{4.81}$$

(3) 質量マトリックス

$$[M]_e = \rho \iint_e [N_u]^t [N_u] dx dy \tag{4.82}$$

$[M]_e$ は最終的に

$$[M]_e = \frac{\rho \Delta_e}{180} \begin{bmatrix} 6 & -1 & -1 & -4 & & & & & & & & \\ & 6 & -1 & & -4 & & & & & & & \\ & & 6 & & & -4 & & & & & & \\ & & & 32 & 16 & 16 & & & & & & \\ & & & & 32 & 16 & & & & & & \\ & & & & & 32 & & & & & & \\ & & & & & & 6 & -1 & -1 & -4 & & \\ & \text{対} & & & & & & 6 & -1 & & -4 & \\ & & & & & & & & 6 & & & -4 \\ & & & \text{称} & & & & & & 32 & 16 & 16 \\ & & & & & & & & & & 32 & 16 \\ & & & & & & & & & & & 32 \end{bmatrix} \quad (4.83)$$

で与えられる．ここで，記述のない成分は0である．

(4) 静電マトリックス

$$[G]_e = \iint_e [N'_\phi]^t [\varepsilon^S] [N'_\phi] dxdy \quad (4.84)$$

$[G]_e$ は，分極方向に応じて最終的に次のようになる：

$$[G]_e = \frac{1}{12\Delta_e}(\varepsilon_{33}^S [B_b]_e + \varepsilon_{11}^S [C_c]_e) \quad (x\text{方向分極})$$

$$[G]_e = \frac{1}{12\Delta_e}(\varepsilon_{11}^S [B_b]_e + \varepsilon_{33}^S [C_c]_e) \quad (y\text{方向分極}) \quad (4.85)$$

4-6 3次元の要素マトリックス

　本節では，3次元の場合の具体的な要素マトリックスを導出する．要素内の任意点での変位ベクトル，ポテンシャルを，節点に割り当てられた変数を用いて補間する．スティフネス・テンソル $[c^E]$，圧電応力定数テンソル $[e]$，誘電率テンソル $[\varepsilon^S]$ については，4-2節で示した．2次元の場合と異なり要素行列は数値積分によって計算される．

4-6-1 領域の要素分割と要素内の変位ベクトル，ポテンシャル

　有限要素法では，モデルを有限個の要素に分割する．図4.4に分割された1つの要素を示す．要素としては1次要素を採用している．節点は8個で，各節点 i に x, y, z 方向の変位 d_{xi}, d_{yi}, d_{zi} および，ポテンシャル ϕ_i を割り当てる．したがって，1つ

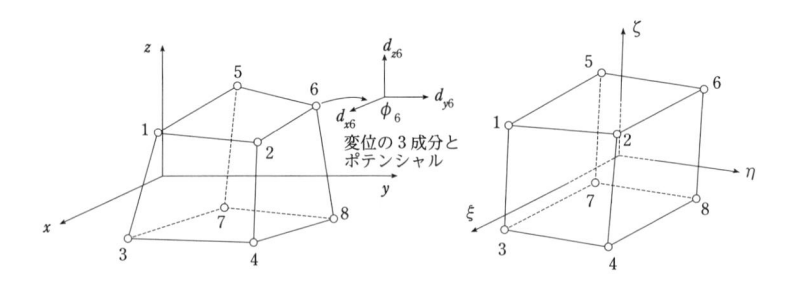

(A) 全体座標系における要素と節点変数の割付　　　(B) 局所座標系における要素

図 4.4　8 節点 1 次六面体要素の局所座標系への写像変換

の要素は 24 の変位項と 8 個のポテンシャルの変数をもつことになる．1 次要素は，対象が曲げ変形を伴う場合には精度がよくないことが知られており，これを改善するために，節点数を増さないで 2 次補間関数を採用したのと同様の効果が期待できる一種のハイブリッド要素が SAP IV[8] で用いられている．ここでもこのような工夫を導入している．要素マトリックスの計算には図 4.4 (B) に示すように写像された，局所座標変数 (ξ, η, ς) を用いるのが便利である．

要素内の任意点での変位ベクトルは式 (4.2) から $\{u\} = \{u_x\ u_y\ u_z\} = [N_u]\{d\}_e$ である．任意点での各変位成分 u_x, u_y, u_z を節点変位成分で表す：

$$u_x = \{N\}^t\{d_x\}_e \qquad u_y = \{N\}^t\{d_y\}_e \qquad u_z = \{N\}^t\{d_z\}_e \tag{4.86}$$

ただし

$$\left. \begin{aligned} \{d_x\}_e &= \{d_{x1}, d_{x2}, \cdots, d_{x8}, \alpha_{x1}, \alpha_{x2}, \alpha_{x3}\} \\ \{d_y\}_e &= \{d_{y1}, d_{y2}, \cdots, d_{y8}, \alpha_{y1}, \alpha_{y2}, \alpha_{y3}\} \\ \{d_z\}_e &= \{d_{z1}, d_{z2}, \cdots, d_{z8}, \alpha_{z1}, \alpha_{z2}, \alpha_{z3}\} \end{aligned} \right\} \tag{4.87}$$

ここでは仮想節点に対応する変位 α が追加されている．したがって

$$\{N\} = \{N_1, N_2, \cdots, N_8, N_9, N_{10}, N_{11}\} \tag{4.88}$$

内挿関数 $\{N\}$ の基本部分 $\{\overline{N}\}$ を定義しておく：

$$\{\overline{N}\} = \{N_1, N_2, \cdots, N_7, N_8\} \tag{4.89}$$

N_9, N_{10}, N_{11} が α に対応している．

ここで，局所座標変数は

$$\left.\begin{aligned}
N_1 &= \frac{1}{8}(1+\xi)(1-\eta)(1+\zeta) & N_5 &= \frac{1}{8}(1-\xi)(1-\eta)(1+\zeta) \\
N_2 &= \frac{1}{8}(1+\xi)(1+\eta)(1+\zeta) & N_6 &= \frac{1}{8}(1-\xi)(1+\eta)(1+\zeta) \\
N_3 &= \frac{1}{8}(1+\xi)(1-\eta)(1-\zeta) & N_7 &= \frac{1}{8}(1-\xi)(1-\eta)(1-\zeta) \\
N_4 &= \frac{1}{8}(1+\xi)(1+\eta)(1-\zeta) & N_8 &= \frac{1}{8}(1-\xi)(1+\eta)(1-\zeta) \\
N_9 &= 1-\xi^2 \quad N_{10} = 1-\eta^2 \quad N_{11} = 1-\zeta^2 &
\end{aligned}\right\} \quad (4.90)$$

N_9, N_{10}, N_{11} は曲げ変位の精度向上のために導入された2次項で，要素の中心に仮想節点を設けたことに相当する．この仮想節点に対応した変位として係数 α_{x1}, α_{x2}, α_{x3}, α_{y1}, α_{y2}, α_{y3}, α_{z1}, α_{z2}, α_{z3} が採用されている．これはあとで消去される．したがって，式 (4.2) の $[N_u]$ と $\{d\}_e$ は次のようになる.：

$$[N_u] = \begin{bmatrix} N_1 & \cdots & N_8 & 0 & \cdots & \cdots & \cdots & \cdots & 0 & N_9 & N_{10} & N_{11} \\ 0 & \cdots & 0 & N_1 & \cdots & N_8 & 0 & \cdots & 0 & N_9 & N_{10} & N_{11} \\ 0 & \cdots & \cdots & \cdots & \cdots & 0 & N_1 & \cdots & N_8 & N_9 & N_{10} & N_{11} \end{bmatrix} \quad (4.91)$$

$$\{d\}_e = \{\{\overline{d}\}_e, \{\alpha\}_e\} = \{d_{x1}, \cdots, d_{z8}, \alpha_{x1}, \cdots, \alpha_{z3}\} \quad (4.92)$$

ここで

$$\{\alpha\}_e = \{\alpha_{x1}\ \alpha_{x2}\ \alpha_{x3}\ \alpha_{y1}\ \alpha_{y2}\ \alpha_{y3}\ \alpha_{z1}\ \alpha_{z2}\ \alpha_{z3}\} \quad (4.93)$$

要素全体の変位ベクトル $\{d\}_e$ は，真の節点変位成分 $\{\overline{d}\}_e$ と消去されるべき係数成分 $\{\alpha\}_e$ を含めて定義している．

真の節点変位ベクトルは，すなわち，

$$\{\overline{d}\}_e = \{d_{x1}, \cdots, d_{x8}, d_{y1}, \cdots, d_{y8}, d_{z1}, \cdots, d_{z8}\} \quad (4.94)$$

局所座標変数 (ξ, η, ζ) を用いて要素内の任意点の (x, y, z) 座標値は，8節点の (x, y, z) 座標値より内挿される：

$$\left.\begin{aligned}
x &= \{N_1, N_2, \cdots, N_8\}^t \{x_1, x_2, \cdots, x_8\} = \{\overline{N}\}^t \{x\}_e \\
y &= \{N_1, N_2, \cdots, N_8\}^t \{y_1, y_2, \cdots, y_8\} = \{\overline{N}\}^t \{y\}_e \\
z &= \{N_1, N_2, \cdots, N_8\}^t \{z_1, z_2, \cdots, z_8\} = \{\overline{N}\}^t \{z\}_e
\end{aligned}\right\} \quad (4.95)$$

となる．

4-6-2　要素内の任意点でのポテンシャル ϕ

要素内の任意点でのポテンシャル ϕ は，式 (4.4) から $\phi = \{N_\phi\}^t \{\phi\}_e$ である．

$\{N_\phi\}$, $\{\phi\}_e$ はそれぞれ次式で表される.

$$\{N_\phi\} = \{\overline{N}\}, \quad \{\phi\}_e = \{\phi_1, \phi_2, \cdots \phi_8\} \tag{4.96}$$

4-6-3 全体座標変数と局所座標変数による微分,積分演算

$\{N\}$ の (ξ, η, ζ) に関する微係数は各要素について,次のようになる:

$$\left.\begin{array}{l} N_{1,\xi} = \dfrac{1}{8}(1-\eta)(1+\zeta), \cdots, N_{8,\xi} = \dfrac{-1}{8}(1-\eta)(1+\zeta) \\[4pt] N_{1,\eta} = \dfrac{-1}{8}(1+\xi)(1+\zeta), \cdots, N_{8,\eta} = \dfrac{1}{8}(1-\xi)(1-\zeta) \\[4pt] N_{1,\zeta} = \dfrac{1}{8}(1+\xi)(1-\eta), \cdots, N_{8,\zeta} = \dfrac{-1}{8}(1-\xi)(1+\eta) \\[4pt] N_{9,\xi} = -2\xi, \quad N_{10,\xi} = 0, \quad N_{11,\xi} = 0 \\[4pt] N_{9,\eta} = 0, \quad N_{10,\eta} = -2\eta, \quad N_{11,\eta} = 0 \\[4pt] N_{9,\zeta} = 0, \quad N_{10,\zeta} = 0, \quad N_{11,\zeta} = -2\zeta \end{array}\right\} \tag{4.97}$$

$\{N\}$ の (x, y, z) に関する微係数は $\{N\}_{,\xi}\{N\}_{,\eta}\{N\}_{,\zeta}$ とヤコビアン行列 $[J]$ とにより,次のように求められる:

$$\begin{bmatrix} N_{i,x} \\ N_{i,y} \\ N_{i,z} \end{bmatrix} = [J]^{-1} \begin{bmatrix} N_{i,\xi} \\ N_{i,\eta} \\ N_{i,\zeta} \end{bmatrix} \quad (i = 1 \sim 11) \tag{4.98}$$

ここで

$$[J] = \begin{bmatrix} \dfrac{\partial x}{\partial \xi} & \dfrac{\partial y}{\partial \xi} & \dfrac{\partial z}{\partial \xi} \\[4pt] \dfrac{\partial x}{\partial \eta} & \dfrac{\partial y}{\partial \eta} & \dfrac{\partial z}{\partial \eta} \\[4pt] \dfrac{\partial x}{\partial \zeta} & \dfrac{\partial y}{\partial \zeta} & \dfrac{\partial z}{\partial \zeta} \end{bmatrix} = \begin{bmatrix} N_{1,\xi} & N_{2,\xi} & \cdots & N_{8,\xi} \\ N_{1,\eta} & N_{2,\eta} & \cdots & N_{8,\eta} \\ N_{1,\zeta} & N_{2,\zeta} & \cdots & N_{8,\zeta} \end{bmatrix} \begin{bmatrix} x_1 & y_1 & z_1 \\ x_2 & y_2 & z_2 \\ \vdots & \vdots & \vdots \\ x_8 & y_8 & z_8 \end{bmatrix} \tag{4.99}$$

ヤコビアン $|\boldsymbol{J}|$ を用いると,局所座標変数 (ξ, η, ζ) で表された被積分関数 $h(\xi, \eta, \zeta)$ の全体座標系での要素 e に関する体積積分は,

$$\iiint_e h(\xi, \eta, \zeta) dxdydz = \int_{-1}^{1} \int_{-1}^{1} \int_{-1}^{1} h(\xi, \eta, \zeta) |\boldsymbol{J}| d\xi d\eta d\zeta \tag{4.100}$$

のように,局所座標系変数による積分に変換されるので,積分演算がガウス・ルジャンドル積分により,数値的に行われる.

4-6-4 ひずみベクトル $\{S\}$ の節点変位ベクトル表示

ひずみベクトル $\{S\}$ は,式 (4.3) から $\{S\}=[N'_u]\{d\}_e$ である.$[N'_u]$ は式 (4.91)

から次式となる：

$[N'_u] =$

$$\begin{bmatrix} N_{1,x} & 0 & 0 & \cdots & N_{8,x} & 0 & 0 & N_{9,x} & 0 & 0 & \cdots & N_{11,x} & 0 & 0 \\ 0 & N_{1,y} & 0 & \cdots & 0 & N_{8,y} & 0 & 0 & N_{9,y} & 0 & \cdots & 0 & N_{11,y} & 0 \\ 0 & 0 & N_{1,z} & \cdots & 0 & 0 & N_{8,z} & 0 & 0 & N_{9,z} & \cdots & 0 & 0 & N_{11,z} \\ 0 & N_{1,z} & N_{1,y} & \cdots & 0 & N_{8,z} & N_{8,y} & 0 & N_{9,z} & N_{9,y} & \cdots & 0 & N_{11,z} & N_{11,y} \\ N_{1,z} & 0 & N_{1,x} & \cdots & N_{8,z} & 0 & N_{8,x} & N_{9,z} & 0 & N_{9,x} & \cdots & N_{11,z} & 0 & N_{11,x} \\ N_{1,y} & N_{1,x} & 0 & \cdots & N_{8,y} & N_{8,x} & 0 & N_{9,y} & N_{9,x} & 0 & \cdots & N_{11,y} & N_{11,x} & 0 \end{bmatrix}$$

(4.101)

N_i の x, y, z に関する微分係数は，式 (4.97)～(4.99) を用いて，N_i の ξ, η, ζ に関する微分係数で表すことができる．

4-6-5 電界の強さベクトル $\{E\}$ の節点ポテンシャルベクトル表示

電界の強さベクトル $\{E\}$ は式 (4.5) から，$\{E\} = -[N'_\phi]\{\phi\}_e$ である．$[N'_\phi]$ は次式で与えられる：

$$[N'_\phi] = \begin{bmatrix} N_{1,x} & N_{2,x} & \cdots & N_{8,x} \\ N_{1,y} & N_{2,y} & \cdots & N_{8,y} \\ N_{1,z} & N_{2,z} & \cdots & N_{8,z} \end{bmatrix} \quad (4.102)$$

ここでも，N_i の x, y, z に関する微分係数は同様に，N_i の ξ, η, ζ に関する微分係数で表すものとする．

4-6-6 要素マトリックスの導出

(1) 剛性マトリックス

$$[K]_e = \iiint_e [N'_u]^t [c^E][N'_u] dv_e = \int_{-1}^{1}\int_{-1}^{1}\int_{-1}^{1} [N'_u]^t [c^E][N'_u] |\boldsymbol{J}| d\xi d\eta d\zeta \quad (4.103)$$

(2) 結合マトリックス

$$[P]_e = \iiint_e [N'_u]^t [e]^t [N'_\phi] dv_e = \int_{-1}^{1}\int_{-1}^{1}\int_{-1}^{1} [N'_u]^t [e]^t [N'_\phi] |\boldsymbol{J}| d\xi d\eta d\zeta \quad (4.104)$$

(3) 質量マトリックス

$$[M]_e = \rho \iiint_e [N_u]^t [N_u] dv_e = \rho \int_{-1}^{1}\int_{-1}^{1}\int_{-1}^{1} [N_u]^t [N_u] |\boldsymbol{J}| d\xi d\eta d\zeta \quad (4.105)$$

(4) 静電マトリックス

$$[G]_e = \iiint [N'_\phi]^t [\varepsilon^S][N'_\phi] dv_e = \int_{-1}^{1}\int_{-1}^{1}\int_{-1}^{1}[N'_\phi]^t[\varepsilon^S][N'_\phi]|\boldsymbol{J}|d\xi d\eta d\zeta \quad (4.106)$$

4-6-7 仮想係数を消去した要素マトリックスの導出

式 (4.52) の形の損失がない場合を取りあげる．要素 e について書き直す．(損失のある場合や，非定常態の場合も以下の変形を参考にして導出可能である．) 式 (4.52) を要素について再記すると

$$\left.\begin{array}{r}([K]_e - \omega^2[M]_e)\{d\}_e + [P]_e\{\phi\}_e = \{\widehat{F}\}_e \\ [P]_e^t\{d\}_e - [G]_e\{\phi\}_e = \{\widehat{Q}\}_e\end{array}\right\} \quad (4.107)$$

このマトリックス方程式を，変位ベクトルが式 (4.92) $\{d\}_e = \{\{\bar{d}\}_e, \{\alpha\}_e\}$ の形になるように，付加変数を分離した表現に書き換える．すなわち，

$$[K]_e = \begin{bmatrix}\overline{K}_{uu} & \overline{K}_{u\alpha} \\ \overline{K}_{u\alpha}^t & \overline{K}_{\alpha\alpha}\end{bmatrix}, \quad [M]_e = \begin{bmatrix}M_{uu} & 0 \\ 0 & 0\end{bmatrix}, \quad [P]_e = \begin{bmatrix}\overline{P}_{u\phi} \\ \overline{P}_{\alpha\phi}\end{bmatrix} \quad (4.108)$$

これを用いて式 (4.107) を書き換えると，次の形になる：

$$\left.\begin{array}{r}-\omega^2[M_{uu}]\{\bar{d}\}_e + \begin{bmatrix}\overline{K}_{uu} & \overline{K}_{u\alpha} \\ \overline{K}_{u\alpha}^t & \overline{K}_{\alpha\alpha}\end{bmatrix}\begin{Bmatrix}\{\bar{d}\}_e \\ \{\alpha\}_e\end{Bmatrix} + \begin{bmatrix}\overline{P}_{u\phi} \\ \overline{P}_{\alpha\phi}\end{bmatrix}\{\phi\}_e = \begin{Bmatrix}\{\widehat{F}\}_e \\ \{0\}\end{Bmatrix} \\ -[G]_e\{\phi\}_e + \begin{bmatrix}\overline{P}_{u\phi}^t & \overline{P}_{\alpha\phi}^t\end{bmatrix}\begin{Bmatrix}\{\bar{d}\}_e \\ \{\alpha\}_e\end{Bmatrix} = \{\widehat{Q}\}_e\end{array}\right\} \quad (4.109)$$

ここで ($\bar{}$) は各行列やベクトルの小行列または一部を表す．式 (4.109) を展開すると，次式となる：

$$\left.\begin{array}{r}-\omega^2[M_{uu}]\{\bar{d}\}_e + [\overline{K}_{uu}]\{\bar{d}\}_e + [\overline{K}_{u\alpha}]\{\alpha\}_e + [\overline{P}_{u\phi}]\{\phi\}_e = \{\widehat{F}\}_e \\ [\overline{K}_{u\alpha}]^t\{\bar{d}\}_e + [\overline{K}_{\alpha\alpha}]\{\alpha\}_e + [\overline{P}_{\alpha\phi}]\{\phi\}_e = \{0\} \\ -[G]_e\{\phi\}_e + [\overline{P}_{u\phi}]^t\{\bar{d}\}_e + [\overline{P}_{\alpha\phi}]^t\{\alpha\}_e = \{\widehat{Q}\}_e\end{array}\right\} \quad (4.110)$$

式 (4.110) を $\{\alpha\}_e$ について解けば，$\{\alpha\}$ は次のようになる：

$$\{\alpha\}_e = -[\overline{K}_{\alpha\alpha}]^{-1}[\overline{K}_{u\alpha}]^t\{\bar{d}\}_e - [K_{\alpha\alpha}]^{-1}[\overline{P}_{\alpha\phi}]\{\phi\}_e \quad (4.111)$$

したがってこれを代入して，式 (4.110) は，最終的に次式となる：

$$\left(\begin{bmatrix}S_{uu} & \widetilde{P}_{u\phi} \\ \widetilde{P}_{u\phi}^t & -G_{\phi\phi}\end{bmatrix} - \omega^2\begin{bmatrix}M_{uu} & 0 \\ 0 & 0\end{bmatrix}\right)\begin{Bmatrix}\{\bar{d}\}_e \\ \{\phi\}_e\end{Bmatrix} = \begin{Bmatrix}\{\widehat{F}\}_e \\ \{\widehat{Q}\}_e\end{Bmatrix} \quad (4.112)$$

ここで

$$\left.\begin{array}{l}[S_{uu}] = [\overline{K}_{uu}] - [\overline{K}_{u\alpha}][\overline{K}_{\alpha\alpha}]^{-1}[\overline{K}_{u\alpha}]^t \\ [\widetilde{P}_{u\phi}] = [\overline{P}_{u\phi}] - [\overline{K}_{u\alpha}][\overline{K}_{\alpha\alpha}]^{-1}[\overline{P}_{\alpha\phi}] \\ [G_{\phi\phi}] = [G]_e + [\overline{P}_{\alpha\phi}]^t[\overline{K}_{\alpha\alpha}]^{-1}[\overline{P}_{\alpha\phi}]\end{array}\right\} \quad (4.113)$$

以上，マトリックス内の成分のすべてはマトリックスであるが [ ] は省略してある．
ひずみ，応力ベクトルは式 (4.3)，式 (4.6) から次のように評価される：

$$\{S\} = [N'_u] \begin{bmatrix} \{\overline{d}\}_e \\ \{\alpha\}_e \end{bmatrix} \tag{4.114}$$

$$\{T\} = [c^E][N'_u] \begin{bmatrix} \{\overline{d}\}_e \\ \{\alpha\}_e \end{bmatrix} + [e]^t[N'_\phi]\{\phi\}_e \tag{4.115}$$

4-7 文献についての補足

最後に文献について触れておく．文献 [1] は弾性振動体の多自由度系の振動理論，有限要素法の定式化，テンソルのための座標回転変換，圧電振動について解説している．文献 [2] は便覧であるが，各種圧電材，磁歪材についての解説や圧電応用アクチュエータ，センサーの紹介のほか，圧電振動体の有限要素法の定式化も，非定常解析も含めて解説している．文献 [3] は固体振動全般に関するもので，圧電振動も含む解析的手法が主であるが，有限要素法にもふれている．文献 [4]，[5] は有限要素法に関するものではないが，その基礎となる圧電基本方程式，エネルギー関数，圧電結晶など，主として通信利用デバイス等への応用を視野に入れた，圧電振動についてのモノグラフである．40 年前の刊行ではあるが，エネルギー式，圧電結晶について参考になる．文献 [6] は圧電体に関する IEEE 標準 (1987 年) に関するもので，IEEE の *Transaction* 誌に掲載されたものである．文献 [7] は筆者らのコンピュータプログラムを主体とした有限要素法シリーズの第 3 巻で，2 次元モデルについてではあるが，圧電振動体の有限要素法について述べ，プログラムコードを収録してある．文献 [8] は弾性系の有限要素解析についての解説で，静的のみならず動的応答についても述べている．とくに要素形状と内挿関数に次数の異なる関数を採用したアイソパラメトリック要素についても詳しく述べている．弾性体問題のための市販プログラムパッケージに「SAP Ⅳ」がある．文献 [9] はその解説である．そこで利用されている要素の 1 つにアイソパラメトリック要素があり，本章ではこれを紹介している．

参考文献

[1] 加川幸雄：有限要素法による振動・音響工学——基礎と応用，培風館 (1981).
[2] 日本工業技術振興協会固有アクチュエータ研究部会 編：精密制御用ニューアクチュエータ便覧，フジ・テクノシステム (1994).
[3] 尾上守夫 監修，十文字弘道，富川義朗，望月雄蔵 著：電気電子のための固体振動論の基礎，オーム社 (1982).

[4] Tiersten, H. F.: Linear Piezoelectric Plate Vibrations, Plenum Press (1969).
[5] Holland, R. and EerNisse, E. P.: Design of Resonant Piezoelectric Devices, The MIT Press (1969).
[6] Publication and proposed revision of ANSI/IEEE standard 176-1987 "ANSI/IEEE standard on piezoelectricity", *IEEE Trans. UFFC*, **43**, 717-718 (1996).
[7] 加川幸雄 編, 加川幸雄, 山淵龍夫, 村井忠邦, 土屋隆生:音場・圧電弾性振動場 (FEMプログラム選 3) ――2次元, 軸対称, 3次元・2次元, 森北出版 (1998).
[8] Bathe, K. J., Wilson, E. L. and Peterson, F. E.: SAP Ⅳ-a structured analysis program for static and dynamic response of linear systems, *Earthquake Eng. Res. Ctr. Rep.*, **EERC 73-11** (1974).
[9] ベーテ, K. J., ウィルソン, E. L. 著, 菊池文雄 訳:有限要素法の数値計算, 科学技術出版社 (1979).

5章　モーダル・モデルと電気的等価回路

構造体の振動解析に電気的等価回路を用いる等価回路網法は，電気音響工学の分野で広く利用されている．とくに，圧電デバイスは電気回路内に組み込まれることから等価回路法で表現することは都合がよい[1]~[5]．回路定数の決定には解析解を用いる方法と，実験的モーダル解析法[6]がある．筆者らは有限要素法をベースとした数値的モーダル・モデルを提案した．この方法は有限要素法により離散化された運動方程式に対し，モーダル解析を適用してモーダルパラメータ（回路定数）を得るものである[7],[8]．有限要素法モデルのため任意の形状・構造体に適用できる．

等価回路法は，1つのモード展開法であって，固有関数（モード）に級数展開されるため，級数の打ち切りによる打ち切り誤差を伴う．5-6節では，有限要素等価回路解と直接解を比較し，打ち切り誤差が解に与える影響を検討している．1次元弾性振動系を例に，モード間結合と打ち切り誤差の具体的例も示している．

5-1　モーダル解析

n自由度の振動系の応答について考える．振動方程式は次式の形で与えられる：

$$[M]\{\ddot{u}\}+[R]\{\dot{u}\}+[K]\{u\} = \{f\} \tag{5.1}$$

ここで，u は変位，f は駆動力である．

この1つの例は図5.1に示すような，張力 T で張られた長さ $4l$ の弦に3つの質点が等間隔 l で付いている振動系で，これは3自由度系である．質量マトリックス $[M]$，剛性マトリックス $[K]$ はそれぞれ次式で表される：

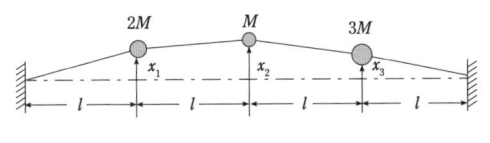

図5.1　3自由度系の例 [1]

$$[M] = \begin{bmatrix} 2 & 0 & 0 \\ \text{対} & 1 & 0 \\ & \text{称} & 3 \end{bmatrix}$$

$$[K] = \frac{T}{l} \begin{bmatrix} 2 & -1 & 0 \\ \text{対} & 2 & -1 \\ & \text{称} & 2 \end{bmatrix}$$

また,小さな構造減衰であれば

$$[R] = \alpha[K]$$

としてよい.ここで,α:減衰定数である.

有限要素法では弾性振動場が式 (5.1) の形の方程式に帰着することから,このような形の質点がばねにつながれたようなモデルに変換されたことを意味する.

定常自由振動を考えれば(減衰,外力がないとして,$[R]=[0]$, $\{f\}=\{0\}$)式 (5.1) は

$$[M]\{\ddot{u}\}+[K]\{u\} = \{0\} \tag{5.2}$$

あるいは

$$\{\ddot{u}\}+[W]\{u\} = \{0\} \tag{5.2}'$$

ただし,$[W]=[M]^{-1}[K]$. $\tag{5.3}$

式 (5.2)' の定常解を

$$\{u\}=\{a\}\cos(\omega t) \quad \text{あるいは} \quad \{u\}=\{a\}e^{j\omega t}$$

とすると,これを (5.3) 式に代入すれば

$$-\omega^2\{a\}+[W]\{a\} = \{0\} \tag{5.4}$$

ここで $\{a\}$ は振幅である.したがって,周波数方程式(永年方程式,特性方程式)は

$$\det|[W]-\lambda[I]| = 0 \tag{5.5}$$

ここで $\lambda=\omega^2$,$[I]$ は単位マトリックス.この根 $\lambda_1, \lambda_2, \cdots, \lambda_i, \cdots, \lambda_n$ が固有値である.

各固有角周波数 $\omega_i (\lambda_i=\omega_i^2)$ に対して式 (5.4) を解けば固有ベクトル $\{a\}_i$ が式 (5.4) から求められる:

$$[W]\{a\}_i = \omega_i^2\{a\}_i \text{ あるいは } [K]\{a\}_i = \omega_i^2[M]\{a\}_i \quad (i=1,2,\cdots,n) \tag{5.6}$$

である．$\{a\}_i$ をモーダルベクトルという．

これを並列に記したものをモーダルマトリックスと呼ぶ．すなわち

$$[a] = [\{a\}_1 \cdots \{a\}_i \cdots \{a\}_n] \tag{5.7}$$

したがって式 (5.6) は次のようになる：

$$[W][a] = [a][\ddots\lambda_i\ddots] \tag{5.8}$$

ここで $[\ddots\lambda_i\ddots] = [\lambda_i^{diag}]$ は λ_i からなる対角マトリックスである．

2つのモーダルベクトル $\{a\}_i$, $\{a\}_j$ は直交するので，次の積は対角マトリックスとなる：

$$[a]^t[M][a] = [\ddots\overline{M_i}\ddots] \tag{5.9}$$

ここでその成分は

$$\overline{M_i} = \{a\}_i^t[M]\{a\}_i \tag{5.10}$$

同様に

$$[a]^t[K][a] = [\ddots\overline{K_i}\ddots] \tag{5.11}$$

ここで

$$\overline{K_i} = \{a\}_i^t[K]\{a\}_i = \omega_i^2\{a\}_i^t[M]_i\{a\}_i = \omega_i^2\overline{M_i} \tag{5.12}$$

式 (5.9) の両辺に $[\ddots M_i\ddots]^{-1}$ を前から，$[a]^{-1}$ を後ろから乗じると

$$[a]^{-1} = [\ddots M_i\ddots]^{-1}[a]^t[M] \tag{5.13}$$

$[a]$ の逆マトリックス $[a]^{-1}$ の計算が必要なことがある．この関係を使えば $[a]^{-1}$ を求めるのは容易である．

固有ベクトルは同次式，式 (5.2) の解であり，その成分は相対値，モードの形が得られるだけである．したがって1つの規準を導入するのが便利である．すなわち，$\{a\}_i$ が次の関係を満たすように選べばよい：

$$\{a\}_i^t[M]\{a\}_i = \overline{m} \tag{5.14}$$

ここで $\overline{m}$ は任意であるが，$\overline{m} = \sum_i M_i$（質量の総和）に選ぶことができる．これによって固有ベクトルは規準化される．

5-2 モードの分離[7]

モーダルマトリックス $[a]$ を介した次のような座標変換を考える：

$$\{u\} = [a]\{y\} \tag{5.15}$$

すなわち，$u_i = a_{ij} y_j$　u_i は y_j の一次結合（固有モード展開）である．y_i は規準座標と呼ばれる．したがって，式 (5.2) は

$$[M][a]\{\ddot{y}\} + [K][a]\{y\} = \{0\} \tag{5.16}$$

となる．$[a]^t$ を前から乗じると，式 (5.9)，式 (5.11) によって，各項は対角化されて，

$$[\ddot{\overline{M_i}}]\{\ddot{y}\} + [\ddot{\overline{K_i}}]\{y\} = \{0\} \tag{5.16}'$$

となる．すなわち連立方程式は結合を解かれ，

$$\overline{M_i} \ddot{y}_i + \overline{K_i} y_i = 0 \qquad (i = 1, 2, \cdots, n)$$

あるいは

$$\ddot{y}_i + \omega_i^2 y_i = 0 \tag{5.17}$$

ここで，式 (5.12) から

$$\omega_i^2 = \frac{\overline{K_i}}{\overline{M_i}}$$

構造減衰を仮定できれば $(1+j\alpha)[K] = [K] + j[R]$，減衰が小さければ $[R]$ を対角マトリックス $[R] \approx [\ddot{R_i}]$ として大過はなく，次のように書ける：

$$\overline{M_i} \ddot{y}_i + \overline{R_i} \dot{y}_i + \overline{K_i} y_i = 0 \quad \text{また} \quad -\omega^2 \overline{M_i} y_i + j\omega \overline{R_i} y_i + \overline{K_i} y_i = 0 \tag{5.18}$$

ここで，$\overline{R_i} = \alpha_i \overline{K_i}$，$\alpha_i$ は減衰定数である．したがって $\{y\}$ 座標系での等価回路は図 5.2 のように表される．ただし，このときの駆動は $\{f\}_{y_i} = [a]^{-1}\{f\}_i$ なのであるから，問題が一度解かれてモーダルマトリックス $[a]$ が求められたので，結合の分離が可能になったわけである．

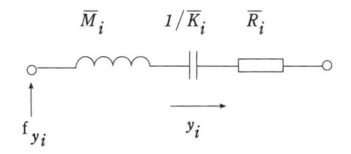

図5.2　電気的等価回路

5-3　定常強制振動

式 (5.1) において振動減衰を考えない場合の運動方程式は次のようになる：

$$[M]\{\ddot{u}\}+[K]\{u\} = \{f\} \tag{5.19}$$

調和強制駆動がある場合は

$$\left.\begin{array}{l}\{f\} = \{p\}\cos\omega t \quad \text{あるいは} \quad = \{p\}e^{j\omega t} \\ \{u\} = \{a\}\cos\omega t \quad \text{あるいは} \quad = \{a\}e^{j\omega t}\end{array}\right\} \tag{5.20}$$

とおけば，方程式 (5.19) は

$$([K]-\omega^2[M])\{a\} = \{p\} \tag{5.21}$$

この式で固有ベクトルが満たされるためには $\{p\}=\{0\}$ でなければならない．すなわち

$$[K]\{a\}_i = \omega_i^2[M]\{a\}_i \tag{5.22}$$

となり，解が固有ベクトルの一次結合で与えられるものとすれば，係数を b_i として

$$\{a\} = \sum_{i=1}^{n} b_i\{a\}_i \tag{5.23}$$

これを式 (5.21) に代入すれば，式 (5.22) の関係を使って

$$\sum_{i=1}^{n} b_i(\omega_i^2-\omega^2)[M]\{a\}_i = \{p\} \tag{5.24}$$

が得られる．両辺に $\{a\}_i^t$ を前から乗じれば，直交関係を使って

$$b_i(\omega_i^2-\omega^2)\{a\}_i^t[M]\{a\}_i = b_i(\omega_i^2-\omega^2)\overline{m} = \{a\}_i^t\{p\} \tag{5.25}$$

ただし，$\{a\}_i^t\{p\} \neq 0$ であることに注意する．よって係数（振幅）は

$$b_i = \frac{1}{(\omega_i^2 - \omega^2)\overline{m}} \{a\}_i^t \{p\} \tag{5.26}$$

したがって式 (5.23) は

$$\{a\} = \sum_{i=1}^{n} \frac{1}{(\omega_i^2 - \omega^2)\overline{m}} \{a\}_i^t \{p\} \{a\}_i \tag{5.23}'$$

となる．駆動周波数が系の固有周波数の1つに近づくと，系の振幅は大きな応答（共振）となる．これが共振であるが，実際は小さくても減衰があるので，応答が無限大になることはない．

5-4　圧電効果の振動への影響

　これまでの考察は機械振動系の応答である．次に圧電効果による電気機械結合がある場合の応答について考察を進めるのであるが，電気機械結合を有する圧電系については，前章において詳しく述べられているので，ここでは概要を示すのみとする．

　前章では図 5.3 に示すような圧電材の有限要素モデルの定式化について考察した．この図には4つの端子が示されているが，実際にはそれぞれの端子がいつも独立して存在しているとは限らない．圧電体は誘電体でもあって，その比誘電率が真空に対して十分大きい（$\varepsilon_r \gg 1$）のが普通であるから電界は圧電体外には漏れないとして，電極のない領域では $\partial D/\partial n = 0$ が仮定してある．

　前章において圧電体の運動方程式が次のような形で示された：

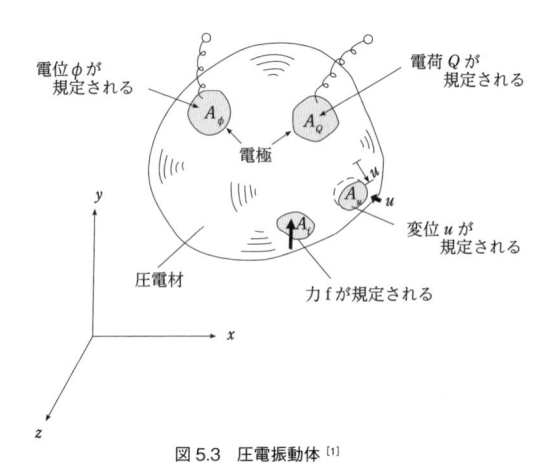

図 5.3　圧電振動体 [1]

5-4 圧電効果の振動への影響

$$\begin{bmatrix} [K]-\omega^2[M] & [P] \\ [P]^t & -[G] \end{bmatrix} \begin{Bmatrix} \{d\} \\ \{\phi\} \end{Bmatrix} = \begin{Bmatrix} \{f\} \\ \{\overline{Q}\} \end{Bmatrix} \qquad (5.27)$$

ここで $[K]$, $[M]$, $\{d\}$, $\{f\}$ はそれぞれ機械系の剛性,質量マトリックス,節点変位,節点力ベクトルである.$[G]$ は静電系の静電(容量)マトリックス,$\{\phi\}$, $\{Q\}$ は節点電位ベクトル,節点電荷ベクトルである.$[P]$ は電気機械結合マトリックスである.

ここでは外力駆動のない場合,$\{f\}=\{0\}$ として,電気端子における境界条件について,2つの極端な場合を考える.電気端子が短絡の場合,および電気端子が開放の場合である.

(1) 電気端子開放の場合

まず,電気機械結合の効果を概観するために図1.3 (C) の (a) 等価回路を考えてみよう.ここでは $F=0$ であるから 2-2′ 端子は短絡である.電気端子 1-1′ は開放とする.電気機械結合により制動容量 C_d を機械系で評価すると $K_{cd}=A^2/C_d$ となり,機械系の等価ばね定数は $K \to K+K_{cd}$ に増加する.したがって見かけの剛性が高くなる.

式 (5.27) において $\{\overline{Q}\}=0$ ($\{f\}=0$ としている) となる.したがって,右辺は $[0]$ であるから運動方程式は

$$\begin{bmatrix} [K]-\omega^2[M] & [\theta] \\ [\theta]^t & -[G] \end{bmatrix} \begin{Bmatrix} \{d\} \\ \{\phi\} \end{Bmatrix} = \begin{bmatrix} 0 \end{bmatrix} \qquad (5.28)$$

これより $\{\phi\}$ を消去すれば

$$[([K]+[P][G]^{-1}[P]^t)-\omega^2[M]]\{d\} = \{0\} \qquad (5.28)'$$

特性方程式は

$$\det|[K]+[P][G]^{-1}[P]^t-\omega^2[M]| = 0 \qquad (5.29)$$

これを固有値 ω について因数分解すれば

$$\prod_{i=1}^{n}(\omega-\omega_{ic}) = 0 \qquad (5.30)$$

の形に書けるであろう.ここで $\omega_{ic}=\overline{(K+K_{cd})M}_i$ 機械系だけの場合には $\omega_i^2=\overline{K}_i/\overline{M}_i$ で与えられた.すなわち $\omega_{ic}>\omega_c$.

式 (5.29) の $[P][G]^{-1}[P]^t$ の項は,電気機械結合によって生じた剛性である.したがって,系全体の剛性は結合の存在によって大きく評価されることになる.

(2) 電気端子を短絡した場合

同様に,図1.3 (C) の (a) 等価回路によると電気端子 1-1′ は短絡であるから,これは $C_d \to \infty$ になったことに対応して,$K_{cd}=0$,したがって機械系の剛性の変化はな

い．

式 (5.27) において駆動のない自由振動について考える．すなわち式 (5.27) の右辺は $\{0\}$ である．A_ϕ 端子が短絡であれば $\{\phi\}=\{0\}$ であり，式 (5.28) は 2 つの独立した方程式

$$([K]-\omega^2[M])\{d\} = \{0\} \tag{5.31}$$

$$[P]^t\{d\} = \{0\} \tag{5.32}$$

第 1 式から得られる周波数方程式（特性方程式）は

$$\det|[K]-\omega^2[M]| = 0 \tag{5.33}$$

第 2 式から $[P]^t=\{0\}$ が得られ結合がない場合に等しい．これは機械系だけの場合に相当する．

5-5　等価回路と集中定数

図 5.4 に示したのは 1 つのモードの共振近傍での等価回路である．単共振の等価回路については図 1.3 (C) でも考察した．また多共振系のモードの解除と合成について前節において考察した．

式 (5.27)，式 (5.28) において，電気端子 q に関して，単位の電荷 $Q_q=1$ を加えたときにその端子に生じる電位 ϕ_q が得られたとすれば，容量

$$C_q = \frac{1}{\phi_q} \tag{5.34}$$

となる．（C_d は機械結合が存在しない場合の容量である．）機械系の運動エネルギー

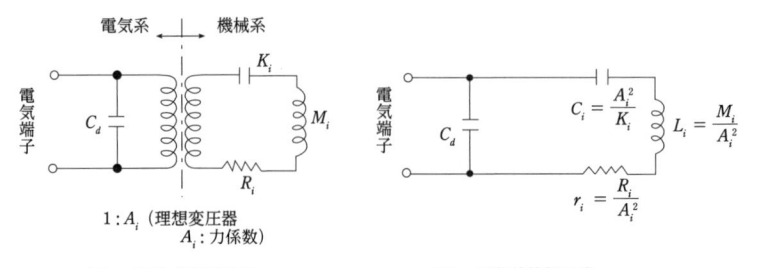

(A) 電気-機械結合系

(B) 電気的等価回路

図 5.4　圧電振動子の共振近傍での等価定数 [1]

はモード ω_i に関して

$$T_i = \frac{1}{2}\omega_i^2 \{d\}_i^t [M]\{d\}_i = \frac{1}{2}\omega_i^2 \overline{M}_i \{d\}_i^t \{d\}_i \tag{5.35}$$

で与えられる．ここで，$\overline{M}_i$ は等価質量である．

弾性エネルギーは

$$V_i = \frac{1}{2}\{d\}_i^t [K]\{d\}_i = \frac{1}{2}\overline{K}_i \{d\}_i^t \{d\}_i \tag{5.36}$$

ここで $\overline{K}_i$ は等価スティフネスである．等価スティフネスはまた

$$K_i = \frac{1}{\omega_i^2 \overline{M}_i} \tag{5.37}$$

の関係にある．電気端子での等価インダクタンス，等価容量は，それぞれ

$$L_i = \frac{\overline{M}_i}{A_i^2} \tag{5.38}$$

$$C_i = \frac{A_i^2}{\overline{K}_i} \tag{5.39}$$

ここで A_i は駆動電圧と発生力との比を示す力係数である（等価回路の理想変圧器の巻数比に相当する）．小さい構造減衰の場合，損失エネルギーは

$$J_i = j\omega_i \alpha \{d\}_i^t [K]\{d\}_i = j\omega_i \alpha \overline{K}_i \{d\}_i^t \{d\}_i \tag{5.40}$$

すなわち，減衰が小さいものとすれば

$$R_i = \alpha \overline{K}_i \tag{5.41}$$

また電気機械結合係数 k_i が定義される．これはエネルギーの伝達に関する係数で，C_d と C_i に対して

$$k_i^2 = \frac{C_i}{C_d + C_i} \quad \text{結合が小さい場合} \approx \frac{C_i}{C_d} \quad (C_i \ll C_d) \tag{5.42}$$

で与えられる．

電気端子 p から見たアドミタンスはモード i の近傍で

$$Y_p = \frac{j\omega \widehat{Q}_p}{\phi_p} = j\omega C_d + \left(\frac{1}{j\omega L_i - j\omega \frac{1}{C_i}}\right) \tag{5.43}$$

ω_i の近傍の2つの角周波数 ω_1, ω_2 について $Y_{P\omega 1}$, $Y_{P\omega 2}$ を求めれば，これより C_i, L_i が決定される．これらはそれぞれ式 (5.38)，式 (5.39) の C_i, L_i に等しい．それぞれ

のモード i に対する電気機械結合係数 k_i は式（5.42）から求められる．力係数 A_i は駆動電圧と発生力の比として求められる．

電気機械結合係数 k は $k^2 =$ （機械系に蓄えられるエネルギー）／（電気系に蓄えられるエネルギー）で定義すれば，（機械系に蓄えられるエネルギー）はポテンシャルエネルギー（V に相当）であるから，直流電圧駆動の場合の電気機械結合係数も求められる．

5-6 等価回路モデルの有効限界

5-6-1 モーダル解析と等価回路 [5], [9]

弾性振動系を有限要素法で離散化すると，構造減衰を仮定した場合，次のような離散化方程式が得られた：

$$([K]+j\omega[R]-\omega^2[M])\{u\} = \{f\} \tag{5.44}$$

ただし，$[K], [M], [R]=(\alpha/\omega)[K]$ はそれぞれ剛性，質量，減衰マトリックス，$\{u\}$, $\{f\}$ はそれぞれ変位，外力ベクトル，ω は振動角周波数，α は減衰係数で多くの場合 $\alpha=1/Q$（Q：機械的尖鋭度）の関係がある．

減衰のない自由振動の場合について，固有値 $\lambda_m = \omega_m^2$，（$m=1, 2, \cdots, N$　N：総自由度数）と固有ベクトル $\{\xi\}_m$ が求められたとする．モーダルマトリックス

$$[\varXi] = [\{\xi\}_1 \{\xi\}_2 \cdots \{\xi\}_N] \tag{5.45}$$

を導入すると変位ベクトル u は次のように書ける：

$$\{u\} = [\varXi]\{X\} \tag{5.46}$$

ただし，$\{X\}$ は規準化座標である．（この項では 5-2 節と異なる記号を使っていることに注意する．）これを式（5.44）に代入し，両辺に前から $[\varXi]^t$（^{t} は転置）をかけて，モード間の直交性を用いて整理すると

$$([\diagdown \overline{K_m} \diagdown]+j\omega[\diagdown \overline{R_m} \diagdown]-\omega^2[\diagdown \overline{M_m} \diagdown])\{X\} = \{F\} \tag{5.47}$$

ただし，$[\diagdown \quad \diagdown]$ は対角行列を表し，K_m, M_m, R_m の対角成分はそれぞれ

$$\overline{K}_m = \{\xi\}_m^t[K]\{\xi\}_m, \quad \overline{M}_m = \{\xi\}_m^t[M]\{\xi\}_m, \quad \overline{R}_m = \{\xi\}_m^t[R]\{\xi\}_m \tag{5.48}$$

これらは第 m モードのモーダル剛性，モーダル質量，モーダル減衰に対応する．また

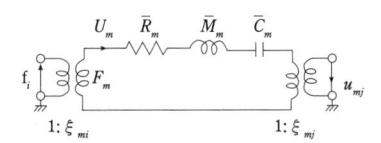

図5.5 駆動点と観測点を考慮した等価回路（1自由度）[10]

$$\{F\} = [\varXi]^t\{f\} \tag{5.49}$$

である．減衰項は一般に対角化されないが，構造減衰を仮定しているため式（5.47）では対角化されたものとしている．このように係数行列がすべて対角化されれば，離散化方程式（5.44）は次式のように独立した N 個の1自由度系に変換される：

$$\left(\overline{R}_m + j\omega\overline{M}_m + \frac{1}{j\omega\overline{C}_m}\right)U_m = F_m \tag{5.50}$$

ただし，$U_m = j\omega X_m$ は変位速度，$\overline{C}_m = 1/\overline{K}_m$ である．ここで，U_m を電流，F_m を電圧に対応させ，駆動入力端子（節点 i），変位出力端子（節点 j）を考慮すると式（5.50）は図5.5のように電気的等価回路で表現される．ただし，図中の f_i，u_{mj} はそれぞれ入力端子への駆動力，出力端子における変位である．ξ_{mi}，ξ_{mj} はそれぞれ理想変圧器の巻線比で m 固有モードの i, j 点における値に対応する．この等価回路はすべてのモードに対して成立し，系が入出力で結合された多自由度等価回路で表現されることになる．等価回路を用いて応答 $\{X\}_m$ が計算されれば，変位 u は固有モードの1次結合として式（5.46）で与えられる．

5-6-2　弾性棒の1次元振動と解析解

図5.6のように長さ l の等方性弾性棒の1次元縦振動について考える．簡単のため減衰を無視すると，調和振動（角周波数 ω）の運動方程式は

$$\frac{\partial^2 \xi}{\partial x^2} - \frac{\rho}{c_{11}}\omega^2 \xi = 0 \tag{5.51}$$

で表される．ただし，ξ は x 方向変位の振幅，ρ は弾性体の密度，c_{11} は弾性定数である．ここで，弾性棒の一端（$x=0$）を固定し，他端（$x=l$）を自由の境界条件として解くと，第 m モードの固有周波数，固有モードは

$$f_m = \frac{\omega_m}{2\pi} = \frac{v}{4l}(2m-1) \tag{5.52}$$

$$\xi_m = \sin\frac{\pi}{2l}(2m-1)x \tag{5.53}$$

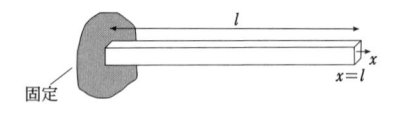

図 5.6 弾性棒 [10]

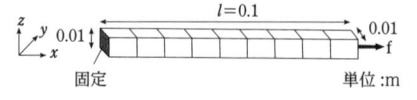

図 5.7 1 次元弾性棒の有限要素モデル [10]

また，先端 ($x=l$) を力 f で駆動するものとすれば

$$\xi = \frac{\text{f} \sin kx}{c_{11} s k \cos kl} \tag{5.54}$$

ただし，$k=\omega/v$：波数，$v=\sqrt{c_{11}/\rho}$ は縦波の速度である．s：弾性棒の断面積である．モーダル剛性，モーダル質量および駆動は

$$\overline{K}_m = \int_0^l \xi'_m c_{11} \xi'_m dx = \frac{\pi^2 c_{11} s}{8l}(2m-1)^2 \tag{5.55}$$

$$\overline{M}_m = \rho \int_0^l \xi_m \xi_m dx = \frac{\rho l s}{2} \tag{5.56}$$

$$F_m = \xi_m \text{f} = \text{f} \sin \frac{\pi}{2l}(2m-1)x \tag{5.57}$$

で与えられる．ただし，ξ'_m は ξ_m の微分係数である．この例では，$\overline{K}_m$ はモードによって変化するが，$\overline{M}_m$ は一定である．

機械的減衰がある場合は，構造減衰を仮定すると次のように弾性定数を複素化することで導入される：

$$c_{11}^* = c_{11}(1+j\alpha) = c_{11}(1+j\frac{1}{Q}) \tag{5.58}$$

これに伴い，音速 v，波数 k も複素化されることになる．また，$\overline{K}_m$ も複素化され，その虚部をモーダル減衰 $\overline{R}_m$ とすると

$$\overline{R}_m = \frac{\pi^2 c_{11} s}{8\omega l Q}(2m-1)^2 \tag{5.59}$$

で与えられる．

5-6-3 数値実験 [10]

1 次元弾性棒の有限要素モデルを図 5.7 に示す．弾性棒はアルミ（$\rho = 2690\,\text{kg/m}^3$

$c_{11}=1.10\times10^{11}\,\text{N/m}^2$)の角棒を想定し，六面体アイソパラメトリック要素で分割(40, 1, 1)している．境界条件は一端を固定，他端は自由とし，1次元（縦）振動を想定しているため全節点に y, z 方向の変位を0にする拘束条件（スライディング）を課している．また，強制駆動の場合は，$x=l$ の面に外力 $F=1\text{N}$ を加えるものとする．

(1) 固有周波数・固有モード

第5モードまでの固有周波数は，$f_1=16,019.47\text{Hz}$（誤差 0.0064%），$f_2=48,083.11\text{Hz}$（同 0.058%）$f_3=80,220.92\text{ Hz}$（同 0.16%）$f_4=112,482.44\text{ Hz}$（同 0.32%）$f_5=144,917.42\text{Hz}$（同 0.52%）で，有限要素法解は解析解よりもわずかに大きいが，ほぼ十分な精度で計算されている．また固有モードも，0.1% 以内の誤差で精度よく計算されている．固有値，固有ベクトルの計算にはハウスホルダ変換と二分法，逆反復法を用いた．有限要素計算では3次元モデルを使用しているため，一般的には縦振動以外にも厚みすべり振動などのスプリアスモードが多数発生するが，端面を一様駆動すれば，それらのモードはほとんど励振されない．

(2) 等価回路解と直接解

第4モードについて等価回路解と直接解を比較する．モーダル剛性 $\overline{K}_4$，モーダル質量 $\overline{M}_4$ の計算結果を表5.1に示す．解析解は式(5.55)，式(5.56)を用いた．この例では，両者ともに解析解よりわずかに小さく計算されている．

次に，$x=l$ の面を外力 f=1N で強制駆動した場合について検討した．まず，モード間結合が比較的小さい場合（$Q=100$）について1自由度等価回路を用いて計算した．図5.8は第4モードに対する駆動点変位の周波数特性である．図中の実線は等価回路解，破線は直接解である．共振周波数（f_4）近傍に限れば等価回路解は振幅，位相とも直接解はよく一致している．f_4 における振幅，位相の相対誤差はそれぞれ 0.1%，0.15% であった．このようにモード間結合が小さいときは，共振周波数近傍に限れば1自由度の等価回路で十分表現できる．

図5.9はモード間結合が強い場合（$Q=10$，ダンピングがより大きい場合）である．Q が小さく，共振の幅が広がると共振点近傍においても等価回路解と直接解は一致しなくなる．図5.10は Q に対する共振点における変位と位相の誤差を示したものである．図中の実線は有限要素等価回路解，破線は解析的等価回路解である．振幅は Q^2，

表5.1 モーダルパラメータ [10]

	有限要素解	解析解	誤差（%）
$\overline{K}_4$ （$\times10^9\,\text{N/m}$）	6.634	6.676	−0.63
$\overline{M}_4$ （$\times10^{-2}\,\text{kg}$）	1.328	1.345	−1.25

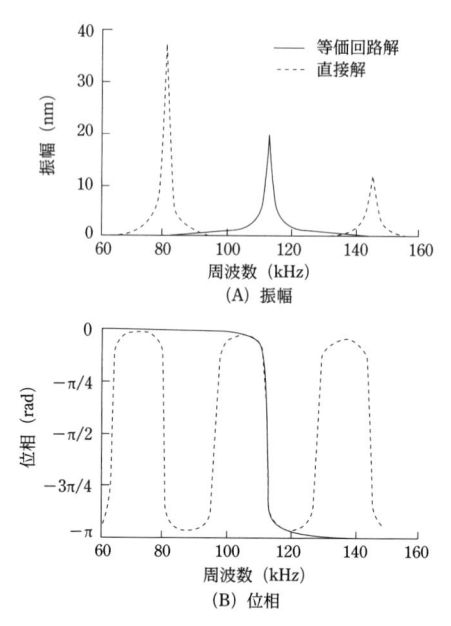

80   5章　モーダル・モデルと電気的等価回路

図5.8　1自由度等価回路解と直接解の比較（$Q=100$）[10]

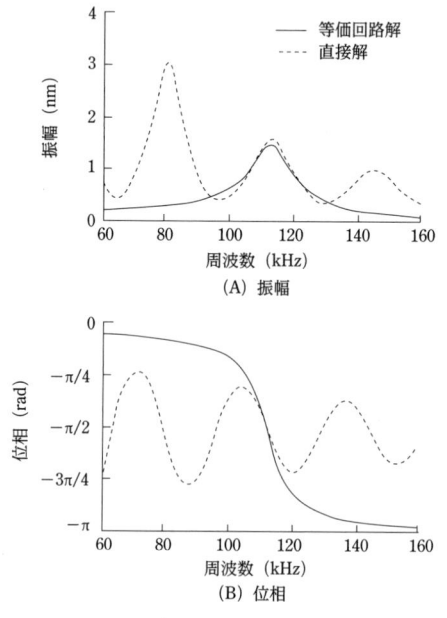

図5.9　モード間結合が大きい場合（$Q=10$）[10]

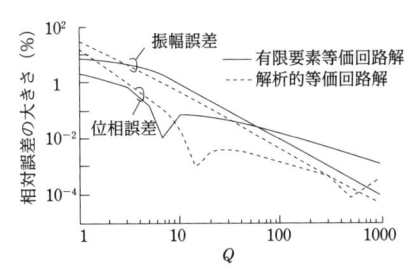

5-6 等価回路モデルの有効限界　81

図 5.10　Q に対する共振点変位と位相の相対誤差 [10]

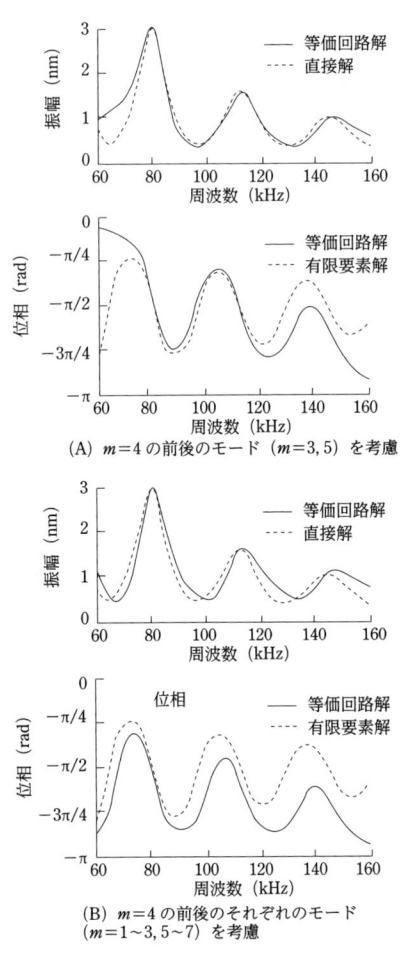

(A) $m=4$ の前後のモード ($m=3, 5$) を考慮

(B) $m=4$ の前後のそれぞれのモード ($m=1\sim3, 5\sim7$) を考慮

図 5.11　多自由度等回路解と直接解の比較 [10]

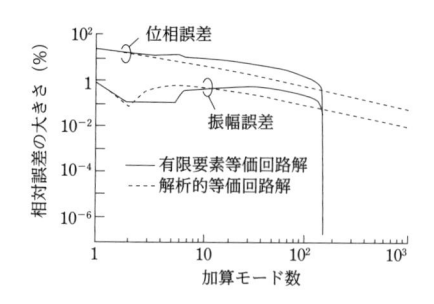

図5.12 モード数加算に対する変位の相対誤差 [10]

位相は Q にそれぞれほぼ逆比例して誤差が小さくなっている．これは Q が低くなるに従い，共振の幅が広くなるために隣接モードによる誤差が大きくなると考えられる．

次に，多自由度等価回路を用いてモード間結合を考慮した場合を検討した．図 5.11 (A) は対象モード ($m=4$) に対して両側のモード ($m=3$ と $m=5$) の存在を考慮した場合，図 5.11 (B) は両側 3 つずつのモード ($m=1\sim7$) の存在を考慮した場合の駆動点変位の周波数特性である．考慮するモードが多くなれば，全体として，等価回路解の振幅は直接解に近づくが，位相は逆に誤差が大きくなっている．これは，対象モードの近傍に大きな応答を示すモードがある場合に生じる誤差である．図の例では低次モードのほうが対象モードよりも応答が大きいため，対象モードを中心に低次と高次のモードを同数ずつ加算していくと，低次モードの影響が高次モードよりも相対的に大きくなるため，逆に誤差が大きくなることになる．したがって，誤差を小さくするには高次モードの加算数を増やす必要がある．図 5.12 は高次モードの加算数に対する誤差変化を示している．対象モードよりも低次のモードはすべて加算している．位相は，加算モード数にほぼ逆比例して誤差が小さくなっている．また，有限要素解はモード数が 150 を超えるあたりから急激に誤差が減少している．これは有限要素等価回路では，総自由度数が最大モード数（この例では 160）に近づくため，モード加算数が総自由度に一致すると，理論的には等価回路解と直接解が一致するにすぎない（現実には計算機誤差が若干残る）．

このシミュレーションは実験モーダル解析におけるモードの抽出，いわゆる Peak Picking を行う場合の評価に対応している．

参考文献

[1] 加川幸雄：有限要素法による振動・音響工学——基礎と応用，培風館 (1981).
[2] Kagawa, Y.: Modal analysis and finite element, *J. Eng. Design*, **2**, 82-95 (1985).

[3]　富川義朗：超音波エレクトロニクス振動論，朝倉書店（1998）．
[4]　近野　正：ダイナミカルアナロジー入門——回路と類推，コロナ社（1980）．
[5]　Kagawa, Y., Tsuchiya, T. and Wakatsuki, N.: Equivalent circuit representation of a vibrating structure with piezoelectric transducers and the stability consideration in the active damping control, *Smart Mater. Struct.*, **10**, 389-394 (2001).
[6]　加川幸雄，石川正臣：モーダル解析入門，オーム社（1987）．
[7]　プレンティス，J. M., レキー，F. A. 著，加川幸雄 訳：マトリクス機械振動解析入門，ブレイン図書（1974）．
[8]　ペステル，E. C. レキー，F. A. 著，加川幸雄訳，マトリクス弾性力学，ブレイン図書（1978）．
[9]　土屋隆生，加川幸雄：圧電弾性体の応答と能動制御，日本シミュレーション学会：第20回計算電気・電子工学シンポジウム，183-186（1999）．
[10]　土屋隆生，加川幸雄：振動系の有限要素等価回路解と直接解の比較，日本シミュレーション学会：第21回シミュレーション・テクノロジー・コンファレンス・計算電気・電子工学シンポジウム，281-284（2002）．

6章　圧電デバイス応用例

　有限要素法は電気・機械振動子やフィルターの設計，解析のための有効な手段である．この手法はエネルギー原理に基づくもので，電気系と機械系が結合している問題を扱う場合には弱結合の仮定を行うことなく容易に解析が可能である．

　有限要素法は，連続場を任意の境界をもつ簡単な形状の領域の要素に分割し，近似的に個々の要素について等価モデルを求め，これらを再接合構成することで解析する数値解析の手法である．そのために変分法や Rayleigh-Rits 法を適用する．要素間の境界はいくつかの節点において接合条件を満たしている．

　以下，圧電デバイスの設計・解析に有限要素法を適用した例について述べる．ここでは有限要素法による定式化などの詳細は4章および関連文献を参照していただくこととして，具体的な計算例と結果を紹介する．これらの例は，手法の応用方向を示すというよりも実験結果等により検証可能な例を主として収録した．

6-1　面内振動

　圧電デバイスの設計，解析において，平板状の振動子やフィルターなど，厚さが十分に薄くかつ厚み，曲げとの結合を考慮しなくてよい場合には2次元的な扱いをすることができる．ここでは電気・機械結合2次元圧電平板の面内振動解析に適用した例を示す．

6-1-1　2次元電気・機械振動子の有限要素シミュレーション[1]~[3]

　圧電平板は振動子やフィルターとして応用分野が広く，最近は多重モードの利用も盛んである．Lloyd, Redwood はよく知られている差分法により方形板の解析を行っている．しかし，その扱いは不規則な形状や複雑な境界条件の場合には適用が難しい．ここでは，同一の問題に対して有限要素法を適用した．電気・機械系の有限要素法による定式化の詳細は，4章に述べられている．三角形要素を組み合わせることにより，どのような形状の板にも対応が可能であり，任意の形状の圧電板振動子あるいはフィルターの設計，解析に適用することができる[4]．要素内変位関数は直線あるいは2次変位関数近似を用いている．手法の妥当性を検証するために，はじめに等方性長方形

板の対称振動の例について示す．結果は，差分法，級数展開法などの手法によるほかの研究者の報告と比較してある．

本手法では固有周波数，振動モードだけでなく，電気機械結合を考慮しているために電気端子における入力アドミタンスを直接求めることができる．アドミタンスカーブの共振点付近の値から，電気機械結合係数，等価スティフネス，等価質量も求めることができる．

(1) 数値計算例

(1-1) x, y 軸対称モードの長方形板の固有周波数

数値計算例を示すが，ここではある特定の形状の振動子について詳しい解析を行うことが目的ではなく，手法の妥当性を示すことにある．正方形および長方形の等方性平板の固有周波数について検討する．x, y 軸に対称であることに注目して図 6.1.1 に示すように全体の 1/4 について計算を行う．三角形要素による分割が 6×6 (縦方向に 6 分割，横方向 6 分割) として要素数 72, 自由度 84 の場合と，分割を 5×9, 要素数 90, 自由度 104 の 2 種類について考察する．長さと幅に対する規格化された (長さ方向の最低固有周波数 f_{LB} に対して) 固有周波数変化を図に示す．一般に有限要素法によって得られる固有周波数は上限を示すことが知られている．要素数を増やした場合に固有周波数が更に低下しており収束が十分でないならば，分割は必ずしも十分ではない．当時，使用した計算機の能力ではこれが限界で要素分割は十分とは言い難い．$L1, E1, R1, R2$ などの名称は Lloyd と Redwood に従った．L, E, R は Longitu-

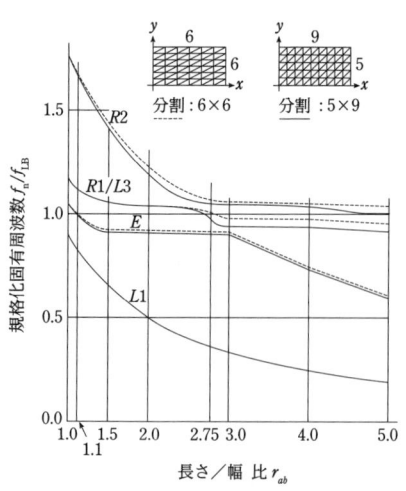

図 6.1.1　等方性平板の長さ／幅比に対する固有周波数の変化 [2]
（x, y 軸に対称であるため全体の 1/4 について計算を行う）

dinal, Edge, Radial など優勢なモードによっている．文字の後ろの番号は，検討している優勢な振動モードのモード番号である．本問題は多くの研究者により異なる方法で検証されている．それらの研究者による結果と，ここで示した有限要素法による結果を，比較のために図 6.1.2 に示す．(A) は筆者らの有限要素法による結果[2]，(B) は根本氏（有限要素法，2 次関数近似による 6 節点三角形要素，3×3 分割，要素数 18，自由度 84)，(C) は吉村氏[5]（有限要素法，1 次関数近似，要素数 70)，(D) は Lloyd ら[7]（差分法)，(E) は EerNisse ら[6]（級数展開法）による結果である．ポアソン比は根本氏の 0.28 以外は 0.3 である．図に示すように，$L1$ モード以外は解析方法によりわずかであるが差異がみられる．しかし，その差異は数％以内である．通常使われるチタン酸バリウムセラミックスでは，電気的境界条件による固有周波数への影響は 1％ 以内である．

(1-2) 振動モード

辺比が 1：2 の方形板および正方形板の非対称モードを含む振動モードの計算を示す．図 6.1.3 および図 6.1.4 に方形板の低いほうの周波数から 9 個の振動モードと正方形板の 10 個のモードを示す．図中の，括弧のなかの数字は規格化された固有周波

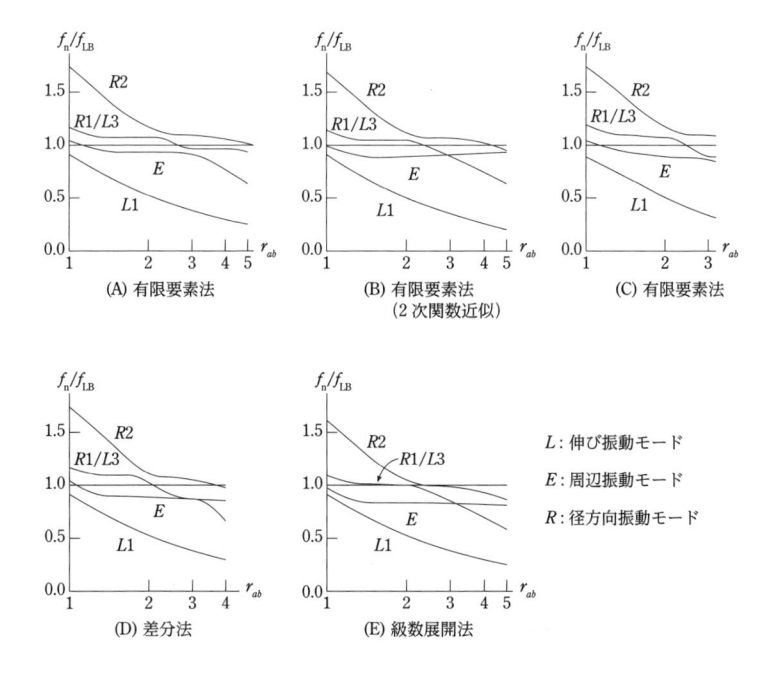

図 6.1.2　他の研究者による結果と有限要素法との比較 [2]

図 6.1.3　方形板の低いほうの周波数から 9 個の振動モード [2]

図 6.1.4　正方形板の 10 個の振動モード [2]

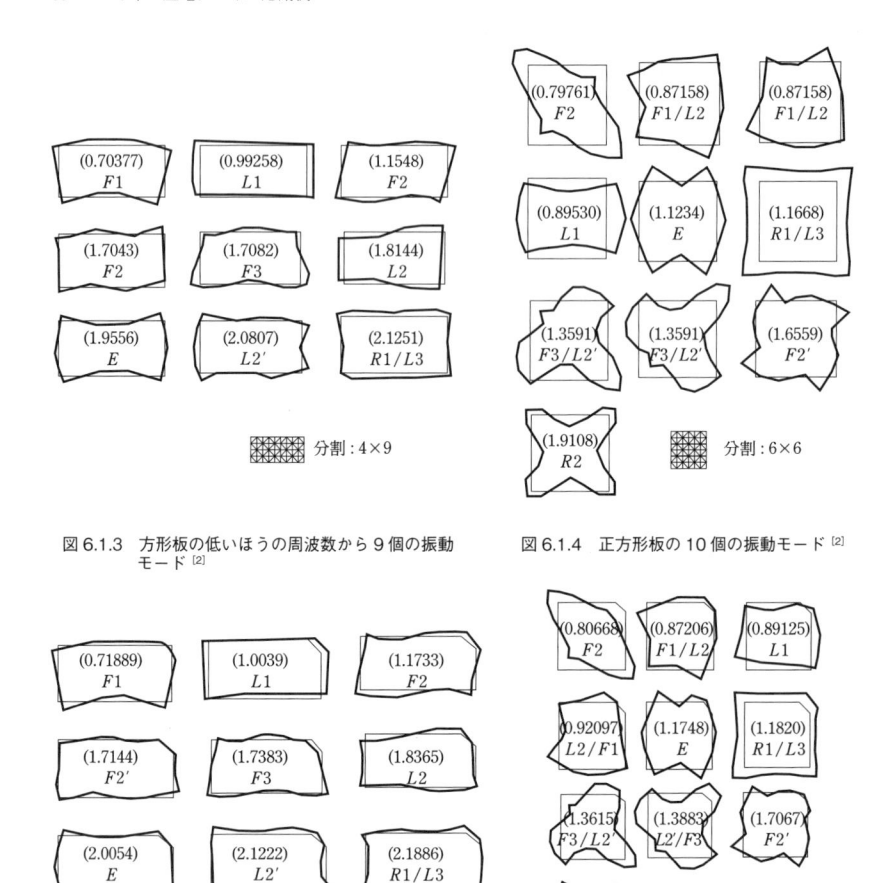

図 6.1.5　角の一部を切り落とした方形板の振動モード [2]

図 6.1.6　角の一部を切り落とした正方形板の振動モード [2]

数である．正方形板の振動モードは結合モードとなっているために，それぞれの振動モードに名前をつけるのは難しい．それらは長方形板のモードに対応するモードに関連付けられている．図 6.1.4 に示すように，縮退モード $F1/L2s$ (0.87158) や $F3/L2's$ (1.3591) 以外の計算結果は Lloyd, Redwood[7] や川井氏の結果[5] と一致している．モードのそれぞれは直交しているが，正方形板の場合に軸に対しての対称性は完全ではない．それらに対して対称条件を考慮すれば Lloyd らの結果[7] と同様になる．

図 6.1.5 および図 6.1.6 の例では，角の一部（1 要素）を切り落としてある．角の一

表 6.1.1　要素の配置あるいは分割方法による規格化固有周波数の変化（縮退モード）[2]

分割方法 モード		▦	▨
1	$F2$	0.80010	0.79761
2	$F1/L2$	0.86790	0.87158*
3	$L2/F1$	0.89766	0.87158*
4	$L1$	0.90181	0.89530
5	E	1.1646	1.1234
6	$R1/L3$	1.1698	1.1668
7	$F3/L2'$	1.3670	1.3591*
8	$L2'/F3$	1.3978	1.3591*
9	$F2'$	1.6867	1.6559
10	$R2$	1.8991	1.9108

＊縮退モード

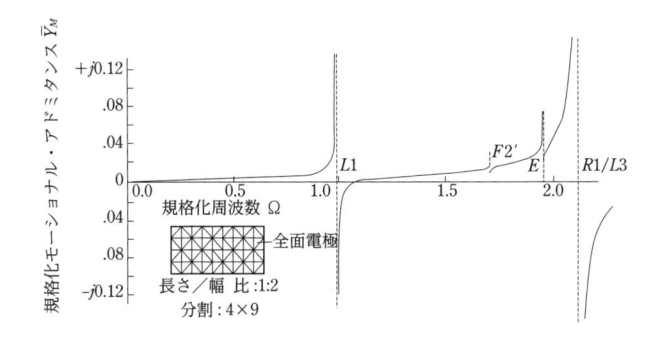

図 6.1.7　規格化周波数に対する規格化モーショナル・アドミタンスの変化（全面電極）[2]

部を切り落とすことで，縮退モードが解消されていることに留意されたい．この手法は多重モードを利用するときに多く用いられる．

　収束が十分であるならば，分割の方法によらない同一の結果が得られるはずである．規格化固有周波数の要素配置や分割方法による変化を表 6.1.1 に示す．分割方法によるその違いはあまり大きくなく 2〜3％ 程度である．しかし，表のモード 2，3 またモード 7，8 のように，分割が不十分な場合には，縮退していなければならないモードが分割に起因する一種の方向異方性のため縮退していない．この例では要素分割が十分でないことを示している．

(1-3)　電気端子におけるモーショナル・アドミタンス

　辺比が 1：2 の長方形板と正方形板の電気端子におけるモーショナル・アドミタンスを計算した．全面電極と部分電極の 2 種類の例である．チタン酸バリウム磁器を例と

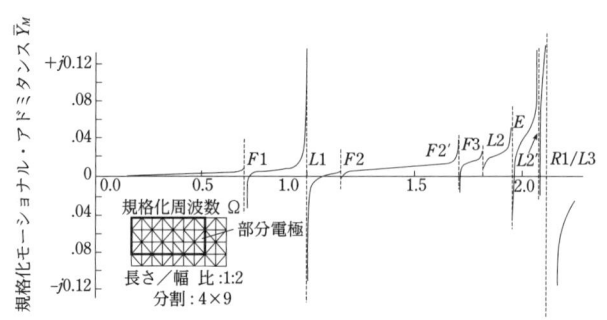

図 6.1.8　規格化周波数に対する規格化モーショナル・アドミタンスの変化（部分電極）[2]

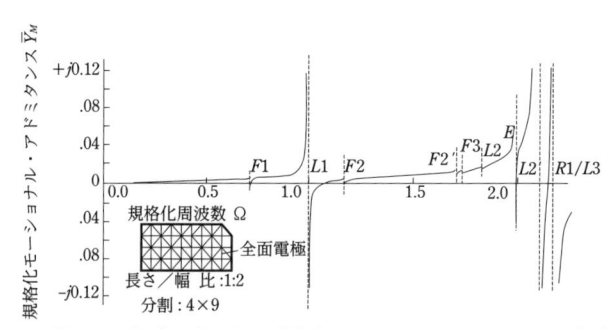

図 6.1.9　角が切り落とされた規格化モーショナル・アドミタンスの変化（全面電極）[2]

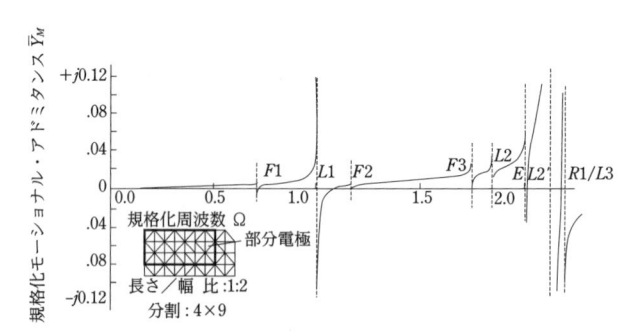

図 6.1.10　角が切り落とされた規格化モーショナル・アドミタンスの変化（部分電極）[2]

して，圧電応力テンソル，コンプライアンスおよび誘電率は，$h^t=[-3.9\times10^8 \quad -3.9\times10^8 \quad 0](\mathrm{V/m})$，$s_{11}^E=9.1\times10^{-12}(\mathrm{m^2/N})$，$\varepsilon_{33}^S=1260\,\varepsilon_0(\mathrm{F/m})$ である．規格化周波数に対する規格化モーショナル・アドミタンスの変化を図 6.1.7 および図 6.1.8 に示す．図 6.1.7，図 6.1.8 では，全面電極の場合には対称モードのみが励起されているが，部分電極の場合にはほとんどすべてのモードが励起されている．

図 6.1.9 および図 6.1.10 には角が切り落とされた場合について示している．切り

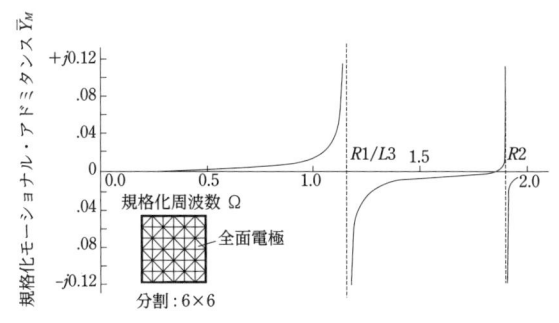

図 6.1.11　正方形板のモーショナル・アドミタンスの計算例（全面電極）[2]

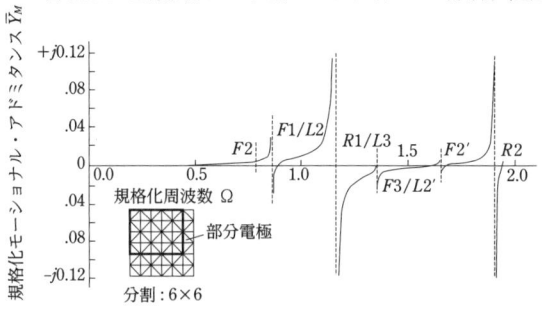

図 6.1.12　正方形板のモーショナル・アドミタンスの計算例（部分電極）[2]

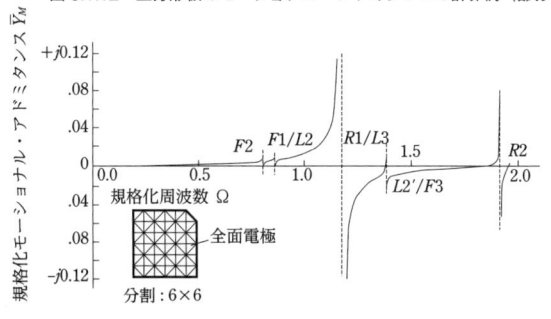

図 6.1.13　角を落とした正方形板のモーショナル・アドミタンスの計算例（全面電極）[2]

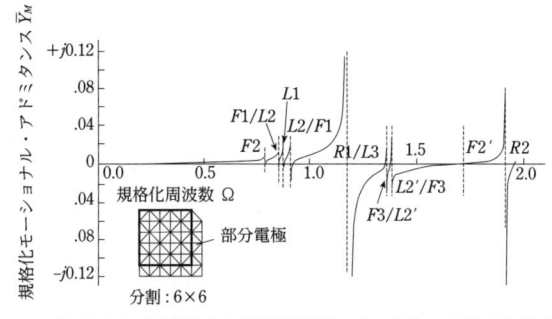

図 6.1.14　角を落とした正方形板のモーショナル・アドミタンスの計算例（部分電極）[2]

欠きにより幾何学的対称性が崩れ，全面電極の場合にもすべてのモードが励起されている．図6.1.11から図6.1.14に正方形板のモーショナル・アドミタンスの計算例が示されている．

本解析において，設計した振動周波数の近くの不必要なモードの強さと存在を，直接にモーショナル・アドミタンスを計算することにより予測することができる．設計者が必要とする振動モード近くの等価質量および剛性は，アドミタンスカーブの傾斜から求めることができる．

6-1-2　任意な電極配列をもつ電気・機械素子の有限要素シミュレーション[8]~[10]

6-1-1項では電極間の電界は均一として扱ってきたが，ここでは，より一般的な場合，すなわち，電極構造あるいは配置が任意な電界分布の場合について検討する．ここでは板の断面についての2次元解析で，奥行きの効果は考慮していない．以下の例は厚みすべりエネルギー閉じ込め型振動子と表面弾性波を励起するインターデジタル・トランスジューサについての計算例である．後者の例は電極がすだれ状となり振動電界分布は簡単には予測できない．有限要素法はこのような問題に対しても有力である．振動モードと同様に電気端子におけるアドミタンス，電界分布を示す．最初の計算例は曲げ振動モードとの結合が拘束されている計算との比較を行う．有限要素法による定式化は2次元モデル，要素内挿関数は2次関数を採用した．

(1)　数値計算例

(1-1)　厚みすべり型エネルギー閉じ込め振動子

はじめの例は，図6.1.15に示すような厚みすべり型エネルギー閉じ込め振動子である．ここに示す解析では奥行き方向は一様であるとしている．すなわち断面に関する2次元問題として取り扱っている．厚みすべり振動モードにおいては，せん断は曲げ振動と結合している．厚さtが薄い板においては2つのモードの周波数スペクトル

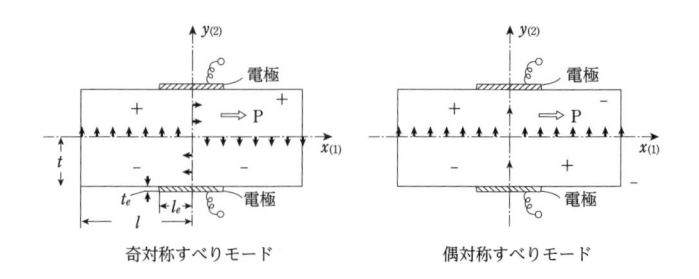

図6.1.15　厚みすべり型エネルギー閉じ込め振動子[8]

が離れていたため，上のモデルで曲げ振動変位を拘束した（上下対称）定式化による解析が行われた．その仮定の有効性を検証する．計算時間と費用の節約のため，図6.1.15に示すように振動子の1/4の部分において，せん断振動モードの奇対称と偶対称のモードを分離している．振動の方向は矢印で示し，電位はそれぞれx, y軸上ではゼロである．図6.1.16～18にはチタン酸バリウム板についての振動モードである．断面の1/4についてx方向の分割数$N_x=10$, y方向$N_y=4$である．部分電極の例では，中心部20%を電極としている（$l_e/l=0.2$）．図6.1.16と図6.1.17は長さ／厚さ比$l/t=30$，電極厚／板厚比$\delta=t_e/t=0.15$の場合の固有周波数の低いほうから6個の振動モードを示す．電極は短絡してある．固有振動周波数は，厚みすべり振動モードの基本角周波数$\omega_0=\pi/2t\sqrt{c_{66}^D/\rho}$により規格化している．$\delta=t_e/t$に対して，電極の質量による周波数低下量$\delta'=1-\omega_e/\omega_0$を定義することができる．ここで$\omega_e=\pi/2t\sqrt{c_{66}^E/(\rho+2\rho_e t_e)}$である．$y$方向の変位は小さい（図6.1.17では2.5倍に拡大されている）．図6.1.18では電極間電界均一を想定し，y方向の変位は拘束されている．

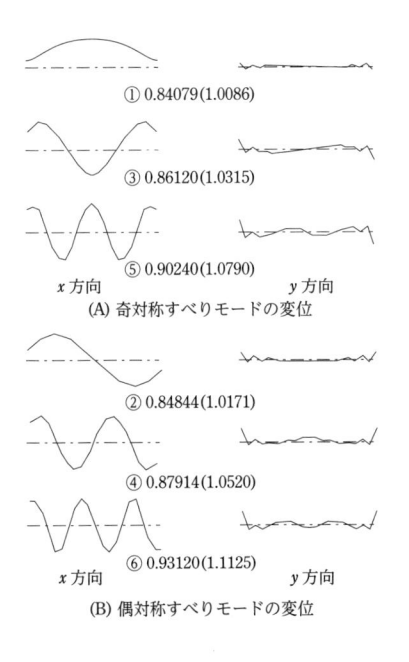

① 0.84079(1.0086)
③ 0.86120(1.0315)
⑤ 0.90240(1.0790)
x方向　　　　　y方向
(A) 奇対称すべりモードの変位

② 0.84844(1.0171)
④ 0.87914(1.0520)
⑥ 0.93120(1.1125)
x方向　　　　　y方向
(B) 偶対称すべりモードの変位

($l/t=30, \delta=(t_e/t)=0.15, N_x=20, N_y=8$)

図6.1.16　チタン酸バリウムの薄板の奇対称および偶対称振動モード，(A) (B)ともに全面電極負荷（数値は規格化周波数（　）内は電極負荷を考慮しない場合）[8]

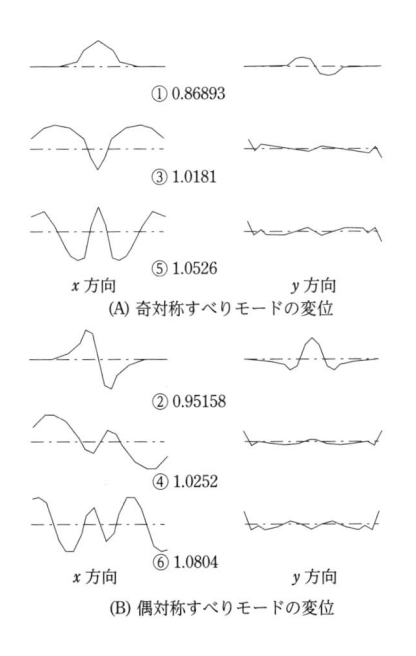

① 0.86893
③ 1.0181
⑤ 1.0526
x方向　　　　　y方向
(A) 奇対称すべりモードの変位

② 0.95158
④ 1.0252
⑥ 1.0804
x方向　　　　　y方向
(B) 偶対称すべりモードの変位

($l_e/l=0.2, l/t=30, \delta=0.15, N_x=20, N_y=8$)

図6.1.17　チタン酸バリウムの薄板の奇対称および偶対称振動モード，(A) (B)ともに部分電極の場合（y方向の変位は2.5倍拡大）[8]

① 0.82522(1.0043)	② 0.82839(1.0080)	① 0.86663	② 0.96852
③ 0.83808(1.0193)	④ 0.85392(1.0377)	③ 1.00885	④ 1.0118
⑤ 0.87669(1.0642)	⑥ 0.90508(1.0974)	⑤ 1.0431	⑥ 1.0631
(A) 全面電極	(B) 無電極	(C) 部分電極 ($l_e/l=0.2$)	

図 6.1.18　電界を均一とした場合の振動モード [8]

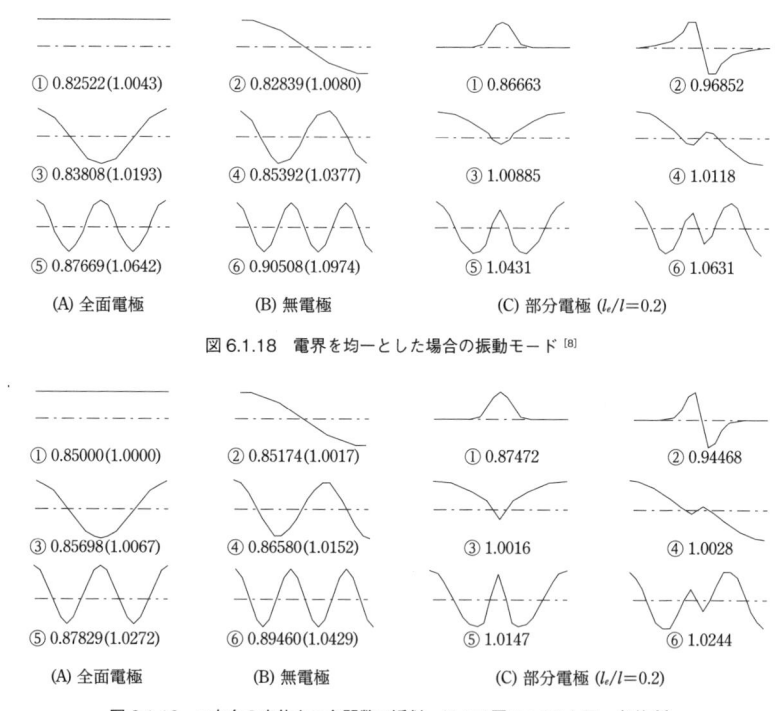

① 0.85000(1.0000)	② 0.85174(1.0017)	① 0.87472	② 0.94468
③ 0.85698(1.0067)	④ 0.86580(1.0152)	③ 1.0016	④ 1.0028
⑤ 0.87829(1.0272)	⑥ 0.89460(1.0429)	⑤ 1.0147	⑥ 1.0244
(A) 全面電極	(B) 無電極	(C) 部分電極 ($l_e/l=0.2$)	

図 6.1.19　y 方向の変位を三角関数で近似，ほかは図 6.1.18 と同一条件 [8]

図 6.1.19 は y 方向の変位に三角関数を想定した場合である．x 方向の変位はよく似ている．板自体の固有周波数と閉じ込めモードの周波数の違いはわずかに 1% であり，高次のモードにおいても数%である．薄板においては曲げ振動のエネルギーの寄与は小さい．それは曲げ振動の波長は板厚に比べて十分長いからである．図 6.1.20 に対称性を考慮した振動子の 1/4 の部分について，対になっている電極の電位をそれぞれ 1 および −1 として，励振されている奇対称のせん断振動モードにおける電位分布を周波数の低いほうから 3 個示す．最も低い周波数においてエネルギー閉じ込めモードが明確に示されている．図 6.1.21 は機械的に拘束された板の，1/4 の部分の等電位線図（$\omega=0$）である．図 6.1.22 に奇対称せん断振動モードのモーショナル・アドミタンスを示す（制動アドミタンスで規格化）．最後の 2 つの例では要素に 2 次の試験関数を用いている．この電極配置では偶対称のせん断振動モードは励起されない．

(1-2)　インターデジタル・トランスジューサ

弾性表面波を利用したデバイスは電気・機械フィルター，遅延線路などに広く用いられている．そのためのインターデジタル・トランスジューサの応用は広く研究され

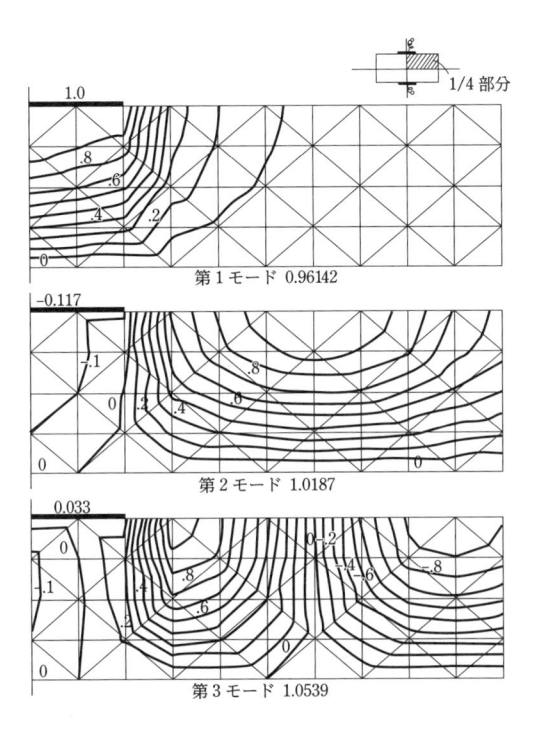

図 6.1.20 対になっている電極の電位がそれぞれ 1 および −1 で励振した場合の奇対称のせん断振動 3 つのモードの電位分布 [8]

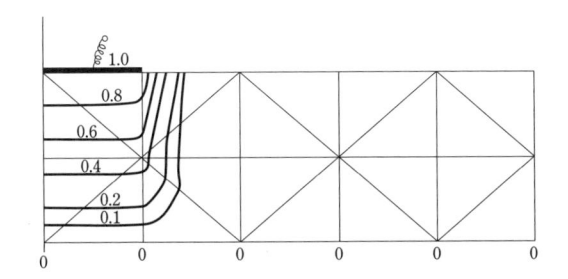

図 6.1.21 機械的に拘束された板の等電位線図（$\omega = 0$ のとき）[8]

ている．

　それらの解析の多くは電界分布をあらかじめ仮定して，それによる応力駆動を入力としている．ここに示す計算例はこの分野への応用についての検討である．

　振動子は図 6.1.23 に示すように固定された台の上にある圧電板である．扱いを簡単にするために，電極は無限にくり返すすだれ状の電極モデルを考える．電極配置は

96　6章　圧電デバイス応用例

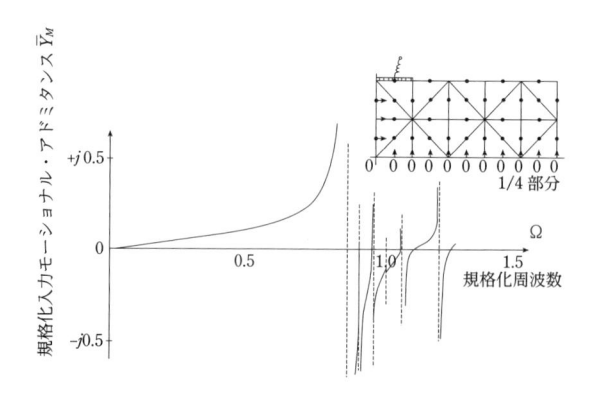

図 6.1.22　奇対称せん断振動モードのモーショナル・アドミタンス [8]

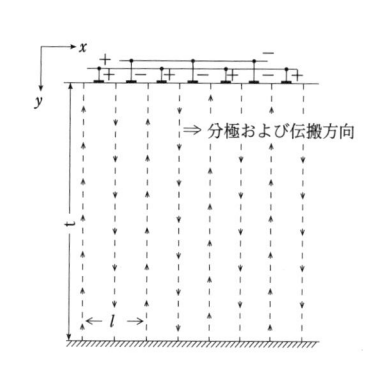

図 6.1.23　インターデジタル・トランスジューサ [8]

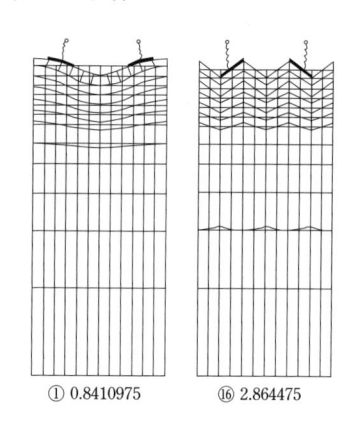

図 6.1.24　1 区間分の振動モード
　　　　　（第 1 番目および第 16 目の振
　　　　　動モードが伝搬モード）[8]

周期的であるため，適切な境界条件を設ければ，1 周期の区間だけを扱う問題とすることができる．さらに対称な波動に注目し，この領域の 1/4 部分だけを計算する．
　数値計算例では $l/t=1/4$ および $N_x=3$，$N_y=12$ のチタン酸バリウム板を取りあげる．電極の質量および電束の漏れは考えていない．図 6.1.24 では 1 区間分を示す．第 1 および第 16 番目の振動モードだけが表面波の波動モードである．電極は短絡されている．これらの場合の電位分布を図 6.1.25 に示す．固有周波数は振動モードとともに示してある．固有周波数は半区間の厚み振動の基本周波数で規格化してある．このように電界波伝搬の特性は電磁波導波管の伝搬と類似のモデルといえる．表面波以外のバルク波は圧電板が底部を境界として励起される．図 6.1.26 は最も低い固有

6-1 面内振動　97

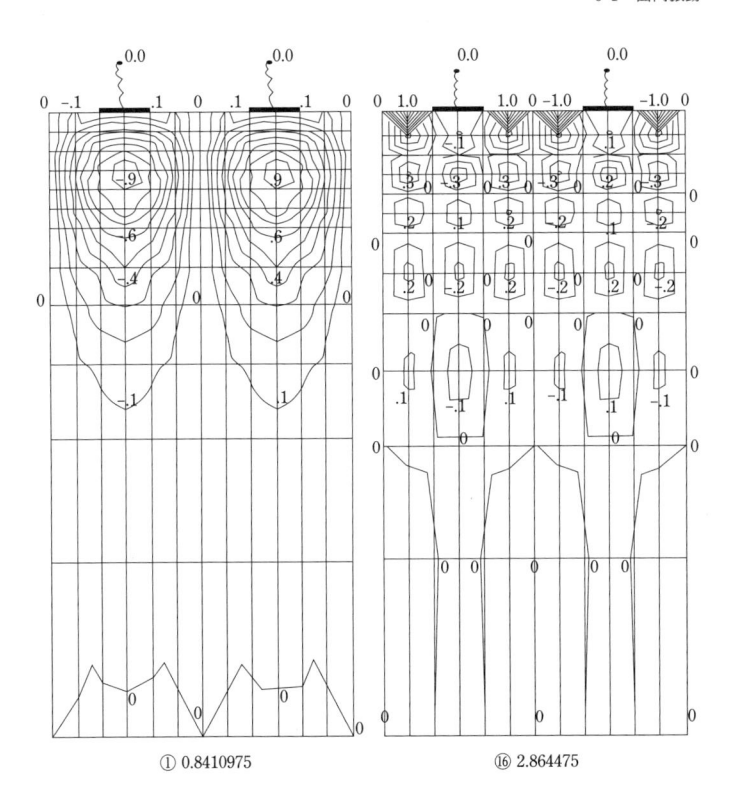

① 0.8410975　　　　　　　⑯ 2.864475

図 6.1.25　1 区間分の振動モード（第 1 番目および第 16 目の電位分布）[8]

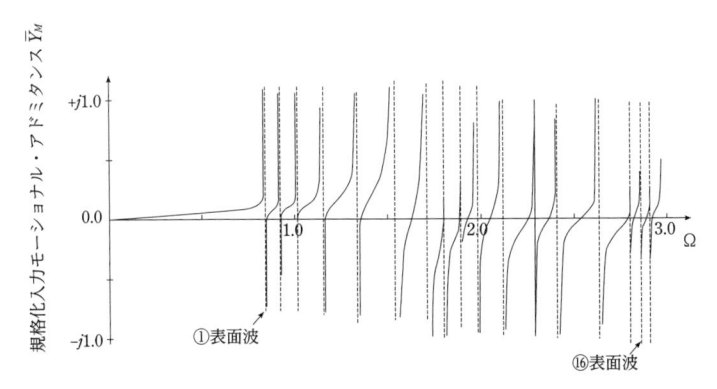

図 6.1.26　モーショナル・アドミタンス（周波数は基本周波数で
規格化，アドミタンスは制動容量で規格化）[8]

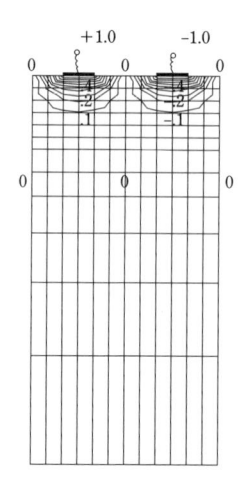

図 6.1.27　系が機械的に拘束されたときの電位分布（$\omega = 0$）[8]

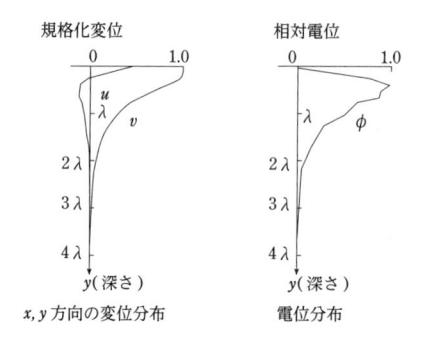

図 6.1.28　表面波振動（最低）モードの変位および電位分布（深さ方向）[8]

周波数（基本振動周波数）の制動容量アドミタンスで規格化されたモーショナル・アドミタンスである．図 6.1.27 には系が機械的に拘束されたときの電位分布（$\omega=0$のとき）である．この状態において制動容量が求められる．図 6.1.28 は y 軸に沿った最初の表面波振動モードの変位および電位分布を示している．表面から 2 波長以上のところでは変位および電位はほぼ消滅している．

　本節では有限要素法による圧電デバイスモデルの設計，解析例を示した．電気・機械結合の効果は解析に組み込んであり，結合の強い材料の場合もその取り扱いが可能である．例題の振動子について詳細に検討を行ったものではないが，計算例を 2 つ示した．くし形トランスジューサの送受波の特性，感度や能率，バンド幅，スプリアス

などの効果の直接的数値シミュレーションが可能である.本節は主として文献 [1]〜
[3], [9] などによっている.

参考文献 (6-1)

[1] Kagawa, Y., Yamabuchi, T.: Finite element analysis of two-dimensional electromechanical resonators, *Eight International Congress on Acoustics* (1974).
[2] Kagawa, Y., Yamabuchi, T.: Finite element simulation of two-dimensional electromechanical resonators, *IEEE Trans. Sonics Ultrason.*, **SU-21**, 275-283 (1974).
[3] 山淵龍夫, 加川幸雄:二次元電気・機械振動子の有限要素シミュレーション, 日本音響学会誌, **30**, 398-409 (1974).
[4] Kagawa, Y., Gladwell, G. M. L.: Finite element analysis of flexure-type vibrators with electrostrictive transducers, *IEEE Trans. Sonics Ultrason.*, **SU-17**, 1-41 (1970).
[5] 日本鋼構造協会 編, 川井忠彦 著:マトリックス法振動および応答 (コンピュータによる構造工学講座 I-4-B), 培風館 (1971).
[6] Holland, R., EerNisse, E. P.: Design of Resonant Piezoelectric Devices, The MIT Press (1969).
[7] Lloyd, P., Redwood, M.: Finite-difference method for the investigation of the vibration of solids and the evaluation of the equivalent-circuit characteristics of piezoelectric resonators. I, II, *JASA*, **39**, 346 (1966).
[8] Kagawa, Y., Yamabuchi, T.: A finite element approach to electromechanical problems with an application to energy-trapped and surface-wave devices, *IEEE Trans. Sonics Ultrason.*, **SU-23**, 263-272 (1976).
[9] 山淵龍夫, 加川幸雄:任意な電極配列を持つ電気・機械素子の有限要素シミュレーション, 日本音響学会誌, **32**, 65-75 (1976).
[10] Kagawa, Y., Yamabuchi, T.: Finite element approach for electromechanical device problems with arbitrary electrode configuration, *IEEE Proc. '75 ISCAS*, 21 (1975).
[11] Kagawa, Y., Arai, H., Yakuwa, K., Okada, S., Shirai, K.: Finite element simulation of energy-trapped electromechanical resonators, *J. Sound & Vib.*, **39**, 317 (1975).

6-2 軸対称振動子，音響放射，トランスジューサ

6-2-1 軸対称圧電振動体の有限要素シミュレーション

(1) 軸対称振動子，トランスジューサ

有限要素モデルは任意構造形状の対象に適用が可能である[1],[2]．円柱や円板は超音波変換器，振動子，電気・機械フィルターなどに広く利用されている[3]．ここでは，有限な長さの圧電材からなる円柱の軸対称振動について，有限要素法を用いた解析を紹介する．電極間の駆動電界が断面に対して均一である場合について，最終的に得られた有限要素表示を示す．長い円柱から薄い円板といった，しかも断面が任意の形状の複合振動子やフィルターの解析に応用できる汎用性をもつものである[4]~[6]．

数値計算例として最初に均質な材質からなる円柱と傾斜のついた円環振動子について解析し，次にランジュバン形電気・機械変換器を考察する．最初の計算例は均一材よりなる円柱で高さ／直径比に対する共振周波数の変化を考察し，Hutchinson の結果[7]と比較している．また，振動モードについても考察している．次の例は横断面の形状が単純でないモデルとして，断面に傾斜のある円環振動子について本法による共振周波数を Gladwell の結果[8]と比較した．最後の例はランジュバン形電気・機械変換器で圧電円板が弾性円板で両側から挟まれた構造の複合振動子の例である．高さ／直径比が 0.1~2.0 の範囲に対して数値計算を行い，柴山らの行った実験結果[9]と比較している．

(2) 圧電円柱の軸対称振動に対する有限要素表示式

軸対称振動子の断面を図 6.2.1 に示す．軸対称モデルでは断面について 2 次元モデルで使われている三角形要素を三角円環要素に置き換えることで対応できる．2 次元モデル圧電振動については，4 章において詳細に述べられている．軸対称圧電振動体の振動モデルに関する有限要素表示式は，最終的に得られた結果だけを示す．詳細については節末に掲げた文献も参照していただきたい[10]~[12]．

軸対称定常圧電振動モデルの有限要素表示式は次式で表される：

$$([K]-\omega^2[J])\{d\} = \frac{V_E}{2h_p}\{P\}+\{F\} \tag{6.2.1}$$

ここで，$[K]$ は系の剛性行列，$[J]$ は質量行列である．$\{d\}$ は分割要素節点に対応した系の変位ベクトルである．h_p は圧電材部分の厚さ，V_E は駆動電圧，$\{P\}$ は電気機械結合係数ベクトルである．図中の分極 P とは異なることに注意する．$\{F\}$ は $\{d\}$ に対応した節点における力ベクトルである．

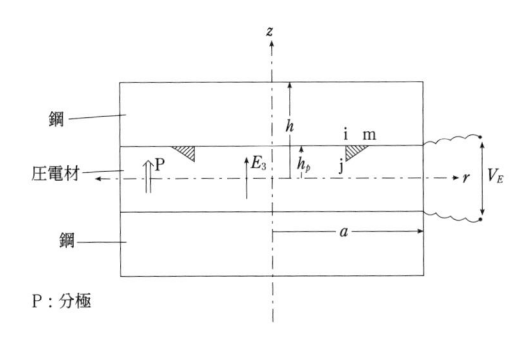

6-2 軸対称振動子，音響放射，トランスジューサ 101

(A) ランジュバン形 [4]

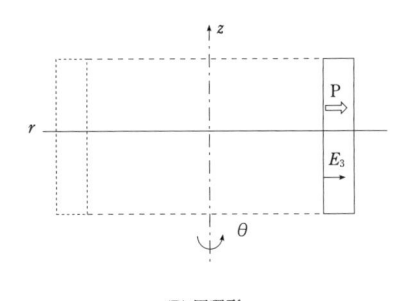

(B) 円環形

図 6.2.1 軸対称振動子（断面図）

(3) 入力アドミタンス

電気端子における入力アドミタンスは単位電圧を与えた場合，その電気端子に連なる電極節点を通って流れる電流の総和を求めることにより得られる．

入力アドミタンスについても4章において詳細に述べられている．最終的に電気端子における入力アドミタンスは次式により表される：

$$Y = \frac{I}{V_E} = (j\omega \sum_p q_p)/V_E$$

$$= j\omega C_d + j\omega \frac{[A]\{d_p\}}{V_E} = Y_d + Y_M \tag{6.2.2}$$

第1項は制動アドミタンスで第2項が動アドミタンスである．C_d は電極間の制動容量である．$[A]$ は圧電行列，$\{d_p\}$ は電極 p 節点に対応した節点変位ベクトルで $\{d\}$ の成分である．ω を与え，$V_E = 1$ として式 (6.2.1) を解けば，節点変位ベクトル $\{d\}$ を得る．このうちの節点 p に関する成分 $\{d_p\}$ を式 (6.2.2) に代入することによって入

力アドミタンスが求められる．機械的外力負荷がない場合を考えている（$\{F\}=\{0\}$）．

(3) 数値計算例と討論

(3-1) 均一円筒振動子

最初の計算例は，均一な円柱で（高さ／直径）比に対して共振周波数を求め，Hutchinson による結果[7]と比較した．数値計算にあたってはこの文献に従って，$z=0$ の面に関して奇および偶対称の振動モードに分離して別々に考察した．すなわちこの面に対して適当な境界条件を設定することによって，それぞれの場合に応じて円柱の上半分だけの数値計算を行った．（高さ／直径）比（h/a）に対する規格化周波数の変化を奇対称の場合は図 6.2.2 に，偶対称の場合は図 6.2.3 にそれぞれ示した．図中に有限要素法による計算点を実線で示した．要素分割数は h/a の大きさに応じて適当に選び，できるだけ要素数が 100（ここでは最大で 94）を超えないようにした．r 方向および h 方向の分割数をそれぞれ N_r，N_h とし，$N_r \times N_h$ で表現すると $0.1 \leq h/a \leq 0.75$ で 8×5，$1.0 \leq h/a \leq 1.25$ で 6×6，$1.5 \leq h/a \leq 5.0$ で 5×8 である．図中の破線は文献 [7] によるもので高次モードに関しては $h/a<1$ の領域の値は与えられていない．第 1～3 次モードまでは比較的よく一致しているが，さらに高次のモードが必要となる場合には，分割をさらに多くとる必要があるようである．$h \to \infty$ になる

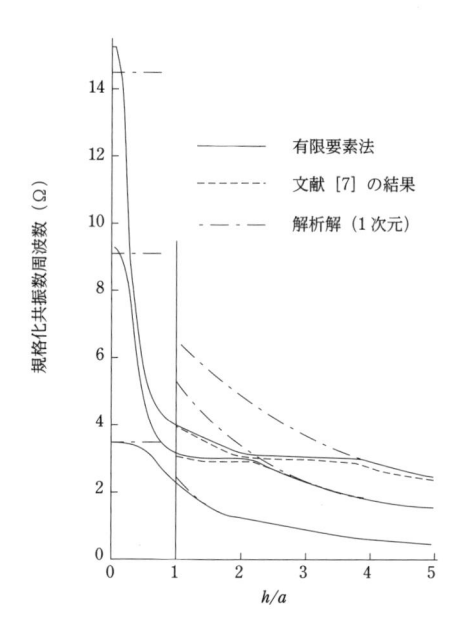

図 6.2.2 周波数スペクトラムの高さ／直径比 (h/a) に対する変化（奇対称モード）[4]

と奇，偶対称の振動はともに細い円柱の縦振動に漸近し，$h \to \infty$ の場合には，奇対称では薄い円板の径方向振動，偶対称では曲げ振動に漸近する．これらについては1次元理論から解析的に表され，図 6.2.2，図 6.2.3 の一点鎖線は $(h/a<1$ で) その共振周波数を示す．有限要素法による第1次共振周波数の1次元理論に対する差違は $h/a=5.0$ の場合，奇対称モードで 0.21%，偶対称モードで 0.78%，$h/a=0.1$ の場合，奇対称モードで 0.07%，偶対称モードで -1.33% である．このように h/a の値により周波数の誤差が異なる．図からもわかるように $h/a=1$ 近傍では，1次元理論はまったく適用できない．有限要素法はパラメータ h/a を変化させるだけでよく，$h/a=1$ 付近の解析にもなんら困難を伴わない．図 6.2.4，図 6.2.5 には種々の (高さ／直径) 比に対するモード図を示した．均一円柱の振動は中心軸からの距離によって，密度と剛性が徐々に変化する不均一な長方形板の面内振動と等価である．

(3-2) 傾斜のついた円環振動子

次に断面の形状が単純でない例として一様な傾斜がついた円環振動子 (アルミニウム合金) の振動モードと共振周波数を図 6.2.6 に示す．最低の径方向振動周波数は Gladwell により計算[8] されている，29,750 Hz である．これは台形円環要素を用いた1次元モデルによる有限要素法解析結果で，Kleesattel による測定結果 30,100 Hz もあわせて示してある．筆者らの計算結果は丁度これらの値の中間にある．分割は径方向に4分割，全体で24の三角形円環要素を用いている．モード図からもわかるように，このような薄い振動子の場合には当然のことながら，Gladwell の1次元解析でも良好

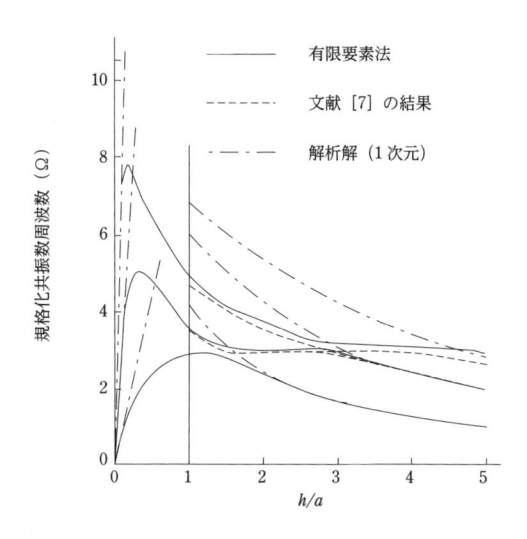

図 6.2.3 周波数スペクトラムの高さ／直径比 (h/a) に対する変化 (偶対称モード)[4]

104   6章　圧電デバイス応用例

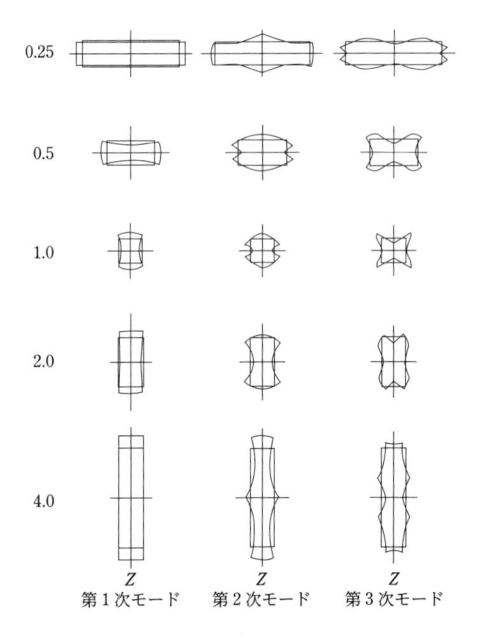

図 6.2.4　軸対称振動モード図-横断面図（奇対称モード）[4]

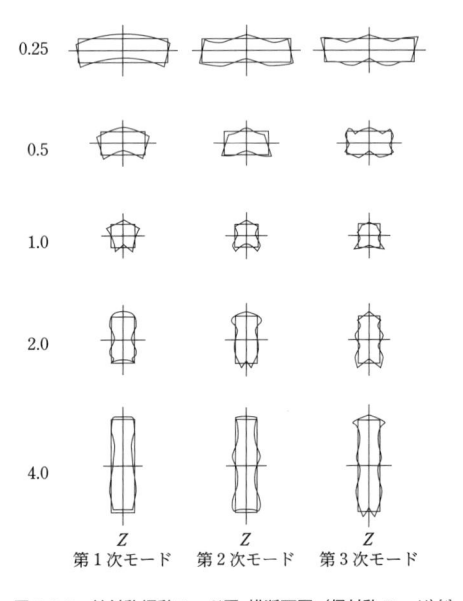

図 6.2.5　軸対称振動モード図-横断面図（偶対称モード）[4]

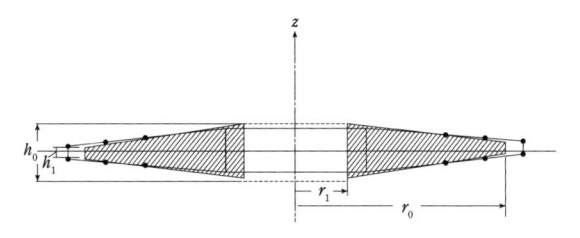

$\sigma = 0.335$, $E_Y = 7.18 \times 10^{10}\,\mathrm{N/m^2}$, $\rho = 2.8 \times 10^3\,\mathrm{kg/m^3}$
$r_1 = 0.0142\,\mathrm{m}$, $r_0 = 0.05715\,\mathrm{m}$, $h_0 = 7.67 \times 10^{-3}\,\mathrm{m}$, $h_1 = 1.27 \times 10^{-3}\,\mathrm{m}$

図 6.2.6 傾斜のついた円環振動子, モード図と固有周波数 [4]

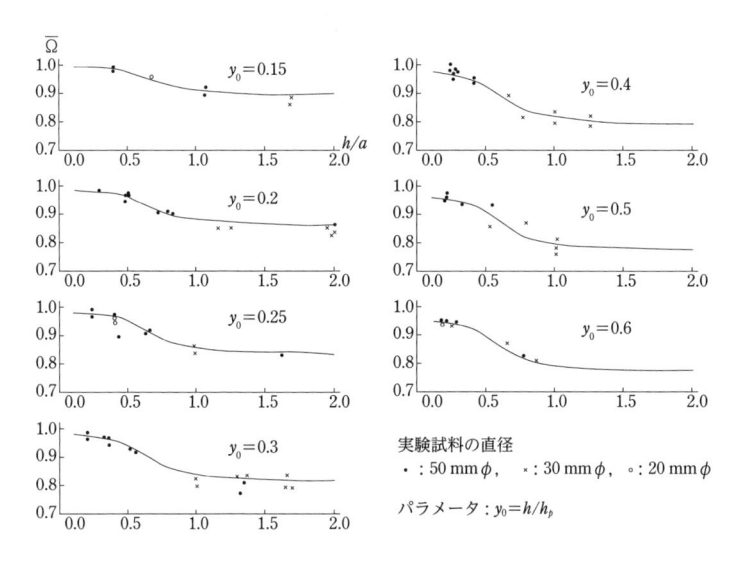

実験試料の直径
・: $50\,\mathrm{mm}\phi$,   ×: $30\,\mathrm{mm}\phi$,   ○: $20\,\mathrm{mm}\phi$
パラメータ: $y_0 = h/h_p$

図 6.2.7 規格化共振周波数対高さ／直径比 [4]

な結果が得られている.

(3-3) ランジュバン形電気・機械変換器

複合振動子としてのランジュバン形電気・機械変換器は, $BaTiO_3$ 磁器円板の両面に電極を付け, 鋼円柱で両側からはさんだ構造 (図 6.2.1) のものである. この形の変換器は主に最低の共振周波数で使用されることが多いので, 上半分について奇対称の低次共振周波数について考察した. 柴山らは種々の寸法の振動子について詳しい実験を行っている[9]. 数値計算を行った材料定数は, それにならっている. 電極端子を短絡した場合である. 規格化周波数 ($\bar{\Omega}$) の (高さ／直径) 比 (h/a) に対する変化を図 6.2.7 に示した. 共振周波数は同じ寸法の均一鋼円柱のそれで規格化してある. パラ

鋼円柱振動子 | ランジュバン形振動子

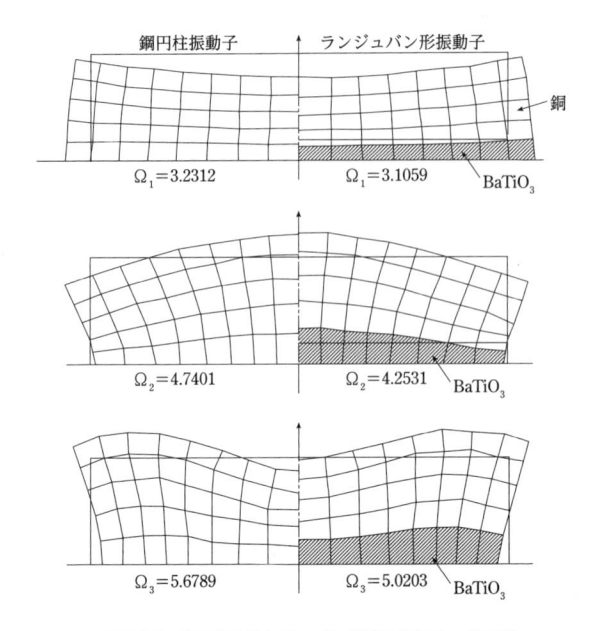

$\Omega_1 = 3.2312$ | $\Omega_1 = 3.1059$ 銅 BaTiO$_3$

$\Omega_2 = 4.7401$ | $\Omega_2 = 4.2531$ BaTiO$_3$

$\Omega_3 = 5.6789$ | $\Omega_3 = 5.0203$ BaTiO$_3$

図 6.2.8　鋼円柱とランジュバン振動子の各モード図 [6]

メータ y_0 は BaTiO$_3$ 磁器円板の厚さの全長に占める割合（h_p/h）である．図中の○，●，×印は柴山らが実験から得た値である．実験値が鋼と BaTiO$_3$ 磁器との接着状態によってばらつくことを考えあわせると，有限要素法による計算がよく共振周波数を予測できることを示している．図 6.2.8 に，$h/a=0.5$, $y_0=0.2$ の場合の第 3 次モードまでの図を全体が鋼からなる円柱とともに示した．よく用いられるこのような（高さ／直径）比の例では，このモード図にみられるように，厚さと径方向の振動が強く結合しており，単純な 1 次モデルでは扱うことができないことがわかる．この振動子の電気端子からみた動アドミタンスの周波数特性を図 6.2.9 に示す．この図で第 2 モードが十分励起されないが，これは図 6.2.8 からわかるように，BaTiO$_3$ 磁器円板は中央部で伸びているのに対して，周辺部では収縮していることから理解できる．

6-2-2　音響放射を伴う超音波トランスジューサ [11],[12]

(1) 音響負荷

上述の変換器において，片面が液体に接していてそこから音響放射が生じる超音波トランスジューサを考える．変換器の電気端子における入力アドミタンス，音響放射の負荷効果，近距離の音圧分布，指向性パターンについて解析している．圧電共振体と音響放射場との接合面，すなわち固体-液体境界面に適合条件を適用すれば 2 つの

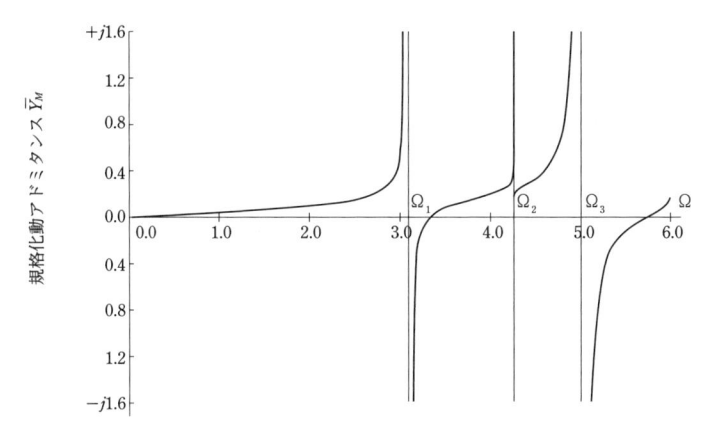

図 6.2.9 規格化動アドミタンスの周波数特性 [6]

系は連成する．したがって問題は電気-機械振動-音響結合問題となる．ここでは，共振体には有限要素法を，音響の半無限空間には解析的な手法を適用している．有限要素法は一種のエネルギー法であるので，圧電機械振動連成問題について，これまでエネルギー的取り扱いを示してきた．音場にも有限要素モデルを採用すれば，類似の結合系を構成して1つの系として解析が可能である．通常，有限要素法は有限領域に適用されるので，無限遠を含む放射音場にはそのままでは適用できず，特別な配慮が必要となる．

音場が放射場であれば，振動体表面からの放射インピーダンスを考慮することにより無限空間を包含できるシステムとなる．無限音響空間のある点の速度ポテンシャルが，キルヒホッフの定理を用いればグリーン関数の放射面に関する積分の形で表されるから，このような問題は弾性体放射面（図6.2.10のS'面）に付加される放射インピーダンスの形で無限音響空間が表される．このような取り扱いは積分方程式法と呼ばれるが，数値計算において有限要素法形の離散化を行うのが境界要素法である．式の導出についての詳細は，章末に掲げた文献を参照していただきたい．アルミ-PZT-アルミのサンドイッチ構造の，いわゆるランジュバン形振動子（図6.2.11）が片面において接水した場合のいくつかのモデルについての計算例を示す．電気端からの入力インピーダンスの計算結果は実測値と比較し，よい一致が得られている．音場における指向性，近距離音圧分布，振動モードが異なる場合の音響放射効率についても示している．

(2) 数値計算例および考察 [10]～[12]

片面が接水したランジュバン形振動子の様子を図6.2.10に示す．図6.2.11は3種

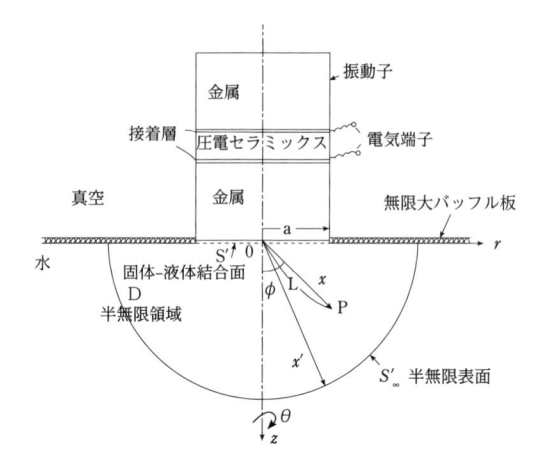

図6.2.10 片面が接水したランジュバン形振動子 [12]

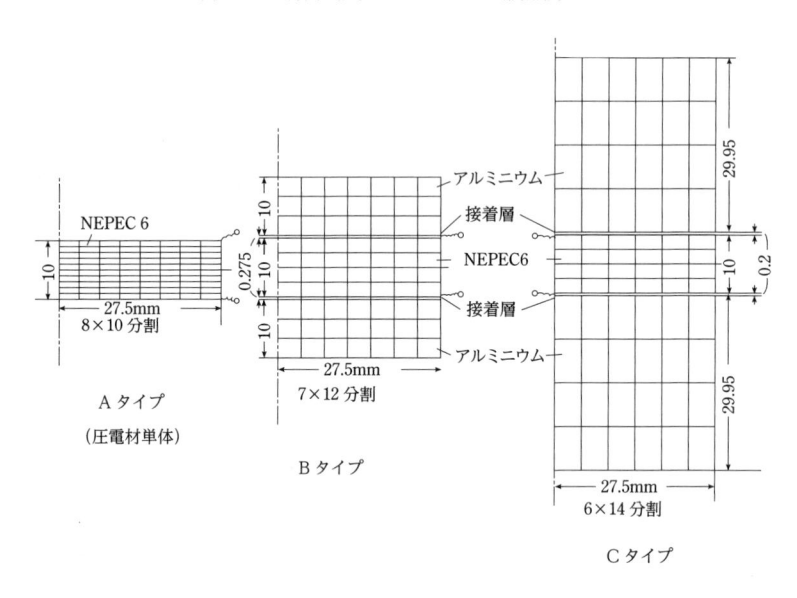

図6.2.11 3種類の振動子の形状と有限要素分割 [12]

類の振動子の形状と有限要素法の計算のための分割を示す．単位はすべて mm である．計算例としてランジュバン形振動子は圧電セラミックス（NEPEC6），円板の両面に接着剤（アラルダイト）を用いてアルミニウム円柱が接着されている．ランジュバン形振動子2種類（B タイプ，C タイプ）を含む合計3種類について計算を行った．以下の計算例では B タイプのみを示す．このような構成はソナーの送受波器として

表 6.2.1 材料定数

材料	ヤング率 (N/m²)	質量密度 ρ (kg/m³)	ポアソン比 σ
接着層 (アラルダイト)			
(硬)	10.0×10^9	1,700	0.38
(軟)	4.0×10^9	1,110	0.45
金属(アルミニウム)	7.03×10^{10}	2,690	0.345
圧電セラミックス (NEPEC6)		7,730	0.32

$$\boldsymbol{c}^E = \begin{bmatrix} 11.0 & 6.6 & 6.6 & 0 \\ & 12.8 & 6.8 & 0 \\ 対 & & 12.8 & 0 \\ 称 & & & 2.1 \end{bmatrix} 10^{10} \ (\text{N/m}^2)$$

$$e = \begin{bmatrix} 15.7 & -6.1 & -6.1 & 0 \end{bmatrix} \ (\text{C/m}^2)$$

$$\varepsilon_{33}^S / \varepsilon_0 = 994$$

放射媒質			
(水)	音速 1,500(m/s)	1,000	

使われている.材質の組み合わせや大きさを適宜変えることができるので,設計の自由度が大きいため実用上重要である.数値計算のための材料定数を表 6.2.1 に示す.材料定数であるが,接着剤は物理定数が硬化条件により変わるため,硬めと軟らかめを想定した.NEPEC6 については,誘電率は円板の実測値であり,ほかの定数はメーカーのカタログ値を用いている.図 6.2.12 は電気端の入力アドミタンスである.図の中の (A) は無負荷状態のものであり,上下対称であるため半分だけを計算している.内部損失は考慮していない.(B) と (C) は片面が接水している状態であり,入力アドミタンスは放射の影響により複素数となっている.(B) は接着剤が軟らかいものを,(C) は硬いものを想定した.図 6.2.12 (B) の第 2 モード(約 70 kHz)付近には近接モードの存在によりアドミタンス曲線にわずかな乱れが生じている.図 6.2.12 (A) の周波数の高い領域では接着層の影響が出ている.以上の例において実測結果と計算結果を比較するとよい一致が得られており,この種の問題に有限要素法は有効であることがわかる.

 図 6.2.13 は振動子 B の最低次から 4 番目までの,無負荷状態および片面が接水状

110   6章　圧電デバイス応用例

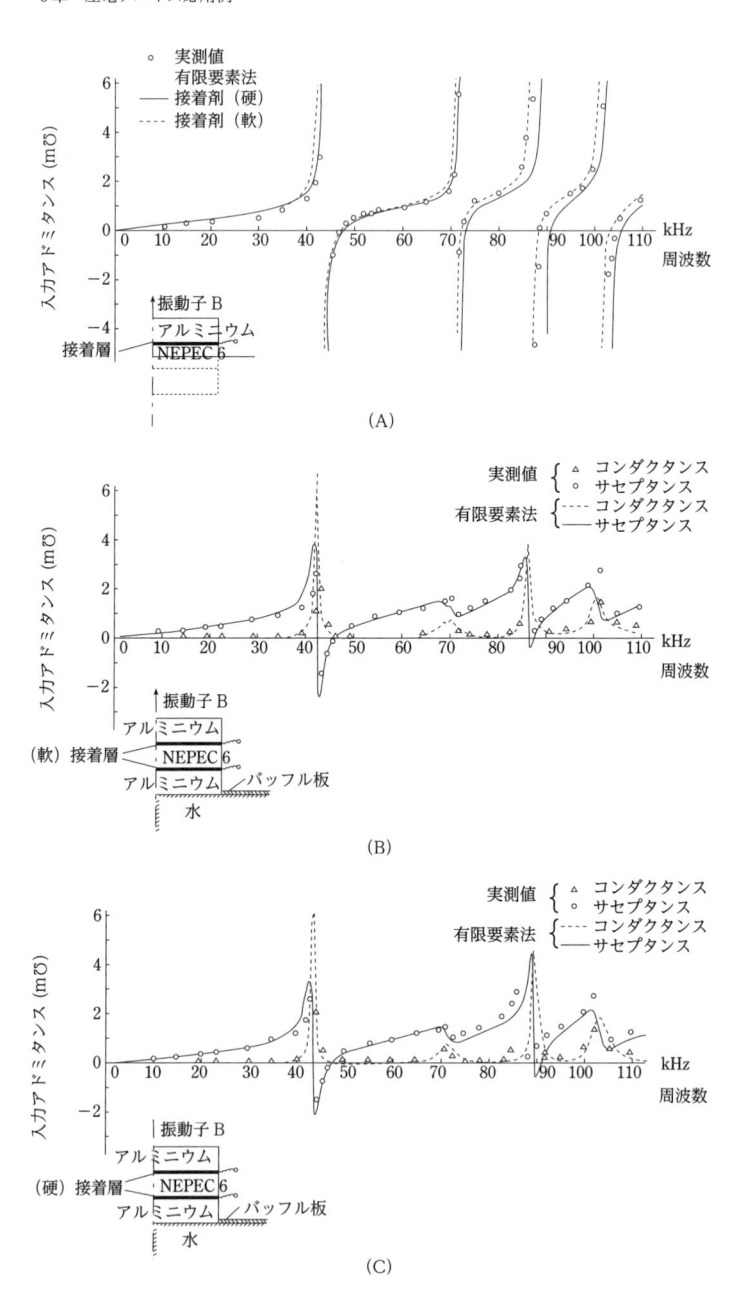

図 6.2.12　入力アドミタンスの周波数特性，音響負荷，接着剤の効果を考慮 (振動子 B) [12]

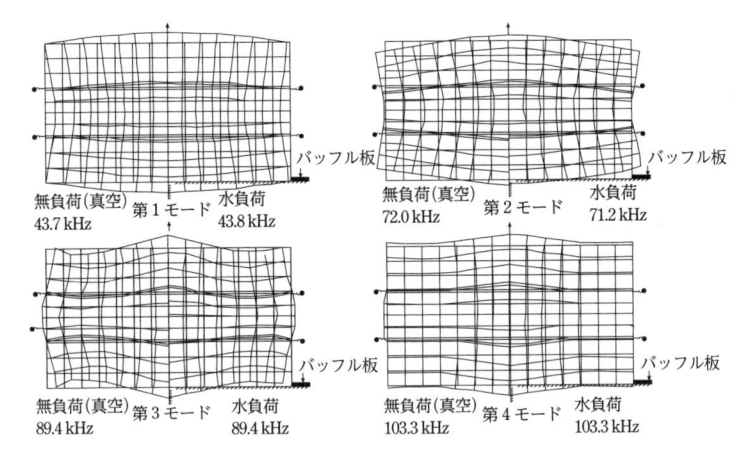

図 6.2.13 負荷の影響. 振動子 B の最低次から 4 番目まで, 無負荷状態および片面が接水状態の振動モード [12]

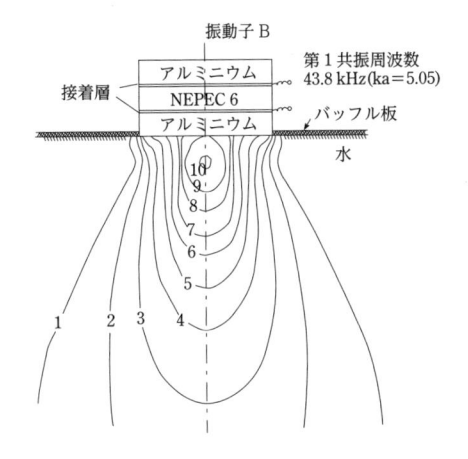

図 6.2.14 近距離音場の音圧分布 (音圧分布は相対値) [12]

態の振動モードである. 共振周波数はサセプタンスの符号が反転する周波数より求めた. 負荷状態では損失を伴うためモードは複素数となる. この場合は虚部がこれまでのモードに対応している. この例では水負荷のモードへの影響はそれほど大きくはない. 図 6.2.14 は近距離音場の音圧分布である. 音圧が計算された点と点の中間の点は補間法により求めた. これは音圧の大きさ (絶対値) の相対等音圧線で最大音圧値を 10 としてある. 図 6.2.15 はいくつかの共振周波数における指向特性である. いずれも中心軸上の値を基準としてデシベル表示した. いずれの計算も接着剤の材料定数は硬めを想定している. ここで $ka = 2\pi a/\lambda$ (λ は水中音波の波長) である.

第1モード
43.8 kHz
($ka = 5.05$)

第3モード
89.4 kHz
($ka = 10.30$)

第2モード
71.2 kHz
($ka = 8.20$)

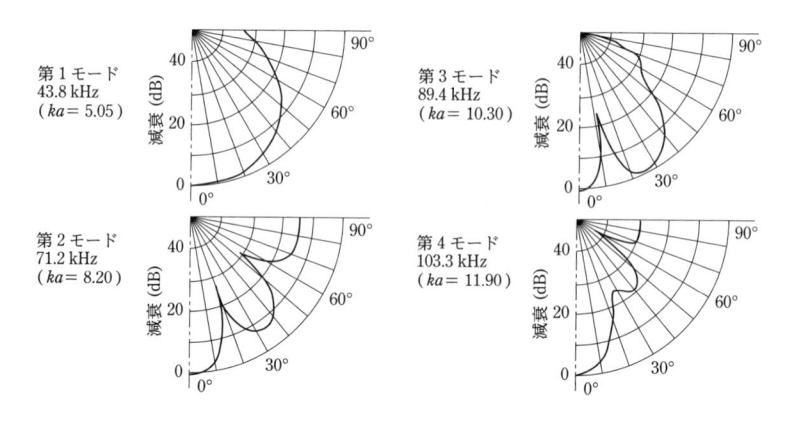

第4モード
103.3 kHz
($ka = 11.90$)

図 6.2.15　共振周波数における指向特性（振動子 B）[12]

以上の例は放射場に関して積分方程式法（固有関数展開法による解法）を用いた結果である．損失や負荷の振動子特性への影響も容易に検討が可能である[13]．また最近では，3D 音場問題に対して境界要素法の利用が容易になった[14]．

6-2-3　無限要素による音響放射問題の解析

音響放射および散乱問題は無限領域において検討する必要がある．有限要素法は強力な数値解析手法であるが，そのままでは無限領域には適用できない．この問題についての手法は，以下の 4 種類に大別される．第一の方法は，音響要素を設けその外側の適当な境界と見なされるところで媒質の特性インピーダンスにより終端してしまう方法である．これはたいへん簡単な方法であるがいつも精度が良好であるとは限らない．第二の方法は，無限領域に一般解を用いて解析的に求めるものである．解の精度は良好であるが，定式化が複雑である．第三の方法は，上に示したような音響領域に境界積分法あるいは境界要素法を適用するもので，Silvester, McDonald, Wexler, Zienkiewicz, Brebbia らによる研究がある．加川らは有限要素法と境界要素法との接合条件を詳細に検討している．これらの方法は精度よく求められるが，境界上のすべての節点間に相互的な結合ができるためシステム行列のバンド幅が広がる．最後の方法は無限要素を用いるものである．これには減衰型と混合型の 2 つの方式がある．減衰型無限要素は Bettess と Zienkiewicz によるものである．有限領域と同じような扱いで無限領域の積分を行う方法であるが，積分の収束のためには減衰定数を適切に選ばなければならない難点がある．これらの方法については節末に記載した関連文献なども参照願いたい．Pian, Tong, 守屋によるハイブリッド型無限要素ではこのような

欠点を改善している[15]~[17]．ハイブリッド型無限要素では，境界上において流束（フラックス）の連続性が満足されることで，任意の補間関数を用いることができる点に特徴がある．第二から第四法のように支配方程式の一般解を用いることは，無限領域に対する1つの方法である．無限要素の積分は，その境界に関する積分とすることができる．この方法では，無限要素を付加しても有限要素のシステム行列のバンド幅が増えないことに有利さがある．ここでは上記の2種類の無限要素について考える．2次元および3次元放射問題，2次元散乱問題について計算例を示し，解析結果と比較する．境界要素法と結合させた手法との比較も行う．

(1) 音響放射問題

(1-1) 数値計算例および考察[18],[19]

ここでは上記で述べた2つの解析方法の計算例を示す．これらは解析解と比較している．

呼吸円柱からの音響放射を考える．図6.2.16に円柱放射状に分割した帯モデルの要素分割を示す．有限領域の放射長 l は $\lambda/2$ に選んでいる．減衰型無限要素解析において，2次の有限要素が用いられており，ハイブリッド型の解析では1次の有限要素

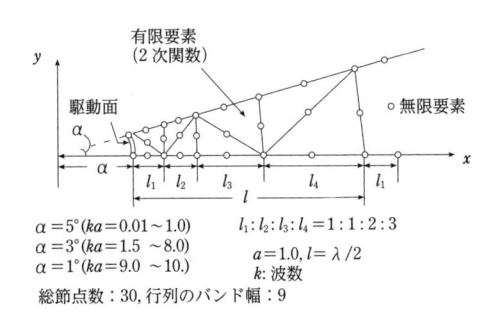

(A) 減衰型

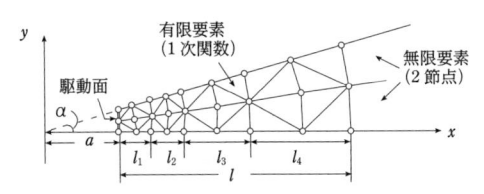

$\alpha = 5°(ka = 0.01 \sim 1.0)$
$\alpha = 3°(ka = 1.5 \sim 8.0)$
$\alpha = 1°(ka = 9.0 \sim 10.)$

$l_1 : l_2 : l_3 : l_4 = 1 : 1 : 2 : 3$
$a = 1.0, l = \lambda/2$
k: 波数

総節点数：30，行列のバンド幅：9

(B) ハイブリッド型

総節点数：27，行列のバンド幅：5

図6.2.16　呼吸円柱からの音響放射モデルのための要素分割と無限要素付加 [18]

が用いられた．図 6.2.17 は減衰型無限要素による呼吸円柱の放射インピーダンスの周波数特性である．パラメータ減衰長（減衰係数）L は周波数に関係なく一定とした．図より，ka の値が 1 より大きければおおむね良好である．図 6.2.18 は，同じ呼吸円柱に対して 2 つの放射インピーダンスを比較している．両者の結果は ka の広い範囲において解析解とよく一致している．ここでは示していないが，境界要素解析と組み

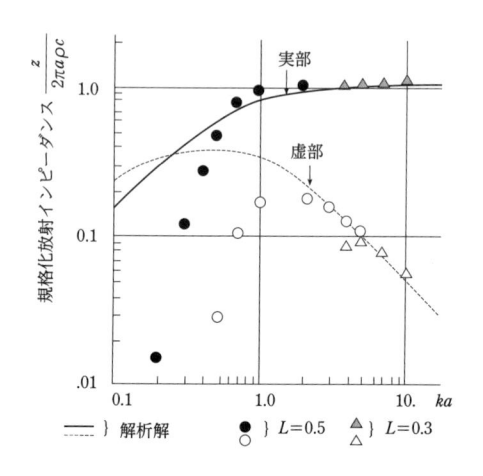

図 6.2.17 呼吸円柱の放射インピーダンスの周波数特性，減衰型無限要素付加（L は減衰係数）[18]

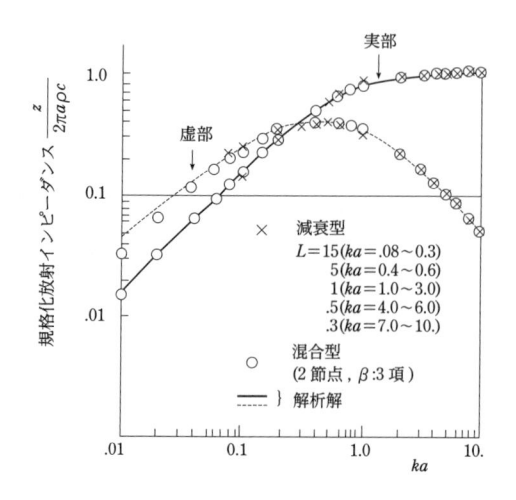

図 6.2.18 呼吸円柱からの放射インピーダンス（減衰型無限要素（L は減衰係数），およびハイブリッド型無限要素）[18]

合わせた結果も同じオーダーの精度が得られている．図 6.2.19 は 3 次元音響放射場の問題で方形ピストンからの音響放射モデルの要素分割を示す．無限要素は，有限要素分割領域の外部に原点 0 から放射状に伸びた棒状の要素である．図 6.2.20 は減衰型無限要素による放射インピーダンスの計算結果を示す．2 種類の分割に対する結果を示している．粗い要素分割では $k\sqrt{S}$ は 3 まで良好な結果となっている．細かい分割では精度はさらに改善されている．ハイブリッド型による解析を図 6.2.21 に示す．

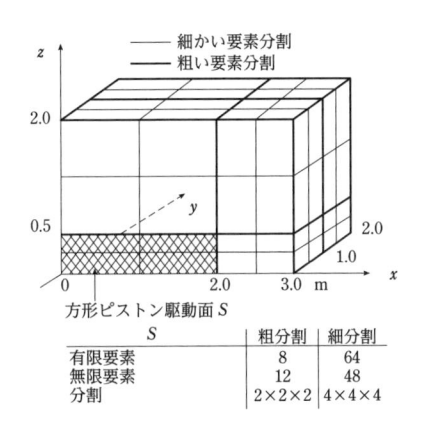

S	粗分割	細分割
有限要素	8	64
無限要素	12	48
分割	$2\times 2\times 2$	$4\times 4\times 4$

図 6.2.19　方形ピストンからの音響放射モデルの要素分割
（無限要素は中心 (0) から外部へ放射状に沿って構成されている）[19]

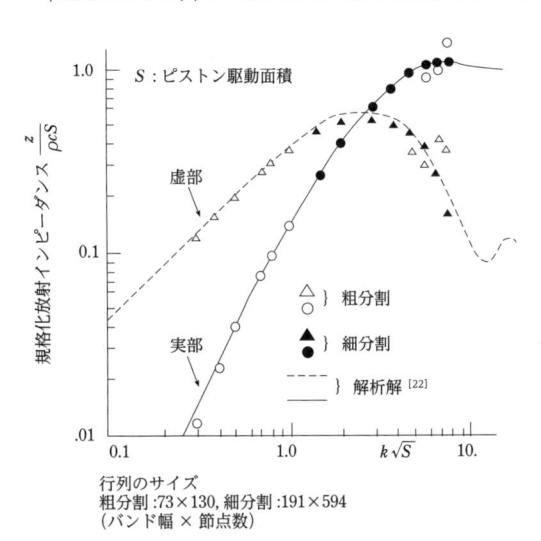

行列のサイズ
粗分割 :73×130, 細分割 :191×594
（バンド幅 × 節点数）

図 6.2.20　減衰型無限要素を付加した場合の放射インピーダンス [19]

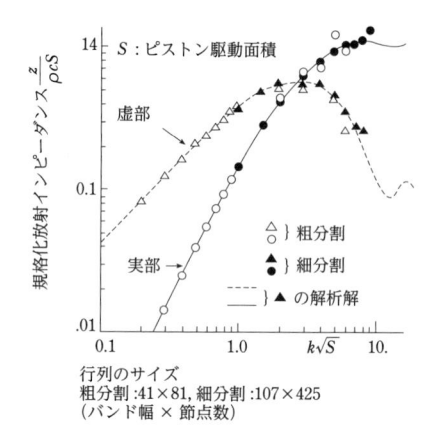

図 6.2.21 方形ピストンからの放射インピーダンス，ハイブリッド型無限要素付加 [19]

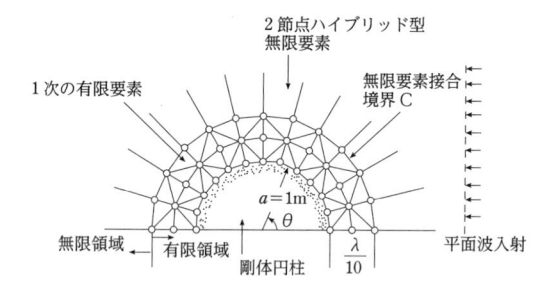

縦軸: 規格化放射インピーダンス $\dfrac{z}{\rho c S}$
横軸: $k\sqrt{S}$

S : ピストン駆動面積
虚部
実部
△ ○ } 粗分割
▲ ● } 細分割
──── } の解析解

行列のサイズ
粗分割 : 41×81，細分割 : 107×425
（バンド幅 × 節点数）

(A) ハイブリッド型無限要素および境界要素分割

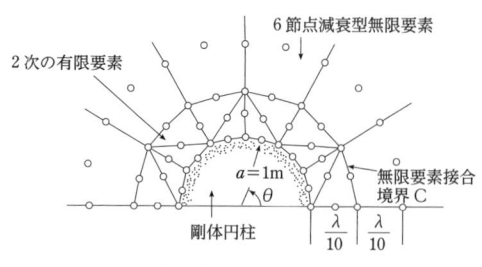

1次の有限要素
2節点ハイブリッド型無限要素
無限要素接合境界 C
無限領域　有限領域
剛体円柱
$a=1\mathrm{m}$
θ
$\dfrac{\lambda}{10}$
平面波入射

(B) 減衰型無限要素と要素分割

2次の有限要素
6節点減衰型無限要素
剛体円柱
$a=1\mathrm{m}$
θ
無限要素接合境界 C
$\dfrac{\lambda}{10}$ $\dfrac{\lambda}{10}$

図 6.2.22　平面波入射に対する剛体円柱からの音響散乱場の要素分割と無限要素 [18]

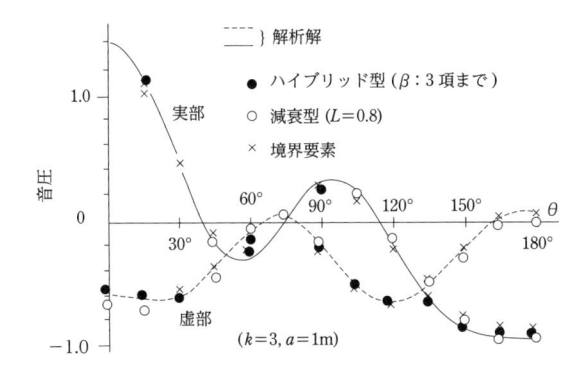

図6.2.23 平面波入射に対する円柱からの散乱波の音圧, 波数 $k=3$
（ハイブリッド型無限要素, 減衰型無限要素, 境界要素）[18]

小さな規模の行列で同程度の精度が得られている．

最後の例は2次元場における音響散乱問題である．図6.2.22に剛体の円柱による音響散乱場の要素分割を示す．図6.2.22（A）はハイブリッド型無限要素および境界要素モデルによるものであり，図6.2.22（B）は減衰型無限要素によるモデルのためのものである．図6.2.23は $ka=3$ における上の3種類のモデルにおける反射波の音圧である．ハイブリッド型のものの精度が一番よい．円周方向に分割を増すことにより精度は向上する．

2種類の無限要素による散乱問題を検討した．減衰型無限要素は定式化が簡単であるが，無限領域の数値積分ではとくに減衰係数の選択に注意を要する．ハイブリッド型解析では，数値積分の実行が境界部分に限られるため，前者よりも計算時間は短くなる．計算例の結果よりハイブリッド型無限要素法はほかの手法よりも適用範囲が広い．音響放射問題については文献［19］を参照していただきたい．境界要素法については成書[20],[21]がある．

参考文献（6-2）

[1] Kagawa, Y. and Gladwell, G. M. L.: Finite element analysis of flexure-type vibrators with electrostrictive transducers, *IEEE Trans. Sonics Ultrason.*, **SU-17**, 41-48（1970）.

[2] Kagawa, Y.: A new approach to analysis and design of electromechanical filters by finite element technique, *J. Acoust. Soc. Am.* **49**, 1348（1971）.

[3] Chree, C.: The equations of an isotropic elastic solid in polar and cylindrical coordinates, their solution and application, *Trans. Cambridge Phil. Soc.*, **14**, 250（1889）.

[4] Kagawa, Y. and Yamabuchi, T.: Finite element approach for a piezoelectric circular rod, *IEEE Trans. Sonics Ultrason.*, **SU-23**, 379-385（1976）.

[5] 山淵龍夫, 加川幸雄：任意な電極配列を持つ電気・機械素子の有限要素シミュレーション, 日本音響学

会誌, **32**, 65-75（1976）.
[6] 山淵龍夫, 加川幸雄：軸対称圧電振動体の有限要素シミュレーション, 信学論（A）**59-A**, 831-838（1976）.
[7] Hutchinson, J. R.: Axisymmetric Vibrations of a Free Finite-Length Rod, *Acoust. Soc. Am.*, **51**, 233 (1972).
[8] Gladwell, G. M. L.: The vibration of mechanical resonators （II）: rings, discs and rods of arbitrary profile, *J. Sound & Vib.* **6**, 351 (1967).
[9] 柴山, 菊池, 佐藤, 田岡：短円柱形状 Langevin 形振動子の共振周波数ならびに電歪特性について, 東北大学電気通信研究所音響工学研究会, 1（1963）.
[10] 山淵龍夫, 加川幸雄：複合圧電超音波変換器の有限要素シミュレーション, 日本音響学会誌, **34**, 711-720（1978）.
[11] 山淵龍夫, 加川幸雄, 大家左門, 進藤武男：放射を伴う音響伝送系の有限要素シミュレーション, 信学論（A）, **J61-A**, 706-713（1978）
[12] Kagawa, Y. and Yamabuchi, T.: Finite element simulation of a composite piezoelectric ultrasonic transducer, *IEEE Trans. Sonics Ultrason.*, **SU-26**, 81-88（1979）.
[13] 山越賢乗, 森 栄司：有限要素法による負荷時の振動特性のシミュレーション, 信学技報, **US78-59**, 37-42（1979）.
[14] Kagawa, Y., Ohnogi, S. and Chai, L. A boundary element phantom head for binaural hearing simulation, *Engineering Analysis with Boundary Elements*, **30**, 309-314（2006）.
[15] Tong, P. and Rossettos, J. N., Finite Element Method-Basic Technique and Implementation, The MIT Press（1977）
[16] 守屋一政：無限領域ないし半無限領域を含む場の問題の有限要素解析のための二節点半無限要素, 第3回応力講演論文集, 299（1980）
[17] 守屋一政：無限要素について, 日本シミュレーション学会：第3回電気・電子工学への有限要素法の応用シンポジウム, 37（1981）.
[18] Kagawa, Y., Yamabuchi, T. and Kawakami, H.: Infinite element approach to sound radiation and scattering problems, *J. Eng. Design*, **1**, 1-8（1983）.
[19] 加川幸雄 編, 加川幸雄, 山淵龍夫, 村井忠邦, 土屋隆生 著：音場・圧電振動場（FEMプログラム選3）──2次元, 軸対称, 3次元・2次元, 森北出版（1998）.
[20] von Estorff, O. *ed.*: Boundary Elements in Acoustic, Advances and Applications, WIT Press（2000）.
[21] Wu, T. W. *ed.*: Boundary Element Acoustics ── Fundamentals and Computer Codes, WIT Press（2000）.
[22] Burnett, D. S. and Soroka, W. W.: Tables of rectangular piston radiation impedance functions, with application to sound transmisson loss through deep apertures *J. Acoust. Soc. of Am.*, **51**, 1618-1612（1972）.
[23] Banaugh, R. P. and Goldsmith, W.: Diffraction of steady acoustic waves by surfaces of arbitray shape, *J. Acoust. Soc. Am.*, **35**, 1590-1601（1963）.

6-3 圧電トランスの 3D 有限要素モデル

　圧電トランスの解析・設計に有限要素法を適用した例を紹介する．圧電トランスは，小型，軽量であり，巻き線がないために漏れ磁束がほとんどなく，構造も簡単であるなどの優れた特徴から，液晶バックライトなどのインバータ用小型昇圧器として利用されている．圧電トランスは圧電素子の表面に 2 対の電極をもつ超音波共振子で，機械的な振動を介して電気的なエネルギーを伝達する 1 つのインピーダンス変換器である．駆動および出力間でインピーダンス変換が行われることにより，電圧変換が行われる．素子は通常，共振点で駆動されることから，等価回路による解析および設計が行われている．しかし，電気-機械間のエネルギー変換を扱うことや任意の電極形状，あるいは効率的な分極への対応などを考えると，解析・設計に有限要素モデルを用いるのが有効である．

　ここでは圧電トランスの解析に，3 次元有限要素モデルを採用している．7 章に述べている解析コード PIEZO3D1 を改良し，外部の負荷接続の効果を含む解析ができるようにした．

　ここで取り上げた圧電トランスのシミュレーションは低レベルの駆動の応答例であるが，実験結果と比較している[1],[2]．これは Rosen 型圧電トランス[3],[4] と呼ばれ縦振動モードが重要な役割をする．

　出力負荷状態を変化させた場合の応答も含めて，入力および変換されたインピーダンス，変換効率の計算例も示す．従来の等価定数，等価回路を用いた解析結果もあわせて示す．数値計算結果は実験値とよい一致を得ている．周波数特性の実験において，注目している周波数の近傍に 2 次的なピークをもつ特性が観察されることがあった．この現象は，振動モードの測定および有限要素法によるシミュレーションによって，その原因が共振子の製造過程で発生した分極の不均一性によって曲げ振動の励起との結合によることが明らかになった．この現象は等価回路の解析では解明不可能である．なお，本解析，実験は微小変位の動作時の応答であるが，トランスは大振幅で作動されることがあり，そのときには非線形モデルの導入と解析コードの開発を考えなければならないであろう．

6-3-1　圧電トランスと等価回路

　Rosen 型圧電トランスの基本的な形状を図 6.3.1 (A) に示す．圧電セラミックス板の一部分の表面と裏面に 1 対の駆動用電極が施されている．この部分の分極は厚さ

(A) 圧電トランスの構成

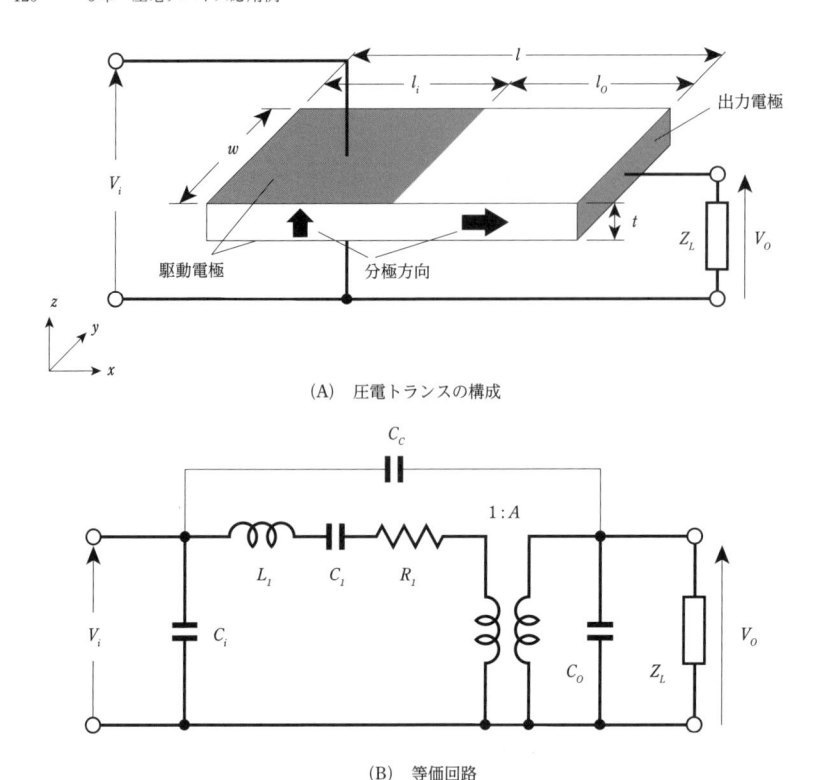

(B) 等価回路

図 6.3.1 Rosen 型圧電トランス [2]

(z) 方向である．横効果により面内（長さ方向）振動が励起される．出力用の電極は板の右端面に設けられており，その部分では分極は長さ（x）方向になされている．駆動用電極の一方が駆動用および出力用の共通の接地電極となる．

従来，共振周波数の近傍に注目したモーダル・モデルにより，圧電トランスの等価回路は図 6.3.1 (B) のようなものが知られている．モーダル解析は 5 章にも述べられているが，音響振動工学では多く用いられる手法であり，単一共振の等価集中定数は注目するモード近傍の周波数特性から決められる．図中の C_i と C_0 は制動容量で駆動入力間および出力電極間に入る．L_1，C_1，R_1 は振動系の等価インダクタンス，等価容量および等価抵抗である．A は理想変圧器の巻線比で力係数に対応する．C_c は駆動-出力電極間の浮遊容量で1つの結合容量で表されている．これらの効果は有限要素解析ではモデルのなかに自動的に組み入れられる．圧電材は強誘電体であるから，この値は必ずしも小さくはないが，多くのモデルでは省略される．

6-3-2 有限要素モデル

3次元圧電体振動の有限要素法に関しては4章において詳しく述べられているので，ここでは最終的に得られた離散化方程式を以下に示す：

$$\begin{bmatrix} \left(1+j\dfrac{1}{Q}\right)\boldsymbol{K}-\omega^2\boldsymbol{M} & \boldsymbol{P} \\ \boldsymbol{P}^t & -(1-j\tan\delta)\boldsymbol{G} \end{bmatrix} \begin{bmatrix} \boldsymbol{\xi} \\ \boldsymbol{\phi} \end{bmatrix} = \begin{bmatrix} \boldsymbol{f} \\ \boldsymbol{q} \end{bmatrix} \tag{6.3.1}$$

ここに，$\boldsymbol{K}$，$\boldsymbol{M}$，$\boldsymbol{G}$，$\boldsymbol{P}$ は剛性，質量，容量，電気・機械結合マトリックス，$\boldsymbol{\xi}$，$\boldsymbol{\phi}$，$\boldsymbol{f}$，$\boldsymbol{q}$ はそれぞれ変位，電位，力，電荷ベクトルである．ω は振動の角周波数，Q，δ は機械的尖鋭度および誘電体損失係数である．3次元解析コード PIEZO3D1 において，機械的駆動力あるいは変位，電気的には電位あるいは電荷（電流）を境界条件として扱うことができる．（ただし，圧電トランスでは，機械出力は利用しないので $\boldsymbol{f}=\boldsymbol{0}$ である．）電気端子においては，電位あるいは電荷を指定することができるだけでなく，電流，電荷に対する電位の関係（$\boldsymbol{\phi}$ と $\boldsymbol{q}$ の関係）すなわちインピーダンスを規定することができる．ここでは，電気的負荷すなわち出力電極と GND 間の接続は次式で与えられる：

$$\phi_k = I_k Z_L = j\omega q_k Z_L \tag{6.3.2}$$

添え字 k は出力電極にかかわる節点を示す．ϕ_k は出力電極における電位，I_k は電極からの電流，q_k はその電極における電荷，Z_L は負荷インピーダンスである．式 (6.3.1) と式 (6.3.2) が連立して解かれることになる．境界条件の代入は，次式 (6.3.3) で示すように，式 (6.3.1) の静電マトリックス成分 $\boldsymbol{G}_{kk}$ において $1/(j\omega Z_L)$ を減算することに相当する．ここに，添え字 i は出力電極以外の領域の節点に関するものである．したがって，次の形になる：

$$\begin{bmatrix} \left(1+j\dfrac{1}{Q}\right)\boldsymbol{K}-\omega^2\boldsymbol{M} & \boldsymbol{P}_i & \boldsymbol{P}_k \\ \boldsymbol{P}_i^t & -(1-j\tan\delta)\boldsymbol{G}_{ii} & -(1-j\tan\delta)\boldsymbol{G}_{ik} \\ \boldsymbol{P}_k^t & -(1-j\tan\delta)\boldsymbol{G}_{ik}^t & -(1-j\tan\delta)\boldsymbol{G}_{kk}-\dfrac{1}{j\omega Z_L} \end{bmatrix} \begin{bmatrix} \boldsymbol{\xi} \\ \boldsymbol{\phi}_i \\ \boldsymbol{\phi}_k \end{bmatrix}$$

$$= \begin{bmatrix} \boldsymbol{0} \\ \boldsymbol{0} \\ \boldsymbol{q}_k \end{bmatrix} \tag{6.3.3}$$

(A) 軽負荷
（プローブのみ）

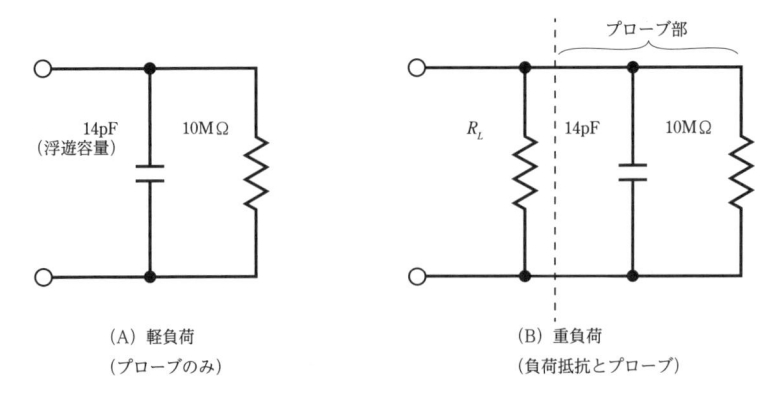

(B) 重負荷
（負荷抵抗とプローブ）

図 6.3.2　2 種類の出力負荷 [2]

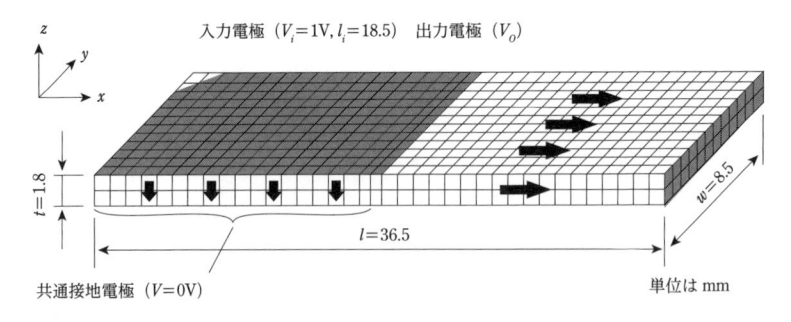

入力電極 ($V_i=1V, l_i=18.5$)　出力電極 (V_o)

図 6.3.3　圧電トランスのサイズと要素分割（矢印は分極方向）[2]

6-3-3 実験

 計測には測定器の接続が欠かせない．インピーダンスアナライザの入力インピーダンスが思いのほか低く，その影響を無視することができない．これだけで1つの負荷となる．そこで，図 6.3.2 に示すように2種類の出力負荷 Z_L の場合を考察する．1つは軽負荷であり，もう1つは重負荷の場合である．軽負荷は測定器のプローブである．抵抗値 10 MΩ，並列容量 14 pF である（図 6.3.2 (A)）．重負荷は，図 6.3.2 (B) に示すように抵抗 R_L が並列に接続されたものである．トランスの等価回路の等価集中定数は実験計測からも，数値モーダル解析からも求められる．計算結果は実測値と比較検討された．すべての数値計算は PC (chip: DEC Alpha 21164 A AXP/533 MHz OS: Linux) により行った．測定にはインピーダンスアナライザ (Hewlett Packard, HP4192A) が用いられた．

表 6.3.1　圧電体の材料定数 [2]

$E=0$ の場合の スティフネス・テンソル	$[c^E]$	$\begin{bmatrix} 14.9 & 8.7 & 9.1 & 0.0 & 0.0 & 0.0 \\ 8.7 & 14.9 & 9.1 & 0.0 & 0.0 & 0.0 \\ 9.1 & 9.1 & 13.2 & 0.0 & 0.0 & 0.0 \\ 0.0 & 0.0 & 0.0 & 2.5 & 0.0 & 0.0 \\ 0.0 & 0.0 & 0.0 & 0.0 & 2.5 & 0.0 \\ 0.0 & 0.0 & 0.0 & 0.0 & 0.0 & 2.5 \end{bmatrix}$	$\times 10^{10}$ (N/m^2)
圧電応力 テンソル	$[e]$	$\begin{bmatrix} 0.0 & 0.0 & 0.0 & 0.0 & 15.2 & 0.0 \\ 0.0 & 0.0 & 0.0 & 15.2 & 0.0 & 0.0 \\ -4.5 & -4.5 & 14.5 & 0.0 & 0.0 & 0.0 \end{bmatrix}$	(C/m^2)
$S=0$ の場合の 比誘電率テンソル	$[\varepsilon^S]/\varepsilon_o$	$\begin{bmatrix} 904 & 0 & 0 \\ 0 & 904 & 0 \\ 0 & 0 & 818 \end{bmatrix}$	
密度	ρ	7,820 (kg/m^3)	
機械的尖鋭度	Q	889	
誘電体損失係数	tan δ	0.36 (%)	

6-3-4　モデリングと解析

デバイス基板として圧電板（c-205　富士セラミックス㈱製）を取り上げる．基板は製造上の都合によるものか，角部の一部が切り取られている．図 6.3.3 に電極と要素分割を示す．分割は $(x:y:z)=(37:12:2)$ である．また，電極は陰の付いた部分である．要素 888，自由度 5630，マトリックスのバンド幅 176 となっている．機械的な境界条件は全周フリーである．圧電体の材料定数を表 6.3.1 に示す．

はじめに出力端に軽負荷を接続した時の計算を行う．入力電圧 ϕ_i を 1V としたときの駆動アドミタンスと出力電圧 ϕ_o を図 6.3.4 (A), (B) に示す．いくつもの共振があるが低いほうから 3 つは面内振動の周波数であり，共振周波数は $f_1=49.987$ kHz, $f_2=101.458$ kHz, $f_3=145.186$ kHz である．4 番目は端部の局所振動で，面内振動と結合している．その共振周波数 f_4 は 173.125 kHz である．出力電圧が最大となるのは共振周波数 f_2 である．各共振周波数における振動モードを図 6.3.5 に示す．y-z 面の中心を通る x 軸に沿った変位分布 ξ_x と応力分布 T_{xx} もあわせて示す．

最大電圧が得られる第二番目の共振周波数 f_2 近傍の入力インピーダンスおよび出

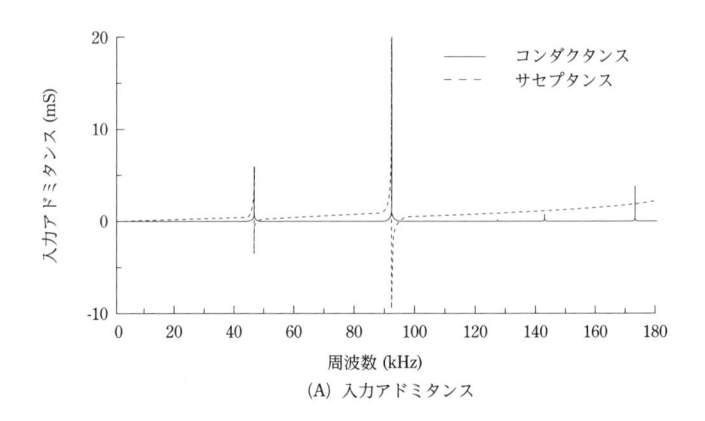

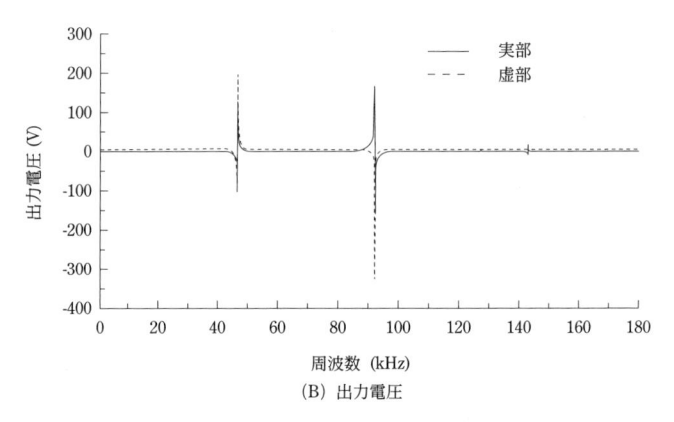

図 6.3.4 （A）入力アドミタンスと（B）出力電圧（軽負荷時）[2]

力電圧を図 6.3.6（A），（B）に示す．実線は有限要素法による結果で，破線は有限要素モデルに基づくモーダル解析（ピークピッキング）より求めた等価定数による等価回路の解析に基づく結果である．○印は実測結果である．単一共振の等価定数による等価回路モデルの解析結果は有限要素解析結果とは必ずしも一致しない．実験結果には，主たる共振周波数の近傍に 2 つの共振が現れている．これは圧電板が均一に分極されていないからと思われ，次の節で考察する．この小さな寄生振動を除いて，有限要素解と実測値は中心周波数をわずかにずらせば，よく一致している．有限要素法による固有周波数は計算値が高めに出ることが知られている．ここでは負荷インピーダンスが共振周波数および振動モードも変化させている．材料定数（表 6.3.1）の値はメーカーからの公表値であり，実際に用いた材料のものと同一である保障はない．これが結果の差異を生じる原因と考えられる．軽負荷時の電圧利得は計算値が 321 であり，

6-3 圧電トランスの 3D 有限要素モデル 125

(A) $f_1 = 49.987$ kHz

応力 T_{xx}
変位

(B) $f_2 = 101.458$ kHz

(C) $f_3 = 145.186$ kHz

(D) $f_4 = 173.125$ kHz

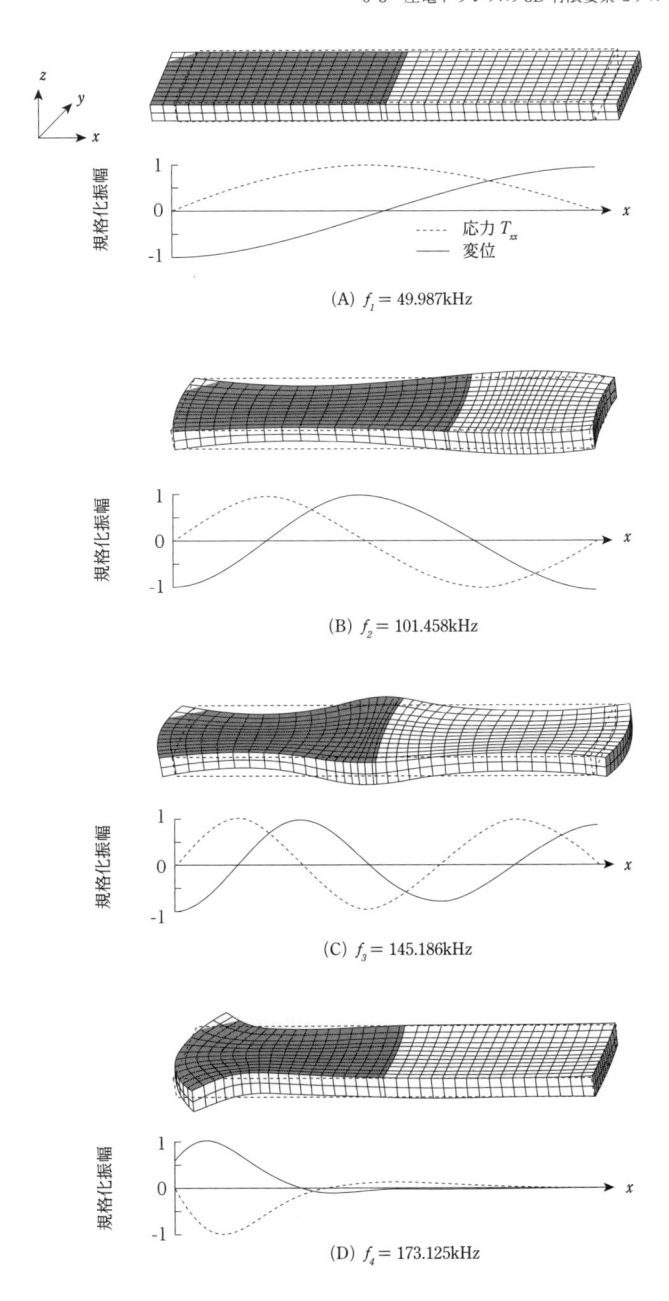

図 6.3.5　各共振周波数における振動モード [2]

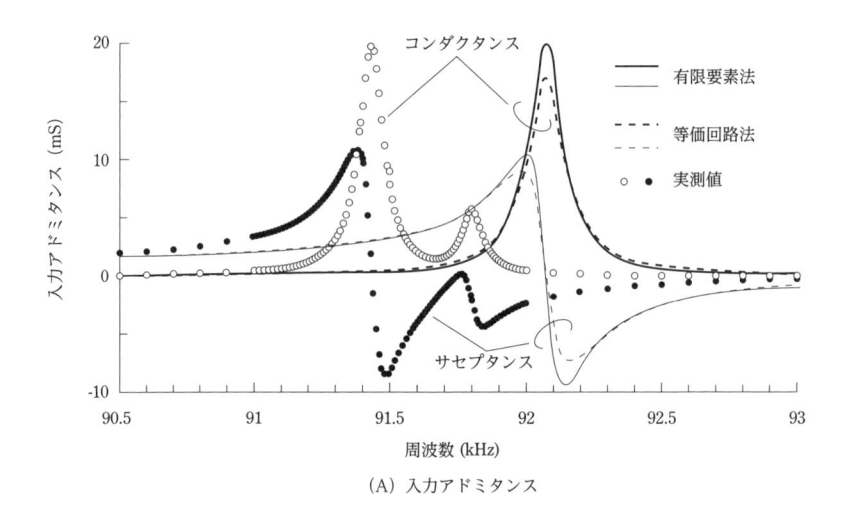

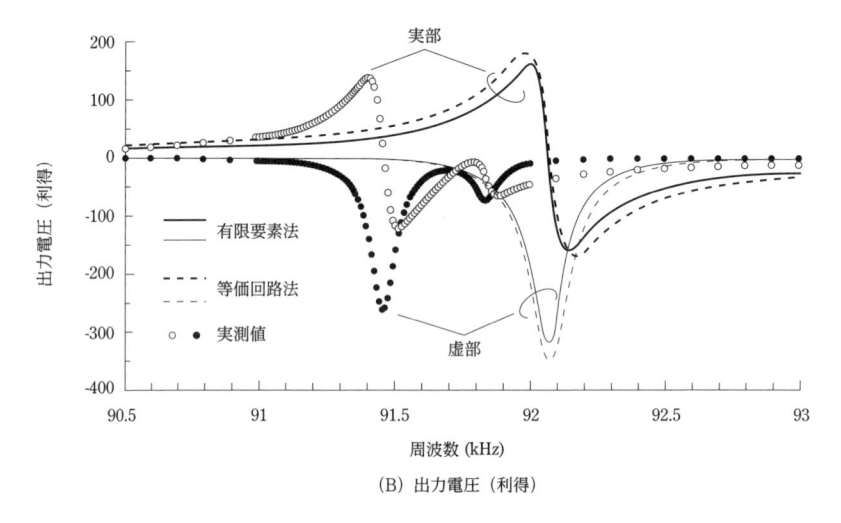

図 6.3.6　軽負荷時の第二番目の共振周波数 f_2 近傍の (A) 入力インピーダンスおよび (B) 出力電圧（利得）[2]

表 6.3.2　等価回路に用いた等価定数 [2]．共振周波数 f_2 の周辺で推定

パラメータ		パラメータ	
C_i (pF)	1,215	C_1 (pF)	60.4
C_o (pF)	5.64	L_1 (mH)	52.3
C_c (pF)	5.83	R_1 (Ω)	25.2
A	9.5		

図 6.3.7 重負荷時の共振周波数近傍の (A) 入力インピーダンスおよび (B) 出力電圧 (利得)[2]

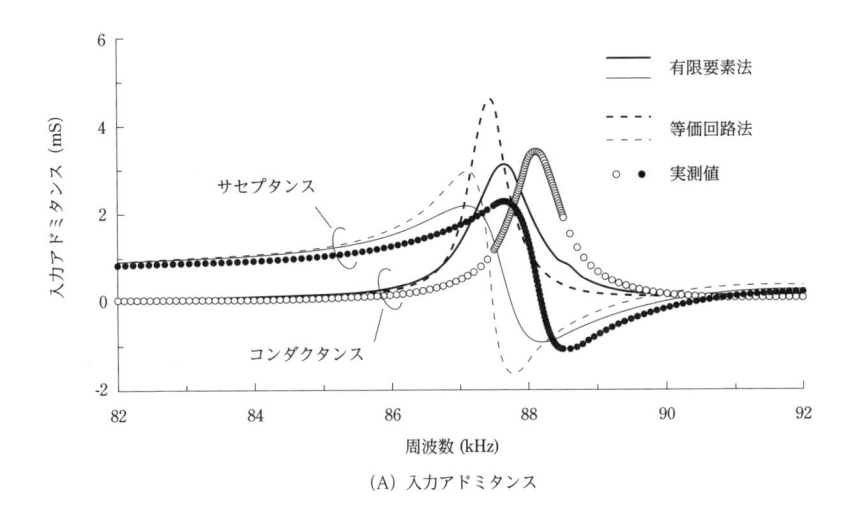

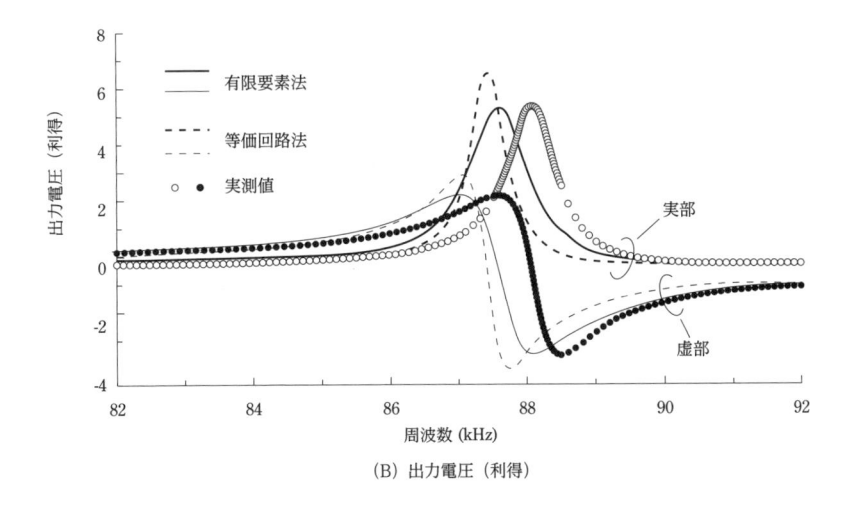

実測値は 270 である．有限要素法による計算では，実測値に比べて 16% 程度高い．等価回路に用いた等価定数を表 6.3.2 に示す．図 6.3.6 の計算に用いた等価定数は，モーダル解析の結果を，最小二乗法を用いて有限要素解にフィッティングすることにより求めた．

次に重負荷時の計算を行った．図 6.3.7 (A)，(B) に負荷 $R_L=10\mathrm{k}\Omega$ を接続したときの入力アドミタンスおよび出力電圧を示す．低抵抗を接続することにより Q, 共振

周波数はともに低下した．このような場合には，負荷が振動モードに影響するために有限要素解による共振周波数は必ずしも固有値の上限を示すとは限らない．計算による電圧利得は5.3に，実測値は5.6に低下した．駆動電力3.1 mW（実測値は3.6 mW）に対して出力電力は2.8 mW（実測値は3.1 mW）である．これは変換効率90.3%（86.1%）に相当する．重負荷時にはダンピング増加によって寄生振動は現れなくなる．図 6.3.8 (A), (B), (C) に負荷 R_L の変化に対する共振周波数，変換効率，利得を示す．負荷 R_L=10 kΩ の時には最高の変換効率90.3%となる．有限要素法および実験値は一致している．有限要素解を基礎としているとはいえ，ピークピッキングによる等価回路モデル解は少し異なる．等価回路に使われている等価定数は無負荷時の有限要素解から求めているが，実際には負荷状態により等価定数は変わる．

6-3-5 双峰特性

実験において軽負荷時には双峰特性，寄生振動がしばしば観察された．この双峰特性を考察するためにレーザー・ドップラ振動計で振動モードを観察した．図 6.3.9 は振動モード観測のための測定器の配置である．出力端子が開放状態の共振周波数 f_2 の振動モードを図 6.3.10 (A) に示す．この面内振動は計算結果による図 6.3.5 (B) に類似である．図 6.3.10 (B), (C) は，主共振周波数および寄生共振周波数で，モードは無負荷時の振動モードとは異なり対称的ではない．それらの2つの共振は面内振動と面内曲げ振動が結合したものである．

対称的でない曲げ振動が励起されるのは，分極が不均一であるためと考えられる．実験に用いた圧電体は分極に欠陥があったと考えられる．不均一な分極による効果をみるために，数値解析において，図 6.3.11 に示すように出力電極部分の横端部に分極しない領域をもつモデルで計算を行った．これは非対称性を形成するためのものである．このような不均一な分極は製造の過程で起こると考えられる．セラミックスは焼物であるため基板が不均一となりやすい．分極装置にセットする際，横にずれて置かれることがありうるからである．図 6.3.12 にこの条件下での計算結果を示す．寄生共振が主共振より少し高い周波数に現れている．主共振および寄生共振の振動モードを図 6.3.13 (A), (B) に示す．両者ともに図 6.3.10 に示す実測結果に似て，面内伸び振動と曲げ振動が結合している．実際のトランスでこのように極端に非対称分極があるとは思われないが，数値シミュレーションではより本質的な現象を見ることができる．この現象は簡単な等価回路モデルでは理解できない．圧電板の長さと幅の比は実際の設計では重要であり，3次元有限要素法はこのような設計トラブルシューティングにも有効である．

6-3 圧電トランスの 3D 有限要素モデル 129

(A) 共振周波数 f_2

(B) 変換効率

(C) 電圧利得

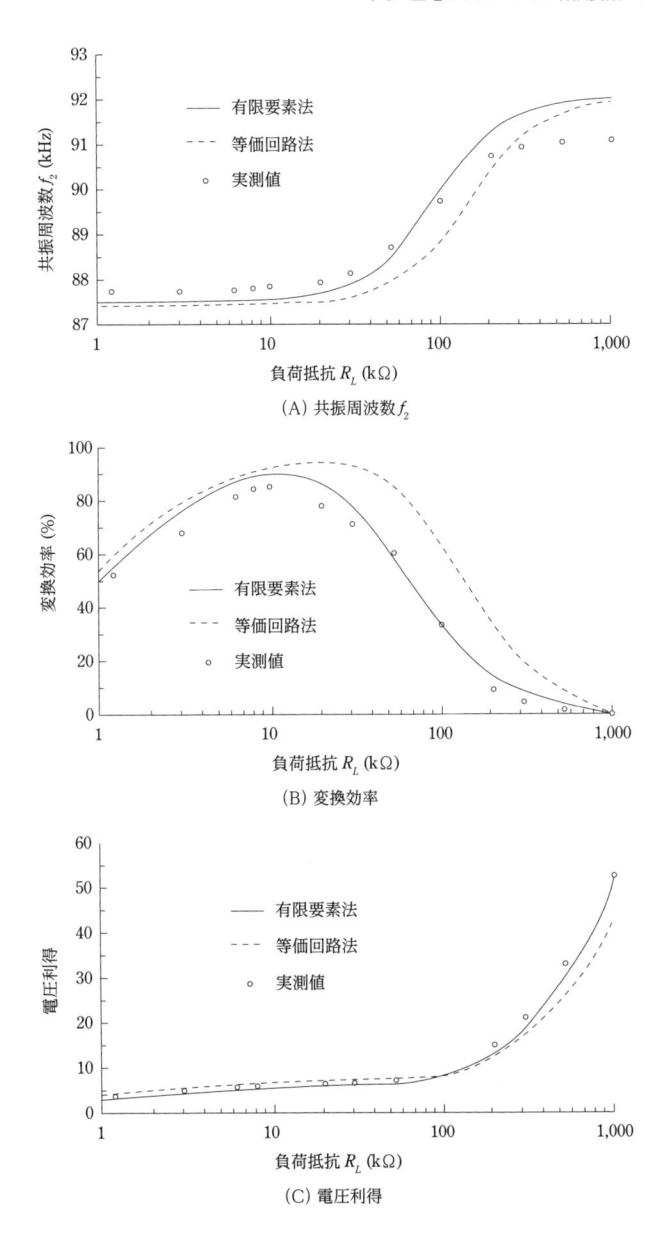

図 6.3.8　負荷抵抗 R_L の変化に対する（A）共振周波数，（B）変換効率，（C）電圧利得の変化 [2]

130   6章　圧電デバイス応用例

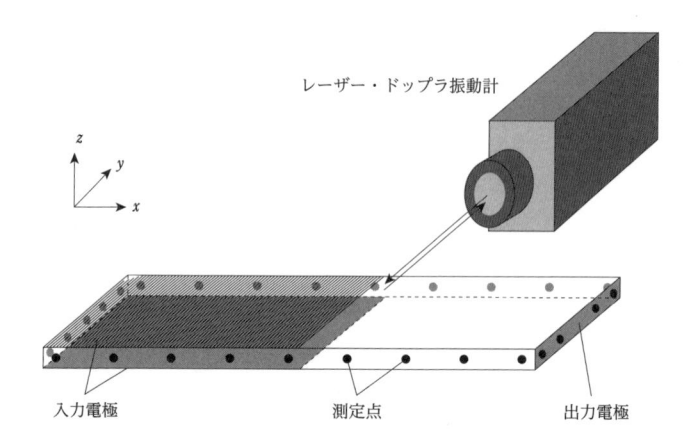

図 6.3.9　振動モード観測の測定器の配置 [2]

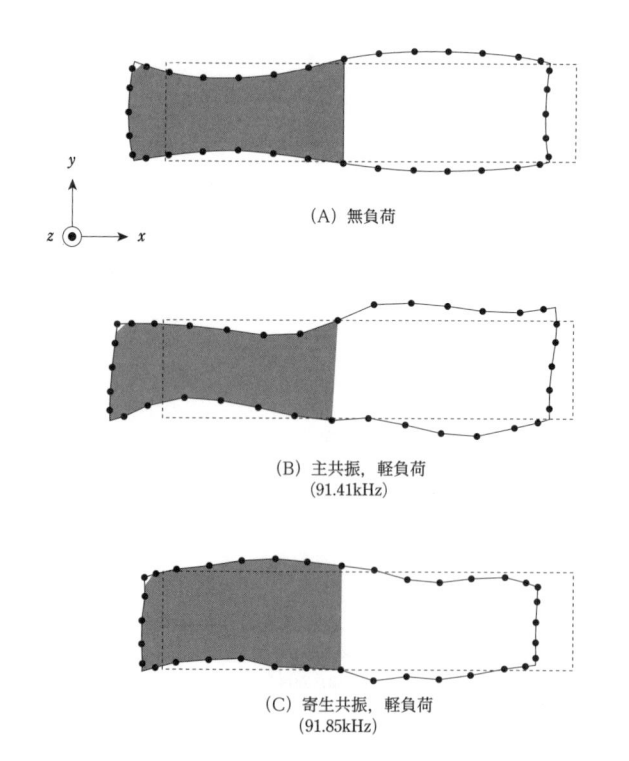

(A) 無負荷

(B) 主共振，軽負荷
(91.41kHz)

(C) 寄生共振，軽負荷
(91.85kHz)

図 6.3.10　軽負荷時の振動モード [2]

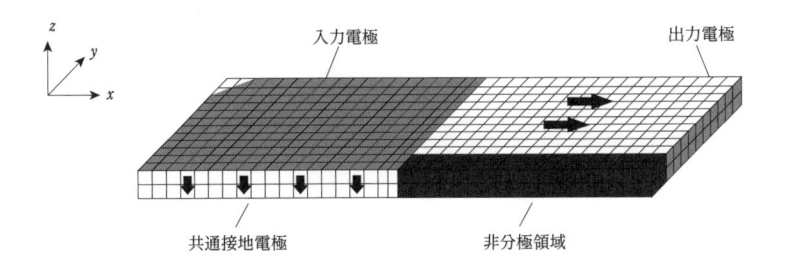

6-3 圧電トランスの3D有限要素モデル　131

図 6.3.11　不均一な分極（出力電極部の一部が分極されていない領域）をもつ有限要素モデル [2]

(A) 入力アドミタンス

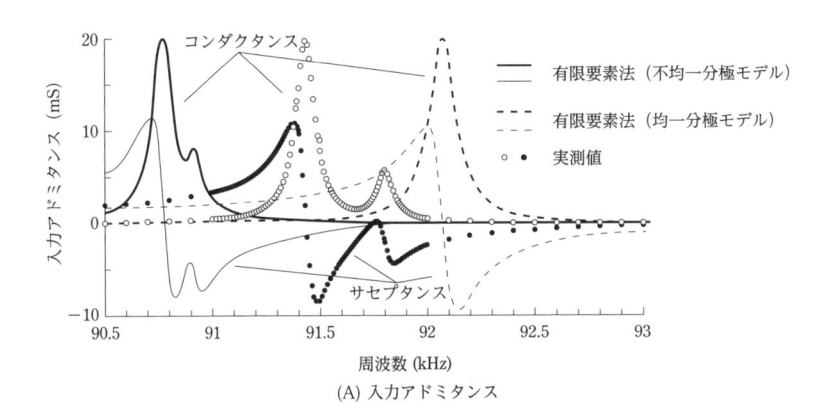

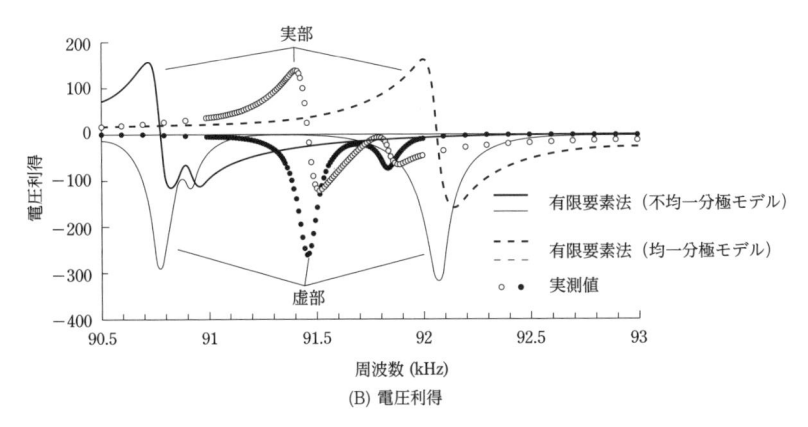

図 6.3.12　計算結果　(A) 入力アドミタンス，(B) 電圧利得 [2]

(A) 主共振

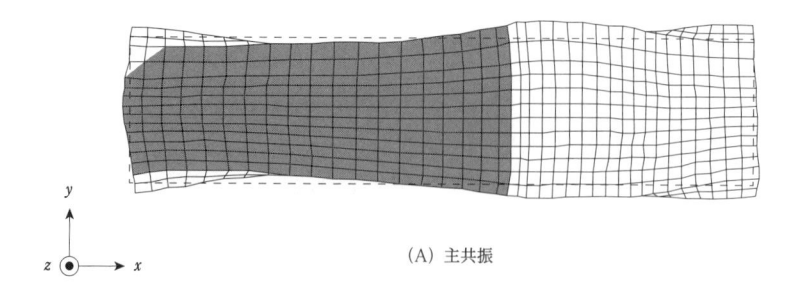

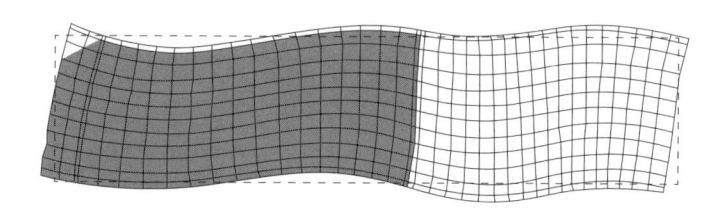

(B) 寄生共振

図6.3.13 不均一な分極をもつ圧電トランスの振動モード (A) 主共振, (B) 寄生共振 [2]

ここでの検討は微小変位における直線性の成り立つ線形モデルとして行われた．圧電トランスあるいは機械出力を取り出すアクチュエータは，最大のパワーを取り出すために極限近くで用いられることも多い．そのような状態においてはまた圧電効果のパラメータ，とくに弾性率等が線形範囲を越えることも考えられる．より現実的なシミュレーションを行うためには非線形を考慮する必要があり，今後の検討課題である[5]．

参考文献 (6-3)

[1] 岡村広樹，土屋隆生，加川幸雄：圧電トランスの有限要素シミュレーション，日本シミュレーション学会：第16回シミュレーション・テクノロジー・コンファレンス論文集, 227-230 (1997).
[2] Tsuchiya, T., Kagawa, Y., Wakatsuki, N. and Okamura, H.: Finite element simulation of piezoelectric transformers, *IEEE Trans. UFFC*, **48**, 872-878 (2001).
[3] Tu, L. L., Jin, Y. Y. and Han, M. Z.: Piezoelectric ceramic transformer, *IEEE Trans. UFFC*, **28**, 403-406 (1980).
[4] Rosen, C. A.: Ceramic transformers and wave filters, *Proc. Elect. Component Sym.*, 205-211 (1957).
[5] たとえば，構造解析ソフトウェア（非線形解析 NX Nastran）などを参照

6-4 温度効果の組み込み

ここでは圧電振動と温度特性についての例を紹介する．はじめに，2次元有限要素モデルにより水晶の X-カット長方形板振動子およびプラノコンベックス DT-カット板振動板の温度効果について検討する．次に3次元有限要素モデルを用いて，温度係数の大きい Y-カット厚みすべり水晶振動子の周波数-温度特性を解析する．最後に圧電振動子の熱による影響を考察する．

6-4-1 有限要素法による回転カット板水晶振動子の温度特性

水晶振動子は時間基準素子として電話や通信システムだけでなく時計，計算機などの広い用途に利用されている．周波数制御素子としての共振子の温度特性は重要な要素である．なお，水晶とそのカットについては図1.1を参照していただきたい．本節では有限要素モデルが圧電薄板の面内振動の共振周波数あるいは振動モードの計算に，また電気端子からみたアドミタンス特性の計算に適用された．薄板水晶振動子の共振周波数と温度特性について検討する．これらが有限要素モデルに組み込まれた，熱膨張による水晶板の変形および弾性テンソルの温度依存性を考慮している．振動板は薄いと見なし，平面応力のみがはたらく2次元モデルとする．板水晶振動子の電気機械結合は小さいとしてその効果を考慮しない．

計算例として，長方形の X-カット板振動子およびプラノコンベックス DT-カット板振動子を取りあげる．結果はできる限り実測結果および理論値と比較検討している[1]~[4]．

(1) 座標変換および見かけの面内応力

異方性板状振動子における定数は結晶軸について与えられる．その回転変換についての詳細は，4.3.5項に述べられている[1]．

(2) 有限要素定式化

圧電効果を考慮した2次元有限要素の定式化については4章で詳しく述べた．ここでは電気機械結合が小さいとして圧電効果（電気端子境界）は考慮していない．図6.4.1に示すように2次の試験関数（内挿関数）による6節点三角要素を用いる．積分は，面積座標系を用いることにより行われる．

要素内変位ベクトル $\boldsymbol{u}=\{u, v\}$ は節点座標系による節点変位ベクトル $\boldsymbol{u}_e=\{u_1, v_1, u_2, v_2, \cdots, u_6, v_6\}$ と内挿関数の内積として表される：

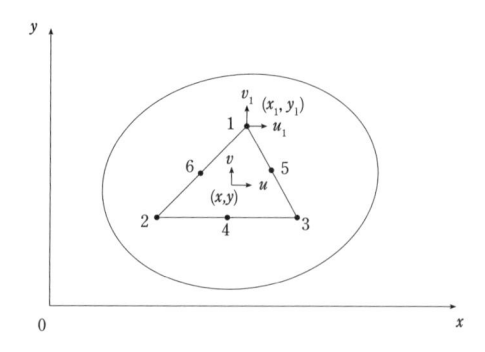

図6.4.1 2次試験関数による6節点三角要素 [1]

$$u = Hu_e \tag{6.4.1}$$

ここに H は内挿（試験）関数マトリックスで，下付き添え字 e は要素を表す．要素に関するひずみ，および応力-ひずみの関係は

$$S_e = H'u_e \tag{6.4.2}$$

$$T_e = dS_e \tag{6.4.3}$$

ここで H' は H の微分係数成分に対応するマトリックスである．d はスティフネス・テンソル（通常は c で示した．座標回軸の効果がすでに含まれている）である．板厚を h とすると要素のひずみエネルギーは

$$U_e = \frac{1}{2}h\iint_e S^t T dxdy = \frac{1}{2}u_e^t K_e u_e \tag{6.4.4}$$

要素の剛性マトリックスは

$$K_e = h\iint_e H'^t D H' dxdy \tag{6.4.5}$$

ここで D は剛性係数マトリックスである．

要素の定常振動状態における運動エネルギーは

$$W_e = \frac{1}{2}\omega^2 \rho h \iint_e u^t u dxdy$$

$$= \frac{1}{2}\omega^2 u_e^t M_e u_e \tag{6.4.6}$$

ここに ω は角周波数である．要素の質量マトリックスは

$$M_e = \rho h \iint_e \boldsymbol{H}'\boldsymbol{H} dxdy \tag{6.4.7}$$

で与えられ，システム全体の自由振動方程式は，汎関数 $\mathcal{L}=\sum_e U_e - \sum_e W_e$ の停留性により $\delta\mathcal{L}=0$. 系全体の振動方程式は，要素間節点に適合性を適用すれば式は

$$(\boldsymbol{K}-\omega^2\boldsymbol{M})\boldsymbol{u} = 0 \tag{6.4.8}$$

の形になる．自明でない解をもつためには，係数マトリックスの行列式がゼロでなければならない．すなわち $|\boldsymbol{K}-\omega^2\boldsymbol{M}|=0$ である．

(3) 共振周波数の温度特性

温度変化による共振周波数の変化は次式で表される．基準温度 T_0 の付近で3次までのテイラー展開をすると，

$$\frac{\Delta f}{f} = \frac{f(T)-f(T_0)}{f(T_0)} = \alpha_f(T-T_0) + \frac{1}{2}\beta_f(T-T_0)^2 + \frac{1}{6}\gamma_f(T-T_0)^3 \tag{6.4.9}$$

ここで，$\alpha_f, \beta_f, \gamma_f$ は1次，2次，3次の周波数-温度係数で以下に定義される：

$$\alpha_f = \frac{1}{f(T_0)}\left(\frac{\partial f}{\partial T}\right)_{T=T_0} \quad \beta_f = \frac{1}{f(T_0)}\left(\frac{\partial^2 f}{\partial T^2}\right)_{T=T_0} \quad \gamma_f = \frac{1}{f(T_0)}\left(\frac{\partial^3 f}{\partial T^3}\right)_{T=T_0}$$
$$\tag{6.4.10}$$

これらは結晶の元軸に対して計測されたものが与えられている．

共振子の温度依存特性は以下の理由による．(i) 弾性係数の温度変化，(ii) 熱膨張による形状の変化，(iii) 質量密度の変化．これらの事項が前項の周波数の計算で考慮されるべきである．1番目の原因により，弾性係数の温度係数は $\boldsymbol{c}$ に，すなわち結晶軸への剛性テンソルに作用する．これにより（平面）スティフネス・テンソル $\boldsymbol{d}$ が温度依存性をもつことになる．2番目の原因により，要素は温度変化により膨張あるいは収縮し要素サイズが変わる．この効果により要素の剛性マトリックスは変化する．熱膨張係数は25℃のときのデータが結晶軸に対して与えられている．

面内応力モデルであるにもかかわらず，板の異方性のためせん断ひずみが生じるが，これらの項は考慮していない．

水晶は X_1-X_2 面においては同一特性であるため，熱膨張係数は X_1, X_2 方向に対して同一である．$\bar{\boldsymbol{x}}_i$ 座標系（図6.4.7参照）における線膨張係数 $\delta_{\bar{x}_i}^{(j)}$ は次式で与えられる：

$$\delta_{\bar{x}_i}^{(j)} = (1-l_{i3}^2)\delta_{X_1}^{(j)} + l_{i3}^2\delta_{X_3}^{(j)} \tag{6.4.11}$$

下付き添え字 ($i=1\sim3$)，上付き添え字 ($j=1\sim3$) は係数のオーダーである．与えられ

た温度に対して，これらの温度係数により，熱膨張した要素の大きさ，厚さに対して最終的な剛性マトリックスが計算される．このプロセスが各々の節点を新しい位置に移動させる．したがって新しい節点は

$$x_i \to x_i \left\{ 1 + \sum_{j=1}^{3} \delta_x^{(j)} (T-T_0)^j \right\}$$
$$y_i \to y_i \left\{ 1 + \sum_{j=1}^{3} \delta_y^{(j)} (T-T_0)^j \right\} \quad (6.4.12)$$

$$h \to h \left\{ 1 + \sum_{j=1}^{3} \delta_z^{(j)} (T-T_0)^j \right\} \quad (6.4.13)$$

3番目の原因については，質量は質量密度に体積をかけたものに等しいため，式(6.4.7)の要素の質量マトリックスとシステム全体の質量マトリックスは温度変化には影響されない．

上述の方法で，重要なモードについて共振周波数とその変化について計算した．数点の温度における $\Delta f/f$ が計算され，いわゆる最小二乗法により3次多項式の最もよくあう関数が求められる．多項式の係数は周波数-温度の係数 $\alpha_f, \beta_f, \gamma_f$ に該当することになる．

(4) 数値計算および考察

(4-1) X-カット長方形共振子

はじめの計算例は図1.1に示した結晶から切り出した回転 X-カットの長方形板である．図6.4.2に長方形板の大きさおよび要素分割を示す．長方形板は24要素（65節点）に分割されている．自由度は130である．モードの連成を考慮していない共振周波数と温度特性の計算を考える．x方向の長さ l は10mmであり，x方向と y方向の長さの比 b/l が変わっても，長さ l は一定である．厚さと長さの比 h/l が0.1471である．板の回転カット角 ϕ は $-18°$，$0°$，$18°$である．

回転角 $0°$ の X-カット振動板の，いくつかのモードに関して振動子の（幅／長さ）比に対する周波数-温度係数の変化を求めた．図6.4.3〜6.4.6に示す．有限要素法に

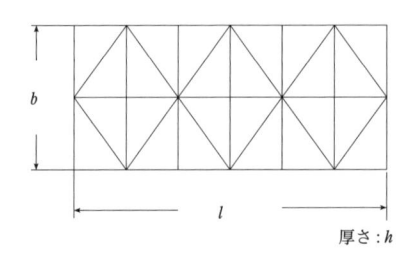

図6.4.2　長方形板の要素分割 [1]

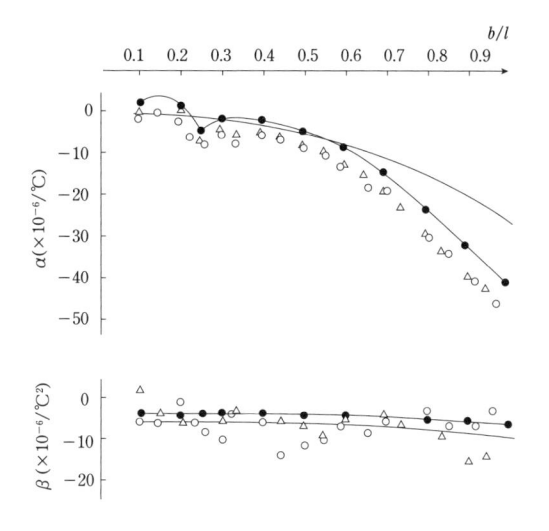

図 6.4.3　伸び振動における振動子の（幅／長さ）比に対する周波数–温度係数の変化 [1]

──●── 有限要素法；── 中澤らの計算値；△, ○ 中澤らによる実測値（△と○は厚さが異なる）

図 6.4.4　曲げ振動における振動子の幅／長さ比に対する周波数–温度係数の変化 [1]

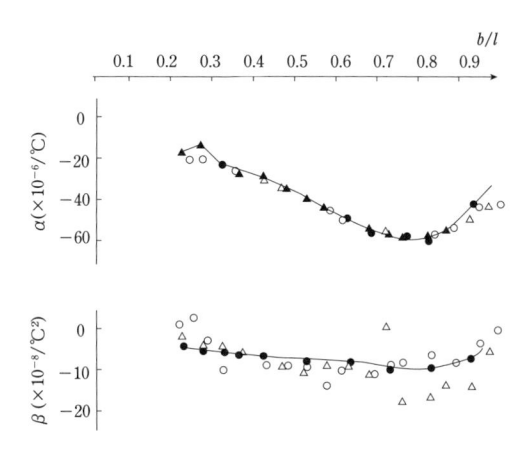

──●── 有限要素法；△, ○ 中澤らによる実測値（△と○は厚さが異なる）

よる計算は，伸び振動および曲げ振動（図 6.4.3，図 6.4.4）では実測値とよい一致を示している．いくつかの計算と実測の不一致が幅-せん断および幅振動に見られる．有限要素法の計算において幅方向に 2 分割しかしていないのが原因と考えられる．分割を 4 としたところ差異が改善したことを確かめている．実測では振動子の（幅／長

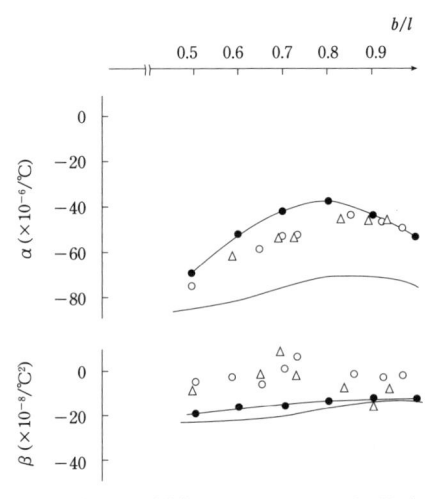

図 6.4.5 すべり振動子の (幅／長さ) 比に対する周波数−温度係数の変化 [1]

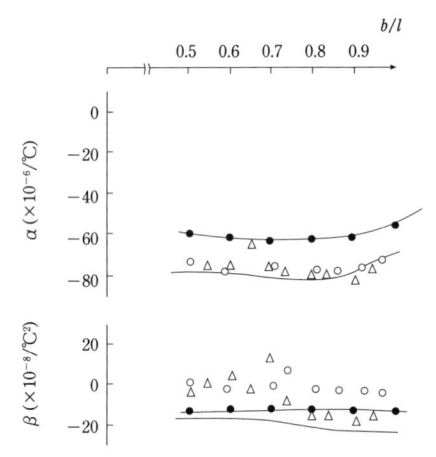

図 6.4.6 幅振動子の幅／長さ比に対する周波数−温度係数の変化 [1]

さ) 比を変化させることにより多くの高次のモードが現れている．それらのモードの周波数領域では振動の結合もみられる．したがって，上のモードのトレースが正確であるかどうかは，いずれの結果にも疑問が残っている．

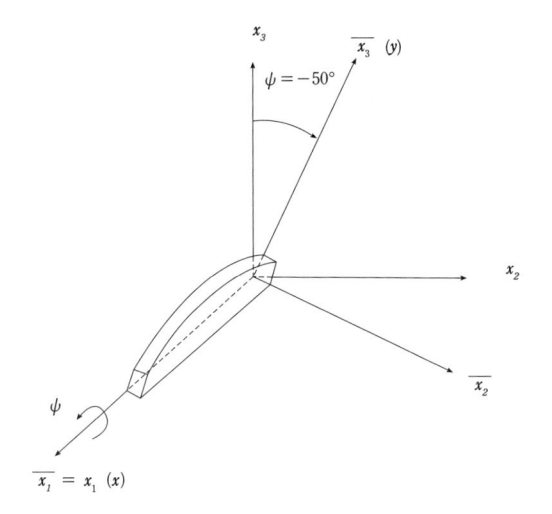

(A) 振動子の形状

(B) 形状および要素分割

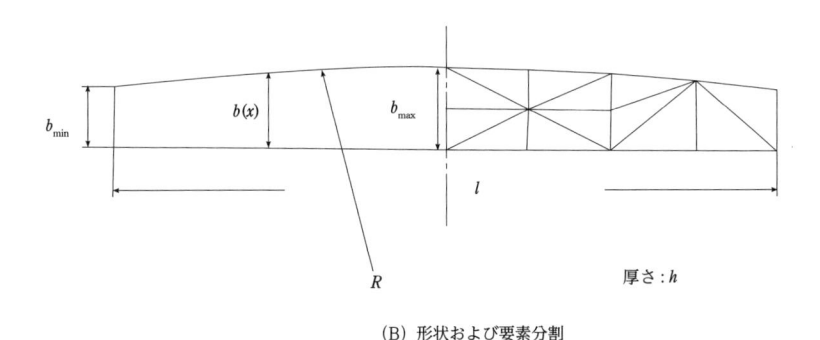

図 6.4.7 プラノコンベックス DT-カット振動子の形状および要素分割 [1]

(4-2) プラノコンベックス DT-カット振動子[5]~[7]

プラノコンベックス DT-カット振動子の共振周波数の計算に，有限要素法を適用した．白井らのグループはウィルソンの方法を基にして，プラノコンベックス DT-カット振動子の簡単な解析的手法を示している[7]．

DT-カット振動子の面取りと形状を図 6.4.7(A) に示す．表 6.4.1 に 2 つのサンプルの形状のデータを示す．面内応力モデルのもとで，長さ方向に関するすべり振動を考える．問題を準 2 次元的に扱い，節点変位は u_i のみを考慮する．解析的な共振周波数は上面のアーチがゆるく，$l, b \ll R$ の場合，

表 6.4.1 プラノコンベックス DT-カット振動子のサンプルの形状 [6]

	サンプル 1	サンプル 2
l	53.3 mm	40.0 mm
b_{max}	3.98	3.093
h	0.8	0.8
R	200	150
ψ	51°45'	49°45'

$$f \cong \frac{m}{2b_{max}}\sqrt{\frac{d_{33}}{\rho}}\left\{1+\sqrt{\frac{b_{max}}{R}}\sqrt{\frac{d_{11}}{d_{33}}}\frac{2n-1}{m\pi}\right\}^{\frac{1}{2}} \tag{6.4.14}$$

で与えられるとしている.ここに $m, n = 1, 2, 3, \cdots, d_{11}, d_{33}$ は x 方向のスティフネスおよび z 方向のスティフネスである.

ここで,熱膨張について考察する.温度が T_0 から T に変化したときの幅と長さは

$$\left.\begin{array}{l} b(T) = b(T_0)\left\{1+\sum_{j=1}^{3}\delta_y^{(j)}(T-T_0)^j\right\} \\ l(T) = l(T_0)\left\{1+\sum_{j=1}^{3}\delta_x^{(j)}(T-T_0)^j\right\} \end{array}\right\} \tag{6.4.15}$$

アーチの半径は

$$R = \frac{1}{2}\frac{(b_{max}-b_{min})^2+l^2/4}{b_{max}-b_{min}} \tag{6.4.16}$$

式 (6.4.15) を式 (6.4.16) に代入すると,式 (6.4.16) は T の関数となる.密度の変化は体積の変化の関数となる:

$$\frac{\Delta\rho}{\rho} = -\frac{\Delta V}{V} \tag{6.4.17}$$

したがって,温度による密度の変化は

$$\rho(T) = \rho(T_0)\left\{1-\sum_{j=1}^{3}(\delta_x^{(j)}+\delta_y^{(j)}+\delta_z^{(j)})(T-T_0)^j\right\} \tag{6.4.18}$$

式 (6.4.16),式 (6.4.18) を式 (6.4.14) に代入すると,与えられた温度における共振周波数を計算することができる.式 (6.4.9) の 3 次までの周波数-温度係数 $\alpha_f, \beta_f, \gamma_f$ はこれらの変化を最小二乗法によりフィットすることにより決めることができる.

周波数制御のために共振子として重要な項目は,周波数-温度係数がゼロとなるターンオーバ(反転する)温度が,利用する温度範囲の中央部に存在することである.ターンオーバ温度は次式で与えられる:

6-4 温度効果の組み込み　141

表 6.4.2　プラノコンベックス DT-カット振動子の共振周波数 [6]

モード	サンプル 1				サンプル 2		
	実測値 (kHz)	有限要素法		解析解 式 (6.4.14)	実測値 (kHz)	有限要素法 2次試験関数 (kHz)	解析解 式 (6.4.14)
		1次的試験関数 (kHz)	2次的試験関数 (kHz)				
1 次共振	430.48	442.95 (+2.9%)	435.16 (+1.1%)	431.25 (+0.2%)	556.11	561.89 (+1.0%)	556.71 (0.1%)
2 次共振	465.24	484.41 (+4.1%)	466.90 (+0.3%)	459.95 (−1.1%)	――	603.60	594.27
3 次共振	499.54	530.02 (+6.1%)	513.12 (+2.8%)	486.95 (−2.5%)	645.	664.06 (+3.0%)	629.60 (−2.4%)
4 次共振	533.42	577.27 (+8.2%)	550.04 (+3.1%)	512.54 (−3.9%)	――	711.86	663.04
5 次共振	――	618.21	588.88	536.78	734.	763.94 (+4.1%)	694.88 (−5.3%)

（　）内の数字は実測値に対する％誤差

1 次共振 435.16 kHz

2 次共振 466.90 kHz

3 次共振 513.12 kHz

4 次共振 550.04 kHz

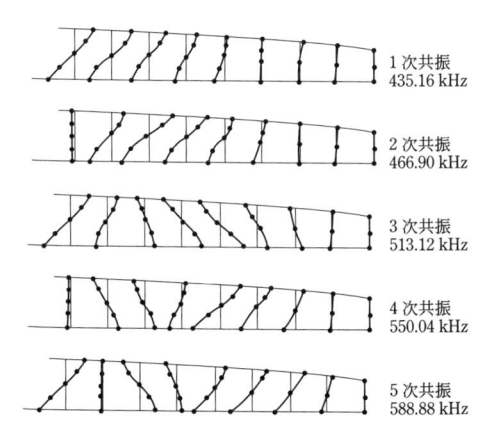

5 次共振 588.88 kHz

図 6.4.8　プラノコンベックス DT-カット振動子サンプル 1 の振動モード [1]

$$T_{to} = T_0 + \frac{-\beta_f + \sqrt{\beta_f^2 - \alpha_f \gamma_f}}{\gamma_f}$$

$$\cong T_0 + \frac{\alpha_f}{\beta_f} \quad (ただし \gamma_f が小さいとして) \tag{6.4.19}$$

上記検証のための有限要素解析の有効性を検討する．図 6.4.7 (B) には有限要素解析のための要素分割が示してある．要素数 26，節点数 21 である．白井モデルと同様に，有限要素モデルの場合も x 方向における節点変位だけを考慮するものとすれば，自由度は 71 である．結果を表 6.4.2 に示す．共振周波数の低いほうから 5 個示してある．表には試験関数を一次としたときの結果もあわせて示してある．二次の試験関数を用いた場合と同様の自由度となるように要素数は 64 とした．有限要素解は白井の解析的結果とよい一致が得られている．

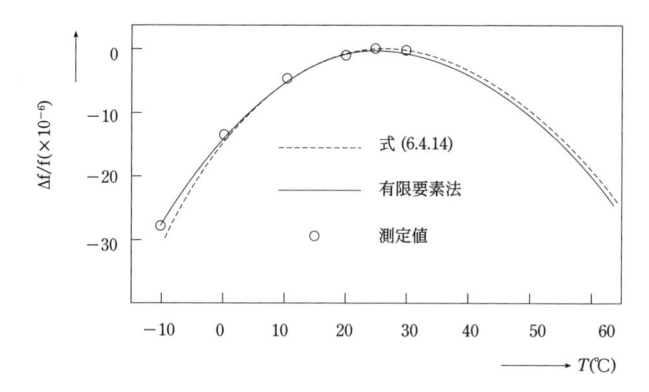

図 6.4.9　プラノコンベックス DT-カット振動子サンプル 2 の温度の変化に対する周波数の変化の割合 [6]

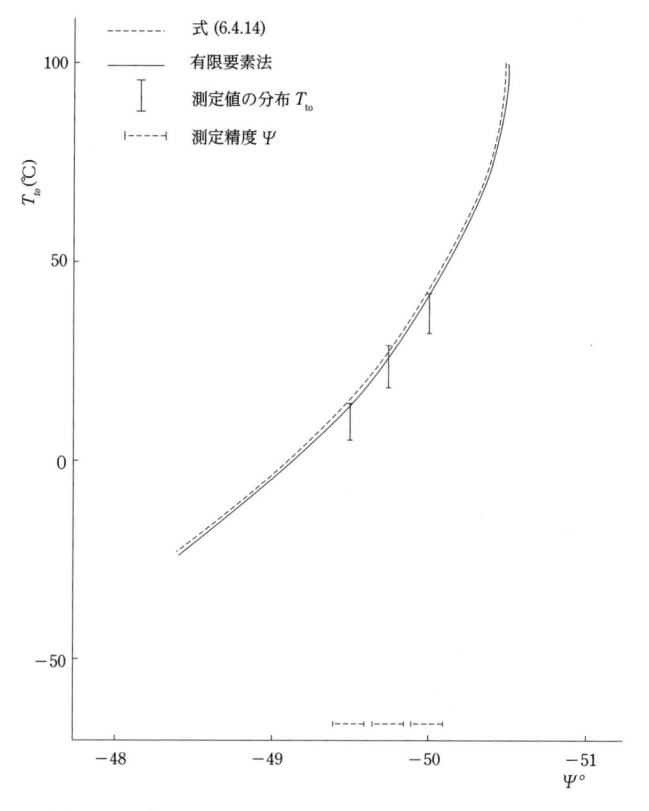

図 6.4.10　プラノコンベックス DT-カット振動子サンプル 2 のターンオーバ温度 [6]

図 6.4.8 にサンプル 1 の振動モードを示す．モード 1, 2 についてはアーチによる閉じ込め効果が現れているように見える．図 6.4.9 にはサンプル 2 の温度の変化に対する周波数の変化の割合を示す．白井モデル，実験計測結果とよく一致している．この特性より 2 次の周波数-温度係数 β_f が得られ，実測値 $-3.7 \times 10^{-8} /{}^\circ\mathrm{C}$ に対して有限要素法および解析的結果は両者とも $-4.0 \times 10^{-8} /{}^\circ\mathrm{C}$ である．図 6.4.10 は式 (6.4.19) により計算されたターンオーバ温度の切り出し角に対する変化を示す．解析的および有限要素法による結果は一致し，実測値とは測定精度の範囲内で一致している．

6-4-2　3 次元有限要素モデルを用いた圧電振動子の温度特性解析と温度センサー解析への応用[8], [9]

圧電結晶を用いた振動子は周波数制御デバイスに広く用いられている．そのような用途において周波数-温度特性は，デバイスの精度に直接関係する重要な要素である．前節でみたように定時用の振動子は，安定した発振を得るために温度変化に対する感度が最小になるよう設計される．一方，周波数-温度特性を積極的に利用して，振動子を温度センサーとして用いることもでき，この場合には温度変化に対する感度が大きくなるよう設計される．

これまで周波数-温度特性を小さくするために，たとえば厚みすべり水晶振動子における AT-カット板のように，いくつかの単純な振動モードに対してさまざまなカット角が考案された．厳密には周波数-温度特性はデバイスの形状にも依存する．また，電子機器の小型化に伴う振動子の小型化のために，最適なカット角が従来から知られているカット角とずれる現象も起きている．

さらに，各振動モードの周波数が温度変化により変化した場合，とくにメインモードの周波数の温度依存性が大きい場合は，メインモードが近接のスプリアスモードなどと結合し，デバイス特性に悪影響を及ぼす場合がある．たとえば特定の温度における周波数ジャンプなどはその例である．

これらの問題を概観するためには，有限要素法などにより多くの近接スプリアスの存在を数値的に予測することが有用である．ここでは 3 次元有限要素法を用いて，温度係数の大きい Y-カット水晶厚みすべり振動子の周波数-温度特性を解析し，主にメインモードとスプリアスモードの結合問題に関して検討を行う．

(1)　Y-カット水晶厚みすべり振動子の温度特性

(1-1)　有限要素モデル

圧電効果を含んだ振動系の定式化は 4 章に詳しく述べられているので，ここでは最終的に得られた離散化方程式から出発する．3 次元有限要素モデルは，六面体 8 節点

144　6章　圧電デバイス応用例

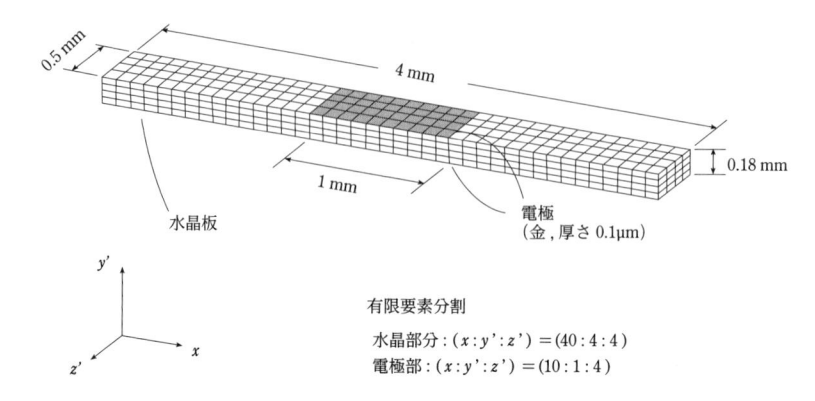

図6.4.11　Y-カット水晶厚みすべり振動子 [8]

アイソパラメトリック要素によるものである．対象振動子と要素分割を図6.4.11に示す．離散化方程式は次のように与えられる：

$$\begin{bmatrix} \left(1+j\dfrac{1}{Q}\right)[K]-\omega^2[M] & [\varGamma] \\ [\varGamma]^t & -[G] \end{bmatrix} \begin{Bmatrix} \{u\} \\ \{\phi\} \end{Bmatrix} = \begin{Bmatrix} \{f\} \\ \{q\} \end{Bmatrix} \qquad (6.4.20)$$

ここで $[K]$, $[M]$, $[G]$, $[\varGamma]$ はそれぞれスティフネス，質量，静電容量，電気-機械結合マトリックスであり，$\{u\}$, $\{\phi\}$, $\{f\}$, $\{q\}$ はそれぞれ変位，電気ポテンシャル，力，電荷ベクトルである．また，Q は水晶基板の機械的尖鋭度（損失の逆数）である．

　温度特性に関しては前節でみたように，物理定数の温度依存性と形状の熱変化を考慮することにより，温度変化の影響を計算に含めた．ここでは，スティフネスの変化，熱による変形，熱膨張による密度の変化を考慮し，そのほかの物理定数は温度によらず一定であるとした．

　解析は3D有限要素コードPIEZO3D1を温度変化による影響を考慮できるよう改造を施した．なお，熱変形は結晶の各軸方向に対する線形膨張を仮定して，以下の式より節点座標を移動させることにより考慮した．

$$\{x\} = [L']\{x_0\} \qquad (6.4.21)$$

ここで，$\{x\}$, $\{x_0\}$ はそれぞれ，熱変形後の節点座標，基準温度における節点座標である．$[L']$ は結晶の各軸方向への膨張係数マトリックス $[L]$ とカット角により決まる座標回転マトリックス $[l]$ を用いて，次のように与えられる（4-2-5項参照）．

$$[L'] = [l][L][l]^t \qquad (6.4.22)$$

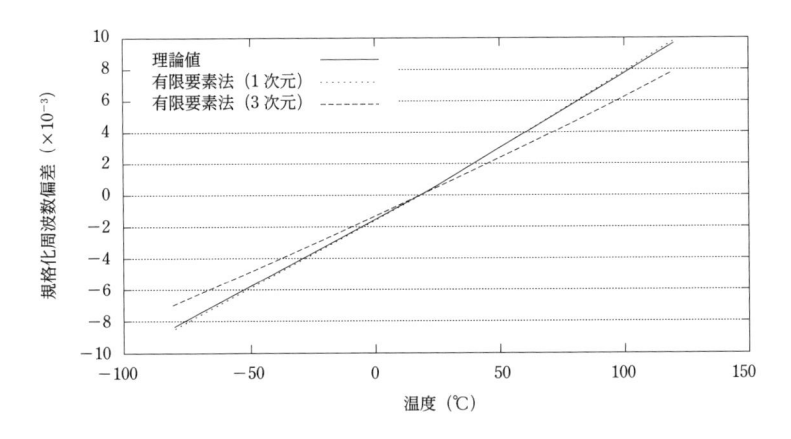

図 6.4.12 基本モードの周波数-温度特性 [8]

ここで，$[l]$ は直交行列で，その対角成分 l_{ii} は

$$l_{ii} = \frac{d_i}{d_{i0}} \tag{6.4.23}$$

のように定義される．ただし，d_i, d_{i0} はそれぞれ変形後と変形前における任意点間の i 方向の距離である．

(2) 周波数-温度特性

物理定数は Bechmann らによるものを用いた[10]．基本モードの周波数-温度特性を図 6.4.12 に示す．無限平板に対する理論値と有限要素解（1次元）とあわせて示してある．横軸は温度，縦軸は温度 20℃ における共振周波数を基準とした．偏移を基準値で規格化してある．無限平板に対する理論値と本計算値はおおむね一致しているが，3次元有限板モデルによる解は，ほかの値よりも温度に対する感度が少し小さくなっている．これは，この種の問題において無限平板モデルでは十分ではなく，3次元モデルが必要であることを示唆するものである．

次に基本モード近傍の振動モード分布を図 6.4.13 に示す．横軸は温度，縦軸は周波数，色の濃淡は電気端子からみた入力コンダクタンスの大きさを示している．また，主要な振動モードについてモード形状をあわせて示している．なお，入力コンダクタンスの大きさを示すことにより，電気-機械の結合の大きなモードが選択的に表示されるので，電気的な特性を検討する場合には，このような表示方法の方が全体を概観するためには一般的なモードチャートよりも有効であると考えられる．

(3) モード結合

図 6.4.13 において，○印をつけた部分は各振動モードの周波数が温度により移動

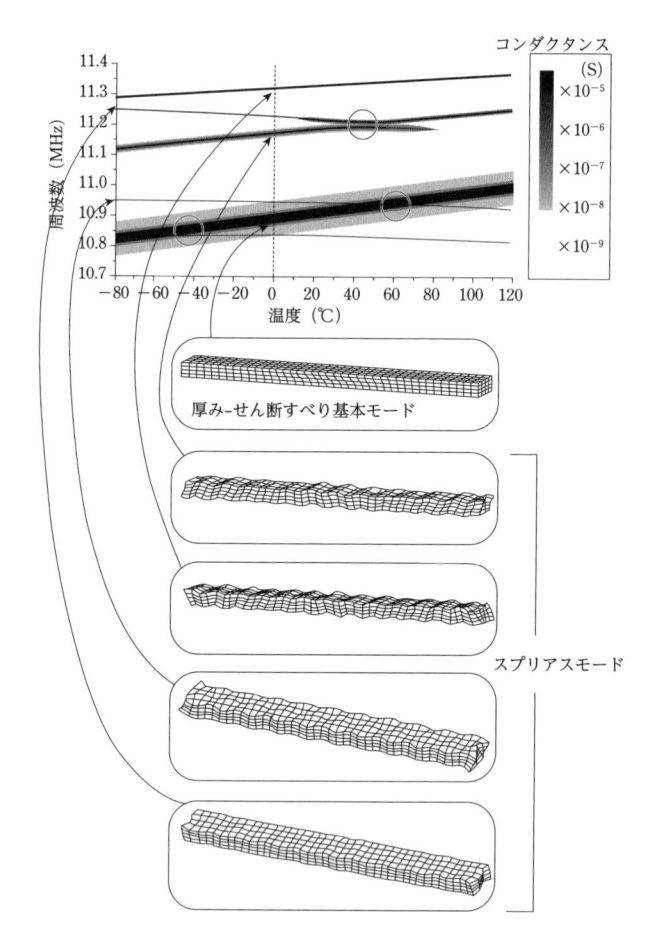

図 6.4.13 基本モード近傍の振動モード分布と周波数–温度効果 [8]

し，振動モードがほかのモードに交差している部分があることを示している．とくに，60℃，10.9 MHz 付近ではスプリアスモードが基本モードに影響を及ぼすことが考えられる．この付近の温度・周波数域における入力アドミタンスの周波数特性（縦軸をアドミタンス，横軸を周波数として表示）を図 6.4.14 に示す．

56℃において，10.93 MHz 付近に基本モードの応答が現れ，10.936 MHz 付近にはスプリアスモードと思われる応答が見られる．基本モードの応答と比べピークは小さく，共振回路中に組み込んで使用した場合にもそれほど影響はないと思われる．この状態ではスプリアスモードの周波数は基本モードの周波数より高くなっている．温度が高くなると基本モードの周波数は高いほうへ，スプリアスモードの1つの周波数は低い

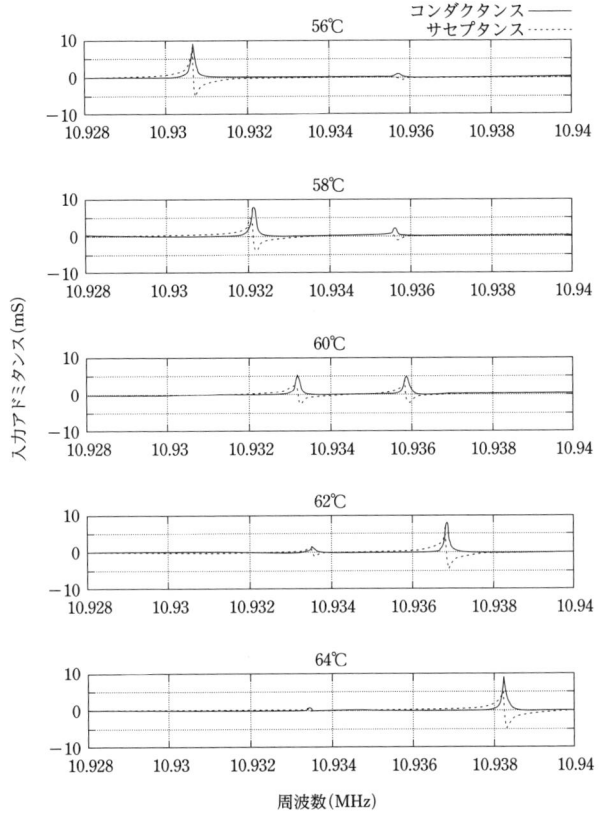

図 6.4.14 基本モードとスプリアスモードの結合 [8]

ほうへ移動し，2つのモードの周波数はたがいに近付くとともに，スプリアスのピークが大きくなっている．60℃では2つの応答のピークは同程度の大きさとなり，モードの周波数は最も接近し，振動子を発振回路に組み込んだ場合，周波数ジャンプが起こる危険が大きくなる．さらに温度が高くなるとクロスオーバが起きる．基本モードの周波数のほうがスプリアスモードの周波数よりも高くなり，再度2つのモードの周波数は離れていく．このとき，スプリアスモードの応答は小さくなっている．このような挙動は，2つの振動モードが独立ではなく，たがいに結合していることを示唆するものである．

(4) まとめ
- 3次元有限要素法を用いて，Y-カット水晶厚みすべり振動子の温度特性を解析した．

- 無限平板（準1次元）モデルと3次元モデルを比較することにより，この種の振動子の温度特性の検討においては，無限平板モデルでは十分でなく3次元モデルが必要である．
- 入力コンダクタンス表示を用いることにより，電気的な寄与の大きさを考慮したモードチャートを描いた．これにより，電気的な特性に大きく寄与する振動モードと，そうでないモードが直感的に区別できる．
- 有限要素解析により，基本モードとスプリアスモードの結合が再現された．
- 2つのモードが結合するような場合について，等価回路モデルにより，基本モードの周波数のジャンプとアドミタンス特性の急激な変化が再現できる．
- 振動子を電子回路に組み込んだ回路シミュレータを用いて，発振周波数のジャンプ現象が確認できた．

6-4-3 圧電振動体の熱問題

強力超音波は広く産業に利用されており，その発生には圧電型振動子が多く使われている．実際に使用する際には，これらの振動子は振動変位を大きくとるために共振周波数で使うことが多く，振動損による発熱を考慮しなければならない．振動損は振動による内部損失が材料の粘性によるものとすると，振動ひずみの2乗に比例する．また，高電界で使用されるため誘電体損による発熱もあわせて考慮する必要がある．誘電体損は周波数に比例し印加電圧の2乗に比例する．発熱すれば内部損失が増加し変換効率が低下するばかりでなく，温度上昇が続いてキュリー温度を超えれば，圧電性を失うことにもなる．また，温度上昇により振動子を構成している部品の物性値が変化し，振動子の共振周波数などの諸定数も変動する．

ここでは，軸対称圧電振動体の振動問題と圧電振動子の温度特性に関して有限要素法解析の手法を超音波振動子に適用して，定常状態の振動子の温度分布，および温度分布が生じることにより発生する熱応力分布，共振周波数および静電容量の変化を考える[11]~[14]．

(1) 軸対称振動体熱伝導モデルの有限要素表示式

軸対称圧電振動体の振動モデル[15]および熱伝導モデル[17]に関する有限要素表示式について，最終的に得られた結果だけを示す．まず，損失を考慮した軸対称圧電振動モデルの有限要素表示式は次式となる：

$$(K + jR - \omega^2 M)d + P\phi = F \quad (6.4.24)$$

$$P^t d - (G + jR')\phi = Q \tag{6.4.25}$$

ここで,

- K：剛性行列
- M：質量行列
- P：電気機械結合行列
- F：外力ベクトル
- R'：電気系の減衰行列
- R：機械系の減衰行列
- d：節点変位ベクトル
- ϕ：節点電位ベクトル
- G：静電行列
- Q：節点電荷ベクトル

式 (6.4.24), 式 (6.4.25) は電界とひずみが結合していることを示しており, 連立方程式は, 外力 F, 角周波数 ω, 節点ベクトル ϕ に対して電極端子に接続された節点電圧 ϕ_s を与えれば解くことができる. その解は圧電素子内の変位分布と電位分布をあたえる. ここで, 剛性行列 K, 静電行列 G, 結合行列 P は温度変化 T の関数である. 電極に連なる節点以外の節点電荷はすべて 0 である. 次に, 式 (6.4.24), 式 (6.4.25) より求められた振動変位から振動ひずみを計算する. 振動ひずみは変位の方向微分として与えられ, 各要素について求められる. 要素の内挿関数は, 変化に対して 1 次関数を用いるようにすれば, ひずみは要素内で一定となる.

振動による機械的内部損失が, 弾性振動に対する材料の構造減衰によって生じるものとすると, 減衰定数を α として減衰行列は

$$R = \alpha K \tag{6.4.26}$$

また, 誘電率は誘電体損を含めれば複素表示となり $\varepsilon(1+j\beta)$ または, $\varepsilon(1+j\tan\delta)$ となる. 誘電体に交番電圧を加えることにより生じる誘電損失については, 損失係数を β として, 減衰行列は

$$R' = \beta G \tag{6.4.27}$$

入力アドミタンスの周波数特性より共振周波数を求め, 静電容量は駆動周波数 1 kHz における値より評価するものとする. 電気端子における入力アドミタンスは

$$Y_{in} = j\omega Q_s/\phi_s \tag{6.4.28}$$

ここで, Q_s は電極に現れる総電荷量であり, ϕ_s は電極に与えた電位である.

次に, 軸対称体の熱伝導問題の有限要素方程式は

$$H\Phi + C\dot{\Phi} = q \tag{6.4.29}$$

で与えられる．ここで，

  H：熱伝導行列 Φ：節点温度ベクトル
  C：熱容量行列 q：熱流束ベクトル

ただし，定常熱伝導モデルでは左辺第2項が無視できる．

　本計算では内部発熱の熱源として，振動損 q_v と誘電体損 q_δ を要素ごとに求めている．α を減衰定数，E を振動ひずみの大きさとすれば，振動損 q_v は

$$q_v = \alpha E^2/2 \tag{6.4.30}$$

ε_0 を真空の誘電率，ε を物質の誘電率，$\tan\delta$ を誘電損失（誘電体力率），V を印加電圧とすれば，誘電体損 q_δ は

$$q_\delta = (\varepsilon_0 \varepsilon \tan\delta \cdot V^2)/2 \tag{6.4.31}$$

　また境界条件として空気と接している部分での熱伝達，熱放射を考慮する必要がある．境界面の温度を t，外部（空気）の温度を t_c，熱伝達係数を τ とすると，境界上での熱流束は $q=\tau(t-t_c)$ で与えられる．自然対流および強制対流についての熱伝達係数は文献［16］を参考に決めた．また，物体が絶対零度でない限り，熱放射により熱を失うことから，これについても考慮している．すなわち，境界面の温度を t，ほかの放射源の温度を t_r とすると，境界面上での熱流束は $q=\chi X(t^4-t_r^4)$ で与えられる．ここで χ はステファン・ボルツマン定数である．X は形態係数と呼ばれるもので，物体の放射率と表面積により決まる値であり，詳細は文献［16］に詳しい．

　温度分布に対応して熱応力が発生する．また，熱膨張により幾何学的形状変化も生じる．軸対称形状の熱弾性の表示式は

$$\varepsilon = \{\gamma T \ \gamma T \ \gamma T \ 0\} \tag{6.4.32}$$

$$\sigma = D\varepsilon \tag{6.4.33}$$

ここで

  ε：熱ひずみベクトル γ：線膨張係数
  T：温度変化 D：弾性係数ベクトル
  σ：熱応力ベクトル

熱応力による節点へ作用する力は

$$f = 2\pi BD\varepsilon rA_e \tag{6.4.34}$$

そして，熱による変形あるいは膨張は，

$$Kd = f \tag{6.4.35}$$

から求められる．ここで，

  f：熱ひずみによる節点荷重ベクトル d：節点変位ベクトル
  r：要素の重心までの半径 K：剛性行列
  B：ひずみ・変位行列 A_e：要素の断面積

したがって，式 (6.4.32) に温度変化を与えることにより熱ひずみを求め，次に式 (6.4.33) により熱応力を求める．また，熱ひずみによる見かけの節点荷重より，熱膨張による各節点の変位が式 (6.4.35) を解くことによって求められる[16]～[18]．

温度変化による共振周波数および静電容量の変動は，次の原因によると考えられる．

  ⅰ）弾性定数などの材料定数の変化
  ⅱ）熱膨張による幾何学的寸法・形状の変化
  ⅲ）質量密度の変化

これらは本シミュレーションにおいて具体的に，ⅰ) は材料定数に温度特性を考慮することにより，ⅱ) については，式 (6.4.35) を用いて節点変位を求めることにより表される．ただし，ⅲ) については，質量行列は要素の質量のみによって決まり，質量は温度によって変わらないから，質量行列も温度変化により変わることはなく，そのためにⅲ) による影響は有限要素法を使用する場合考慮する必要がない．

(2) 超音波振動系熱解析・設計の計算例

2種類の超音波振動子についての計算例を示す．1つは超音波レベル計に用いられている中空円筒形の圧電振動子であり，もう1つは超音波プラスチック溶接機に用いられているボルト締めランジュバン形振動子である．これらはいずれも実測値と対比して検討した．これらの計算に用いた材料定数および温度係数を表 6.4.3 に示す．

(2-1) 中空円筒形圧電振動子

はじめに，超音波レベル計に用いられている中空円筒形の振動子を取りあげる．外径 78.5 mm，内径 68.5 mm，高さ 65 mm である．電極は内外両面に付けられている．外側の電極の電位を 0 とし，内側の電極に電位 ϕ_s を与える．分極は厚さ（径方向）方向になされている．図 6.4.15 に振動子表面の温度分布の計算結果と実測結果を示す．温度分布の計算は，先に振動ひずみ分布を計算し，式 (6.4.30) により振動損を求めて熱源としている．図 6.4.15 中の A で示す曲線は振動損による熱源だけを考慮した計算結果で，振動ひずみの大きいところでの温度上昇が著しいことがわかる．B で示す曲線は，式 (6.4.31) により求めた誘電体損による熱源だけを考慮した計算結果で，電

表 6.4.3 材料定数[12]

	圧電材 (VPZ 3A)	圧電材 (MT-18)	アルミニウム	鉄	チタン合金	ベリリウム銅
密度 (kg/m³)	7,600	7,600	2,690	7,840	4,510	8,250
ヤング率 (N/m²)	—	—	7.03×10^{10}	19.86×10^{10}	9.93×10^{10}	11.2×10^{10}
温度係数 (/℃)	—	—	-5.5×10^{-4}	-5.1×10^{-4}	-6.5×10^{-4}	-3.87×10^{-4}
ポアソン比	0.34	0.31	0.34	0.29	0.3	0.3
減衰係数	1.45×10^{-2}	5.5×10^{-4}	2.21×10^{-6}	1.09×10^{-4}	4.5×10^{-6}	2.2×10^{-5}
線膨張係数	29×10^{-6}	12×10^{-6}	30.2×10^{-6}	11.8×10^{-6}	8.6×10^{-6}	11.5×10^{-6}
比熱 (J/kg℃)	491	491	877	640	472	380
熱伝導率 (W/m℃)	1.5	1.5	236	83.5	10.0	403
tan δ	0.03	0.003				
比誘電率 $\varepsilon_{11}^s/\varepsilon_0$	1,660	1,300				
$\varepsilon_{33}^s/\varepsilon_0$	1,810	1,400				
温度係数 (/℃)	3.2×10^{-3}	3.2×10^{-3}				

	圧電材 (VPZ 3A)	圧電材 (MT-18)
スティフネス・テンソル (N/m²×10¹⁰)	$\begin{bmatrix} 8.8 & 5.1 & 5.1 & 0 \\ & 8.4 & 5.1 & 0 \\ 対 & & 8.4 & 0 \\ & 称 & & 2.1 \end{bmatrix}$	$\begin{bmatrix} 14.6 & 9.9 & 9.9 & 0 \\ & 17.5 & 10.1 & 0 \\ 対 & & 17.5 & 0 \\ & 称 & & 2.85 \end{bmatrix}$
温度係数 (/℃)	-2×10^{-4}	-2×10^{-4}
圧電応力テンソル (C/m²)	$\begin{bmatrix} 12.3 & -4.8 & -4.8 & 0 \\ 0 & 0 & 0 & 9.3 \end{bmatrix}$	$\begin{bmatrix} 19.5 & -1.13 & -1.13 & 0 \\ 0 & 0 & 0 & 7.25 \end{bmatrix}$
温度係数 (/℃)	1×10^{-4}	1×10^{-4}

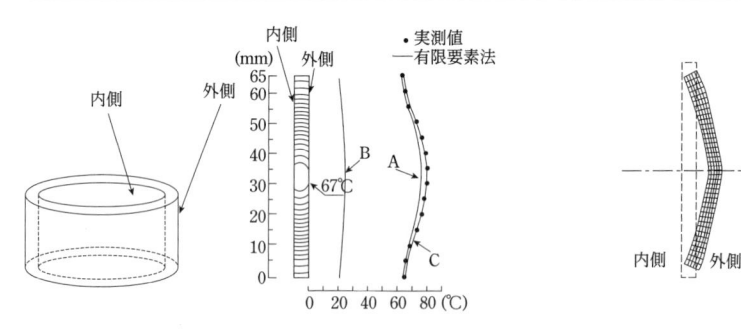

図 6.4.15 円筒振動子の温度分布 [12]　　　図 6.4.16 振動子の発熱による形状変化 [12]

界分布が一様でないため，温度分布も一様とはならず中央部付近の温度がやや高くなっている．Cの曲線は，振動損と誘電体損の両方を熱源としたときの計算結果である．この結果より，振動子の発熱は振動損によるものが大部分であると考えられる．実測結果を（●）印で示す．測定には赤外線放射温度計（サーモトレーサ）を使用した．計算結果と実測とはよい一致を示している．熱計算の境界条件は周囲の空気に自然対流があるものとしての熱伝達を考慮するとともに，熱放射も考慮した（熱伝達係数 $\tau=9$ J/(m²·s·℃)，放射率 $\gamma=0.9$，形態係数 $X=0.9$ とした）．図には振動子内部の計算さ

れた等温度線を示す．内側の温度がやや高いことがわかる．図 6.4.16 に温度上昇に伴う熱膨張により生じた，幾何学的形状変化の計算結果を示す．中央部で外側に大きく変位しており，最大変位は 7.8 μm である．この幾何学的変化による共振周波数への影響は 0.02% 以下である．

(2-2) ボルト締めランジュバン形振動子

次に，超音波プラスチック溶接機に用いられているボルト締めランジュバン形振動子について，自然対流および強制対流の条件下の計算例，実測結果を示す．図 6.4.17 (A) にボルト締めランジュバン形振動子（以下 BLT）の要素分割および振動変位分布を示す．この振動子はナットとボルトは鉄，裏打ち板はアルミニウム，圧電素子は PZT，電極はベリリウム銅，そして前打板はチタン合金と 5 種類の材料からなる複合構成のもので，公称共振周波数 17.6 kHz である．図の左側は振動子の断面で寸法形状および要素分割を示している．右側には振動変位分布を示す．実線は計算結果である．最大変位量は先端で 18 μm$_{p-p}$，変位表示はその値を基準に規格化してある．振動モードは縦振動の第一モードで，フランジを設けたあたりが振動の節となっている．（●）印は実測結果であるが，変位計の性能から前面板の作業端部分のみ測定している．測定結果は 15.8 μm$_{p-p}$ である．共振周波数の計算値は 17.51 kHz，実測値は 17.64 kHz であり，静電容量はそれぞれ 14,050 pF，13,200 pF である．この状態での振動子の印加電圧は 1 kV$_{rms}$，入力電力 26 W である．

図 6.4.17 (B) に振動ひずみ分布を示す．圧電素子が組み込まれているあたりの締め付けボルトのひずみは振動の節に近いこともあって，軸方向のひずみが大きくなっていることがわかる．また，電極部では径方向のひずみが発生している．これは，長さと直径の比が約 3:1 と比較的直径が大きいため，横効果により径方向の振動が励起されているためと考えられる．

図 6.4.18 (A) に BLT の表面の温度分布の計算結果と実測結果を示す．境界条件は，先に示した中空円筒形振動子と同様の熱伝達と放射を考慮した．表面温度の計算結果を実線で，実測結果を（●）印で示す．いずれの結果も圧電素子部の温度が高く，そのなかでも内側の 2 枚が高温となっている．これは圧電素子部での発熱が大きく熱伝導が悪いため，前面板および裏打板の金属に接している外側の 2 枚のように放熱しないためと考えられる．図 6.4.18 (B) の下部に計算された振動子内部の等温度線表示を示す．先の計算例で示した円筒形振動子のように，必ずしもひずみの大きい部分で温度が高くはなっていない．この例では，圧電素子部での温度上昇が著しい．締め付けボルトのひずみは大きいのであるが，振動損が小さいために発熱量が小さいと考えられる．また，熱伝導がよいため，ナット，裏打ち板，あるいは前面板へと熱が伝

154   6章　圧電デバイス応用例

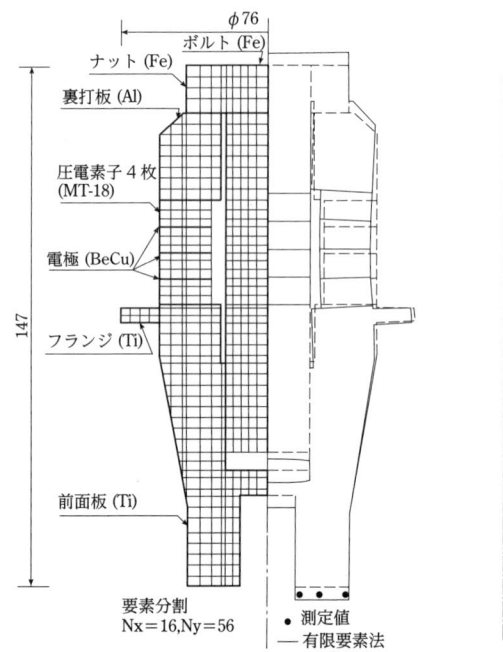

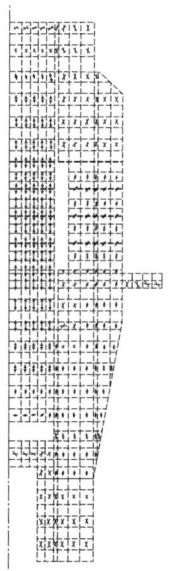

(A) 振動変位分布

ボルト (Fe)
ナット (Fe)
裏打板 (Al)
圧電素子4枚 (MT-18)
電極 (BeCu)
フランジ (Ti)
前面板 (Ti)

φ76
147

要素分割
Nx=16, Ny=56

● 測定値
── 有限要素法

(B) 振動ひずみ分布

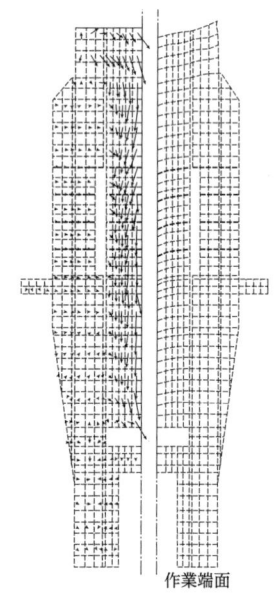

(C) 熱応力分布（左側）と発熱による形状変化（右側）

作業端面

図 6.4.17　ボルト締めランジュバン形振動子 [12]

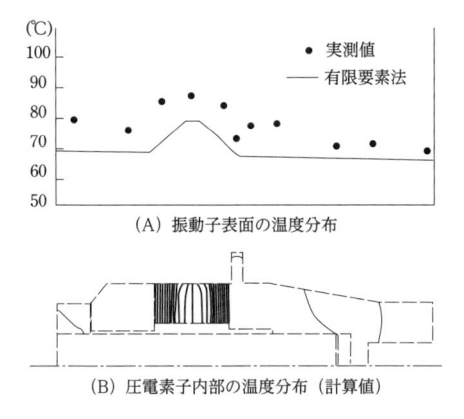

図 6.4.18　ボルト締めランジュバン形振動子温度分布 [12]

(A) 振動子表面の温度分布

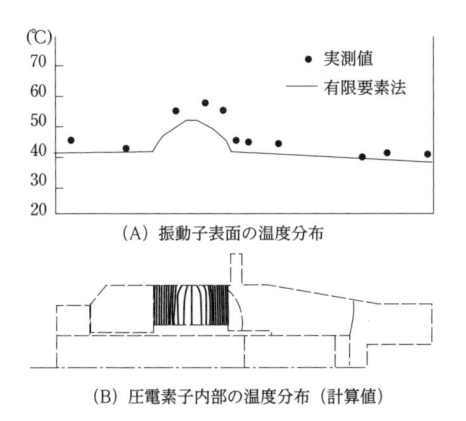

(B) 圧電素子内部の温度分布（計算値）

図 6.4.19　ボルト締めランジュバン形振動子を強制空冷したときの温度分布 [12]

(A) 振動子表面の温度分布

(B) 圧電素子内部の温度分布（計算値）

わり冷却されるためと考えられる．ところが，圧電素子は熱伝導が悪く冷却されにくいため，結果として高温となる．また，わずかであるが誘電体損による発熱もその原因と考えられる．

　図 6.4.17（C）の右側に熱膨張により生じる幾何学的形状の変化の計算結果を示す．計算は前面板の作業端面の軸方向の変位を拘束している．アルミニウム材でできた裏打ち板の部分の変位が大きい．この部分はほかの金属部分と比べても温度は高くないので，材料の線膨張係数が大きいためと考えられる．これに対して，圧電素子の部分は高温ではあるが線膨張率が小さいためにほとんど変化は認められない．全体として軸方向への伸びの最大値は $80.8\,\mu\mathrm{m}$ である．温度変化による共振周波数への影響は 0.06% 以下である．図 6.4.17（C）の左側に熱応力分布の計算結果を示す．熱応力の

計算は熱膨張の計算と同時に行うため，境界条件として作業端面の軸方向の変位を拘束していることになる．締め付けボルトとナットが結合している付近の熱応力が最大 4.3×10^8 kg/m^2 となっている．圧電素子部では内側方向への応力が生じている．

次に，BLT を強制対流により送風冷却した時の温度分布の計算結果と実測結果を図 6.4.19 に示す．振動子の駆動条件は図 6.4.17 に示したものと同様である．直径 80 mm，最大風量 0.9 m^3/min の送風器により振動子の横側 200 mm のところから送風した．計算ではこれらに対応すべく熱伝達率を 35 J/(m$^2 \cdot$s$\cdot$℃) とした．それ以外の熱的境界条件は図 6.4.19 に示したものと同じである．図 6.4.19 (A) 計算結果を実線で示す．自然対流のものに比べて，全体に約 30℃ の冷却効果が得られている．また，高温部の冷却効果が大きいため各部の温度差が縮小している．実測結果を（●）印で示す．図 6.4.18 と同じく実測結果のほうが高い傾向にある．図 6.4.19 (B) に振動子内部の等温度線表示を示す．わずかではあるが，冷却しないときに比べて温度勾配が大きい傾向にある．

軸対称圧電振動体の熱伝導とその影響について有限要素法による解析の手法を適用して考察した．振動子の使用限界に大きなかかわりをもつと考えられる温度分布，熱応力分布を可視化できることにより，具体的な設計の根拠を得ることが可能となった．

参考文献（6-4）

[1] Kagawa, Y., Maeda, H. and Nakazawa, M.: Finite element approach to frequency-temperature characteristic prediction of rotated quartz crystal plate resonators, *IEEE Trans. Sonics Ultrason.*, **SU-28**, 257-264 (1981).
[2] 前田豊信, 加川幸雄：有限要素法による圧電弾性体導波路の温度特性解析, 信学技報, **EA81-43** (1981).
[3] 中澤光男, 宮原 温：回転 X カット水晶振動子の固有周波数とその温度特性, 電学誌 (A), **100**, 625-632 (1980).
[4] Heising, R. A., *ed*, Quartz Crystals for Electrical Circuits, Van Nostrand (1946).
[5] Wilson, C. J.: Vibration modes of AT-cut convex quartz resonators, *J. Phys., D: Applied Phys.*, **2**, 2449-2454 (1974).
[6] 前田豊信, 加川幸雄, 山淵龍夫：プラノコンベックス DT-板水晶振動子の温度特性, 昭和 54 年度電気四学会北陸支部連合大会, 213-214 (1979).
[7] 白井勘次, 山科幹彦, 白井憲次, 都築泰雄：中波帯プラノコンベックス DT 板水晶振動子, 信学技報, **US77-23**, 19-24 (1977).
[8] 若槻尚斗, 土屋隆生, 加川幸雄, 鈴木幸司：3 次元有限要素法を用いた圧電振動子の温度特性解析, 日本シミュレーション学会：第 21 回シミュレーション・テクノロジー・コンファレンス・計算電気・電子工学シンポジウム, 277-280 (2002).
[9] 若槻尚斗, 土屋隆生, 加川幸雄：モード間結合を考慮した圧電振動子の等価回路表現と圧電温度センサー解析への応用, 日本音響学会講演論文集, 1099-1100 (2002).
[10] Bechman, R., Ballato, A. D. and Lukaszek, T. J.: Higher order temperature coefficients of the elastic

stiffnesses and compliances of alpha-quarts, *Proc. IRE*, **50**, 1812-1822 (1962).
[11] 安藤英一, 加川幸雄：プラスチック溶接用超音波振動体熱問題の有限要素シミュレーション, 信学論 (A), **J70-A**, 942-951 (1987).
[12] 安藤英一, 加川幸雄：圧電振動体定常熱問題の有限要素シミュレーション, 信学論 (A), **J72-A**, 881-892 (1989).
[13] Ando, E., Kagawa, Y.: Finite element simulation of transient heat response in ultrasonic transducers, *IEEE Trans. UFFC*, **39**, 32-440 (1992).
[14] 山越賢乗, 森 栄司：有限要素法による負荷時の振動特性のシミュレーション——ランジュバン振動子の機械損失, 信学技報, **78**, 37-42 (1979).
[15] 加川幸雄：有限要素法による振動・音響工学——基礎と応用, 培風館 (1981).
[16] 甲藤好郎：伝熱概論, 養賢堂 (1969).
[17] 矢川元基, 宮崎則幸：有限要素法による熱応力・クリープ・熱伝導解析, サイエンス社 (1985).
[18] 熊谷三郎, 藤本三治：高周波加熱装置, 日刊工業新聞社 (1966).

6-5 回転の効果──圧電型振動ジャイロ

ロボットや無人搬送車などの方位角計測，航空機や船舶などの姿勢制御，あるいはテレビやビデオカメラの手ぶれ防止などには角速度や角度計測が必要となる．圧電型振動ジャイロはそのためのセンサーの一方式であり，コマ・ジャイロのような回転機構をもたないため摩耗部分がなく，小型，長寿命，短い起動時間といった特徴から広範な応用が期待されている．圧電型振動ジャイロは振動体に回転角速度が加わると，振動方向と直角方向にコリオリ力が生じる現象を利用しており，コリオリ力を効率よく検出するために音片型をはじめさまざまな構造のものが提案されている[1]~[4]．

圧電型振動ジャイロは，コマ・ジャイロに比べて安定度，S/N などの点で若干劣るが，種々の技術的な工夫により性能が向上しつつある[5]．圧電型振動ジャイロの性能向上をさらに押し進める場合，温度特性を含めてその詳細な特性解析が重要となる．圧電型振動ジャイロの特性解析は，一般に等価回路法[6], [7]や解析的手法によるもの[8]が広く行われている．しかしながら，最適構造や形状の素子を開発するためには，任意の振動子形状や電極配置を扱うことのできる，より一般的な解析が要求される．電気・機械エネルギー変換を伴う圧電振動の数値解析を提供する有限要素解析がこのような問題にも有効であると考える．

ここでは，振動体に回転の効果を組み込んだ例として圧電型振動ジャイロを取り上げ，まず，2次元面内振動にはたらくジャイロ効果を利用した四角板の圧電型振動ジャイロについて述べる[9], [10]．さらに円筒形型振動ジャイロについて3次元有限要素法による解析を紹介する[11]．

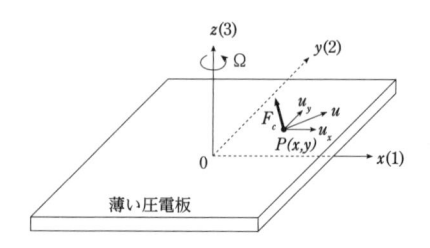

図 6.5.1　面内振動している圧電板にはたらくコリオリ力 [9]

6-5-1 平板圧電振動ジャイロ——2次元有限要素解析[9],[10]

(1) 回転を伴う圧電振動系の有限要素表示式

図 6.5.1 は，x-y 面内の薄板圧電板である．圧電板は角周波数 ω で面内振動しており，z 軸を中心に定角速度 Ω で回転する．図 6.5.2 に示すのは，十分に薄い圧電板の断面である．両面に電極を設けてある．板は図 6.5.3 に示すような三角形要素に分割する．電位，変位はそれぞれ 6 節点上で定義され，内部の任意点における値は 2 次関数で内挿される．十分に薄い平板の x-y 面内の振動は，厚さあるいは z 方向のひずみには依存せず，電界は z 軸に平行で一定とする．最終的に得られる系全体に関する離散化連立方程式は次式で表される：

$$\left(\begin{bmatrix} K-\omega^2 M & P_1 & P_2 \\ P_1^t & -G_{11} & -G_{12} \\ P_2^t & -G_{12}^t & -G_{22} \end{bmatrix} + j \begin{bmatrix} \dfrac{1}{Q}K - 2\omega^2 \dfrac{\Omega}{\omega} \Theta M & 0 & 0 \\ 0 & \tan\delta G_{11} & \tan\delta G_{12} \\ 0 & \tan\delta G_{12}^t & \tan\delta G_{22} \end{bmatrix} \right)$$

$$\times \begin{bmatrix} \xi \\ \phi_1 \\ \phi_2 \end{bmatrix} = \begin{bmatrix} 0 \\ \hat{q} \\ 0 \end{bmatrix} \tag{6.5.1}$$

$\hat{q}$ は電極に与える駆動電荷（電流）ベクトル，ϕ_1, ϕ_2 はそれぞれ電極の電位ベクトル，そのほかの節点の電位ベクトルである．P は電気機械結合マトリックス，G は静電マ

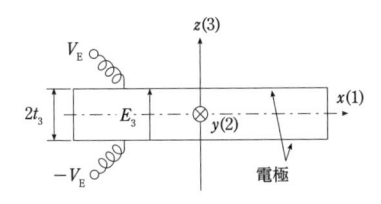

図 6.5.2 薄い圧電板（断面）[9]

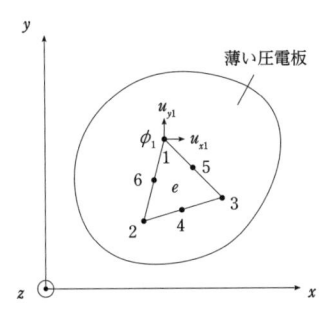

図 6.5.3 圧電板の三角形要素分割（2 次内挿関数）[9]

トリックスである．添え字1は電極に連なる節点にかかわるもの，添え字2はそれ以外の節点に関するものを意味する．ここで，K は剛性マトリックス，Θ は回転の効果を表すジャイロマトリックス，M は質量マトリックスである．ξ は変位ベクトルである．式 (6.5.1) に適当な電荷を与えて解けば節点変位，節点電位が得られる．

ただし，多くの場合，式は電極電位が規定され，それに対して式 (6.5.1) が解かれる．節点電荷ベクトルはその結果として求められることになる．スティフネスに対して構造減衰を考えると，機械的損失は虚数で与えられる．質量に作用するコリオリ力も直角方向にはたらくから振動には位相遅れが生じ，虚数成分となる．式 (6.5.1) における Ω/ω に関する項が回転の効果を表している．振動角周波数 ω が低いほど，回転の効果が大きく現れることがわかる．したがって，ジャイロを設計する場合は，曲げ振動などを利用して，できる限り低い周波数で動作させるほうが感度の点で有利となることが予想される．静止時（$\Omega=0$）には，式 (6.5.1) は通常の圧電振動に関する方程式と同一となる．また，式 (6.5.1) の系行列は回転に関するマトリックス Θ が非対称であるため，系マトリックスは非対称となる．一般に非対称マトリックスの固有値は複素数であるが，減衰が存在しない場合には式 (6.5.1) の系行列はエルミート行列であるため，固有値は実数となる．

(2) 数値計算例

ここでは駆動用の電極と，検出用の電極をもった薄い圧電板ジャイロを考える．数値解析例として，正方形板状圧電振動ジャイロの応答特性を示す．圧電材は圧電セラミックス（TOKIN製　NEPEC6）を想定し，その材料定数を表6.5.1に示す．自由振

表 6.5.1　材料定数 [9]

弾性定数（コンプライアンス）	s^E	$\begin{bmatrix} 12.7 & -4.1 & 0.0 \\ 対 & 12.7 & 0.0 \\ 称 & & 33.5 \end{bmatrix} \times 10^{-12} (\mathrm{m^2/N})$
圧電歪定数	d	$\{-133\ \ -133\ \ 0\} \times 10^{-12} (\mathrm{C/N})^*$
比誘電率	$\varepsilon^T_{33}/\varepsilon_0$	1,050
密度	ρ	7,730 (kg/m³)
尖鋭度	Q	1,500
誘電損	$\tan\delta$	0.3 (%)

＊本節での解析は，基本式
$$S = s^E T + dE_3$$
$$D_3 = d^t T + \varepsilon^T_{33}/E_3$$
から出発している．

動における固有周波数の計算は LU 分解法と行列式探索法を併用し，固有モードの計算は逆べき乗法を用いた．また，強制駆動の場合には LU 分解法を使用した．すべての計算は倍精度複素数計算で行った．

(2-1) 正方形圧電板

圧電振動ジャイロの駆動および検出の電極配置を図 6.5.4 に示す．駆動電極は中心のまわりに 4 箇所，検出電極は圧電板の 4 隅に配置されている．

・固有周波数および固有振動モード

はじめに圧電性および減衰を考慮しない薄板について考察する．回転していない状態の固有振動モードを図 6.5.5 (A.a) に示す．図中の数字は，正方形の 1 辺の長さ a に相当する細棒の伸び振動固有周波数 $f_{LB}(=1/(2a\sqrt{s_{11}^E \rho}))$ で規格化された固有周波数 $\overline{f_n}$ である．第 2, 6, 8 モード ($\overline{f_2}, \overline{f_6}, \overline{f_8}$) が縮退モードである．圧電性を考慮すると固有周波数は 2~3% 上昇し，第 2 モードと第 3 モード，第 5 モードと第 6 モードの固有周波数が入れ替わる．次に，弾性板を回転させた場合について振動モードの計算を行った．図 6.5.5 (A.b) は第 1，第 2 モードにおける固有振動モードである．いずれも規格化回転角速度 $\overline{\Omega}(=\Omega/\omega)$ を 6.3×10^{-4} としている．この場合，モードは複素になる．ここで特徴的なのは，第 2 モード（縮退モード）は縮退が解除されて 2 つのモード ($\overline{f_{2L}}, \overline{f_{2U}}$) に分離していることで，これはほかの縮退モードも同様である．非縮退モードではモード分離は生じない．このような縮退の解除はコリオリの効果が x 方向と y 方向で異符号となるために，見かけ上の弾性的異方性が生じたことに等価となると考えられる．また解除された縮退モードでは虚部は実部に対して空間的に 90° 回転しており，分離した上下のモードではその方向が逆転している．図 6.5.6 は第 2 モード（縮退モード）について規格化回転角速度 $\overline{\Omega}$ に対する規格化固有周波数の変化

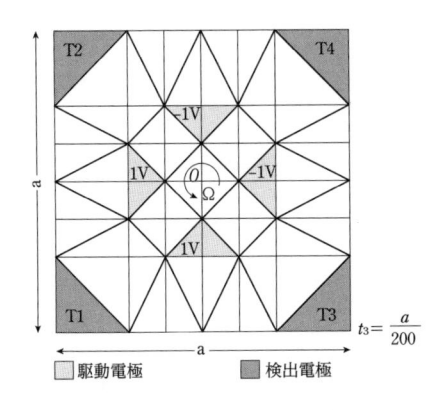

図 6.5.4 圧電振動ジャイロの電極配置および要素分割 [9]

1次 $\bar{f_1}$=0.76981

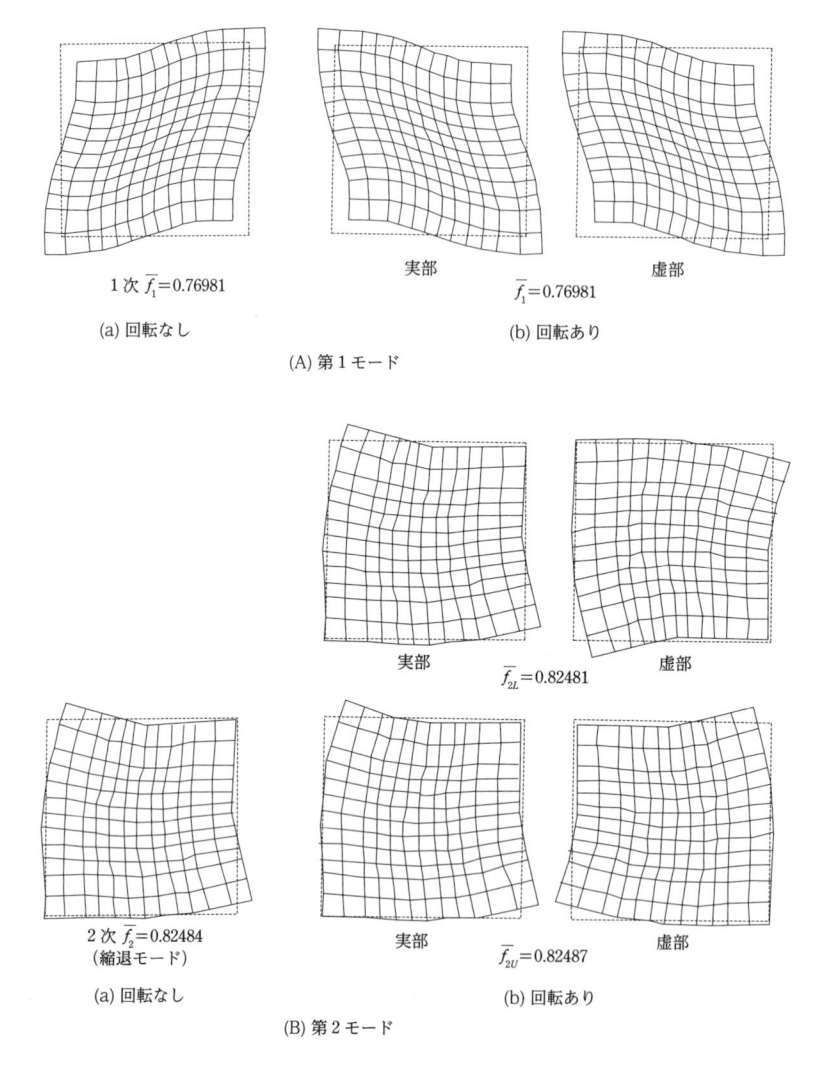

(a) 回転なし

実部　$\bar{f_1}$=0.76981　虚部

(b) 回転あり

(A) 第1モード

実部　$\bar{f_{2L}}$=0.82481　虚部

2次 $\bar{f_2}$=0.82484
（縮退モード）

(a) 回転なし

実部　$\bar{f_{2U}}$=0.82487　虚部

(b) 回転あり

(B) 第2モード

図 6.5.5　振動板を回転させた場合の振動モードの変化 [9]（$\bar{\Omega}=\Omega/\omega_{LB}=6.3\times10^{-4}$）

を示したものである．固有周波数は回転に伴い上下2つに分離し，分離したそれぞれの固有周波数は回転角速度に比例して上昇，降下している．ただし，この比例関係は$\bar{\Omega}\ll1$の範囲で成立する．この傾向はほかの縮退モードも同様である．非縮退モードでは回転による固有周波数の分離はなく上昇あるいは下降するだけで，その変化は極わずかである．複素数モードの発生は回転のはたらきにより振動に位相差が生じたと

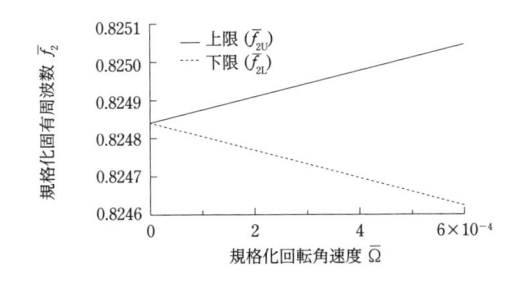

図6.5.6 規格化回転角速度$\bar{\Omega}$に対する規格化固有周波数の変化 [9]

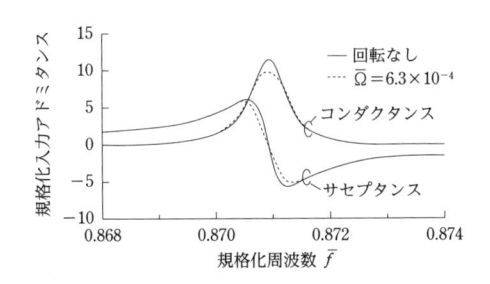

図6.5.7 入力アドミタンス特性 [9]

解釈すればよい．

・ジャイロ特性

　機械的および電気的に減衰のある正方形の薄板ジャイロについて考察する（$1/Q=6.67\times10^{-4}$，$\tan\delta=0.3\%$）．図6.5.4に示すように，中心付近に配置された駆動電極に周波数$\bar{f}$，電圧1Vを印加した場合において，第2モード付近の入力アドミタンス特性を図6.5.7に示す．入力インピーダンスは周波数f_{LB}における制動容量のアドミタンスで規格化してある．駆動電極は対称的に配置されている．図6.5.8に検出電極に現れた開放電圧を示す．電極T1に現れた電圧を図6.5.8（A）に，電極T2の電圧を図6.5.8（B）に示す．両者とも複素であり，位相ずれが起きている．実線は静止時，破線は規格化回転角速度$\bar{\Omega}=6.3\times10^{-4}$で回転させたときのものである．電極T1には静止しているときでも共振周波数付近に電圧が検出されており，回転の効果が不明である．電極T2では回転時において電圧が検出されている．これにより回転を検出できることを示している．T3，T4の出力特性はそれぞれT1，T2の極性を逆にした電圧が検出されている．回転を逆にすると出力電圧は逆特性となった．図6.5.9は駆動電極に規格化角周波数$\bar{f}$の入力電圧1Vを与えたときの，出力電圧の変化を示したものである．図6.5.9で示したようにT2，T3は回転に対して敏感に応答し，その変化

(A) 電極 T1 に現れた電圧

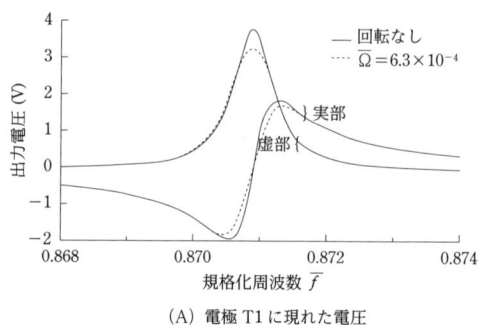

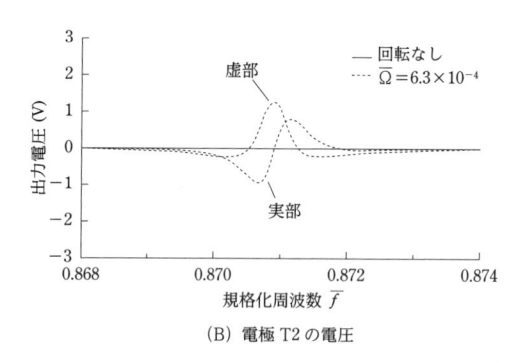

(B) 電極 T2 の電圧

図 6.5.8　検出電極に現れた開放電圧 [9]

規格化回転角速度 $\bar{\Omega}$

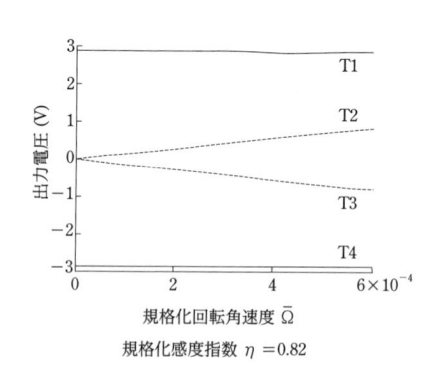

規格化感度指数 $\eta = 0.82$

図 6.5.9　回転に対する出力電圧の変化 [9]

は回転角周波数に比例した電圧を示す．ここで入力電圧 V_i に対する出力電圧 V_o を感度指数 η として次式を定義する：

$$\eta = \frac{1}{2}\frac{V_o}{V_i}\frac{1}{Q}\frac{1}{\overline{\Omega}} \tag{6.5.2}$$

ここに用いた正方形の板の感度指数 η は 0.82 であり，これは必ずしも満足できるものではないが，電極 T2 と T3 を差動的に接続すれば出力は 2 倍になる．それぞれの端子において固有周波数の温度の影響は同じであるため，差動的動作は温度特性の影響を避けることができる．板状のモノリシックデバイスの開発が念頭にあるが，この方式の難点は支点（固定点）をとることが難しいことである．

十字形，リング形等についても検討を行ったが，それらについては文献 [9] を参照していただきたい．

結果をまとめると，以下のようになる．

- コリオリの効果を組み込んだ圧電振動ジャイロの有限要素解析の妥当性が示された．回転を高感度に検出するには，振動周波数はできる限り低く選ぶ必要がある．また，感度はモードにも影響される．
- 低い周波数の振動には曲げモードが使われるが，面外曲げモード振動も含む場合には 3 次元解析が必要となる．
- 曲げの面内振動を用いた，十字型と円環型の 2 種類のモノリシック型振動ジャイロも考察したが，これらは回転に対する感度が上昇した．
- 縮退モードでは回転により縮退が解除されて固有周波数が上下に分離する．モノリシック型では 2 つの振動モードの温度係数が同一であるから，差動にすれば温度特性の影響を避けることが可能である．

6-5-2　コリオリ力

直交座標 x-y-z 系において，振動体は x-y 面内で，角周波数 ω で振動している．これが角速度 Ω で z 軸の周りを回転するものとする．そのとき系内のある質点（質量 ρ）のふるまいは力 f_x, f_y に関して次の式で表される：

$$\left.\begin{array}{l} f_x = F_x + \rho\omega^2 u_x + j2\rho\Omega u_y \\ f_y = F_y + \rho\omega^2 u_y + j2\rho\Omega u_x \end{array}\right\} \tag{6.5.3}$$

ここで右辺第 1 項は外力，第 2 項は慣性力，第 3 項がコリオリ力である．遠心力は $|\boldsymbol{\Omega}|^2 \ll \omega^2$ なので省略している．コリオリ力は，より一般的には，

$$\boldsymbol{f}_c = j2\rho\omega\boldsymbol{u}\times\boldsymbol{\Omega} \tag{6.5.4}$$

で与えられ，$\boldsymbol{\Omega}$ は回転速度ベクトル（$\Omega = |\boldsymbol{\Omega}|$）である．$\boldsymbol{u}\times\boldsymbol{\Omega}$ は外積であるから，$\boldsymbol{f}_c$ の方向は $\boldsymbol{u}, \boldsymbol{\Omega}$ に直角の方向である．振動体が x-y 座標内にあれば

$$f_c = j2\rho\omega\Omega\Theta_e u_e \tag{6.5.4}'$$

となる．ここで要素に関して

$$u_e = \{u_x \ u_y\}$$

$$\Theta_e = \begin{bmatrix} 0 & 1 \\ -1 & 0 \end{bmatrix} \tag{6.5.5}$$

有限要素モデルは節点に集中質量をもつ離散化モデルであるから，コリオリ力はこれらの質点に作用するものと考える．

6-5-3 円筒形型振動ジャイロ——3次元有限要素法による解析

圧電材料からなる円筒形型振動ジャイロについて，有限要素法解析を行い，実験結果と比較した．

(1) 数値シミュレーション

回転の結果生じるコリオリ力については前項でふれた．z軸周りの回転Ωによる質点ρに作用するコリオリ力は

$$f_c = j2\rho\omega\Omega\Theta_e u_e \tag{6.5.4}'$$

であった．ここに，uは変位ベクトル，ρは等価質量，ωは振動角周波数，Ωはz軸周りの振動体の回転速度の大きさ（$\Omega=|\Omega|$）であり，ただしジャイロマトリックスΘ_eは，要素に関して

$$\Theta_e = \begin{bmatrix} 0 & 1 & 0 \\ -1 & 0 & 0 \\ 0 & 0 & 0 \end{bmatrix} \tag{6.5.6}$$

上の要素に関する考察から回転下の振動体の運動方程式は次の形となる：

$$\begin{bmatrix} \left(1+j\dfrac{1}{Q}\right)K-\omega^2 M-j2\omega\Omega\Theta M & \Gamma \\ \Gamma^t & -G \end{bmatrix} \begin{bmatrix} \xi \\ v \end{bmatrix} = \begin{bmatrix} 0 \\ \hat{q} \end{bmatrix} \tag{6.5.7}$$

ここで，K, Mは剛性および質量マトリックス，Gは静電マトリックス，ξ, v, $\hat{q}$は変位，電位および電荷ベクトル，Γは電気・機械結合マトリックス，Θは系全体に組み込まれた式（6.5.4）'に対応するジャイロマトリックスである．Qは機械的尖鋭度である．式（6.5.7）では外力および誘電体損失は考慮されていない．

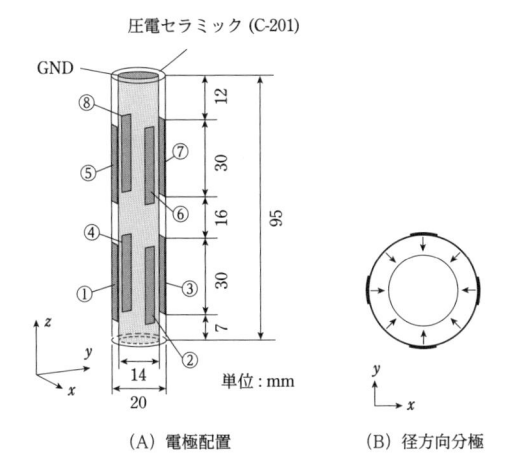

図 6.5.10　電極の配置および分極方向 [11]

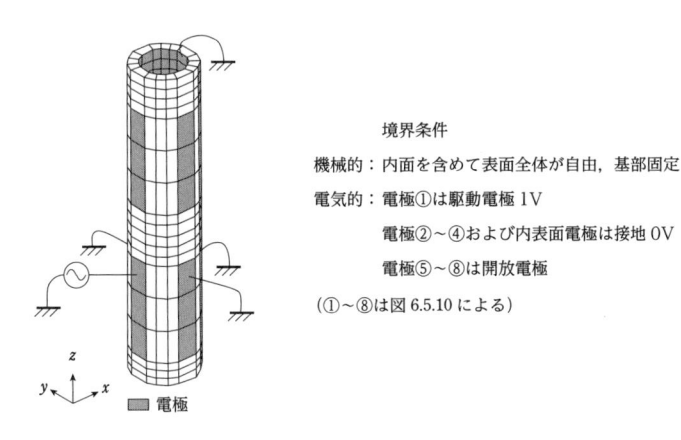

(A) 電極配置　　(B) 径方向分極

図 6.5.11　要素分割および電極配置 [11]

境界条件
機械的：内面を含めて表面全体が自由，基部固定
電気的：電極①は駆動電極 1V
　　　　電極②～④および内表面電極は接地 0V
　　　　電極⑤～⑧は開放電極
(①～⑧は図 6.5.10 による)

・圧電振動体

　円筒形圧電体を考える．その詳細を図 6.5.10（A）に示す．圧電体は図 6.5.10（B）のように径方向に分極されている．3D 要素は 4 章で詳述した八面体要素を円環状，長さ方向に配列している．それを図 6.5.11 に示す．分極方向は径方向で座標変換により考慮されている．要素数は 288，節点数は 608 である．径方向に 16，軸方向に 18 分割されている．機械的境界条件は底部（固定）を除いて，表面全体で自由（拘束されていない），電気的境界条件は図 6.5.10 に示すように，電極①が駆動電極である．電極内面は GND 電極で接地，電極②と④も接地され，ほかの電極は開放電極である．

表 6.5.2 円筒型圧電振動体の物理定数 [11]

$c_{11}^E = 14.9$	$c_{12}^E = 8.7$	$c_{13}^E = 9.1$
$c_{33}^E = 13.2$	$c_{44}^E = 2.5$	$c_{66}^E = 3.1$
$e_{15} = 15.2$	$e_{31} = -4.5$	$e_{33} = 17.6$
$\varepsilon_{11}^S / \varepsilon_0 = 904$	$\varepsilon_{33}^S / \varepsilon_0 = 818$	$Q = 889(475)$

c^E：スティフネス（$\times 10^{10} \mathrm{N/m^2}$）
e：圧電定数（$\mathrm{C/m^2}$）
$\varepsilon^S / \varepsilon_0$：比誘電率
Q：機械的尖鋭度

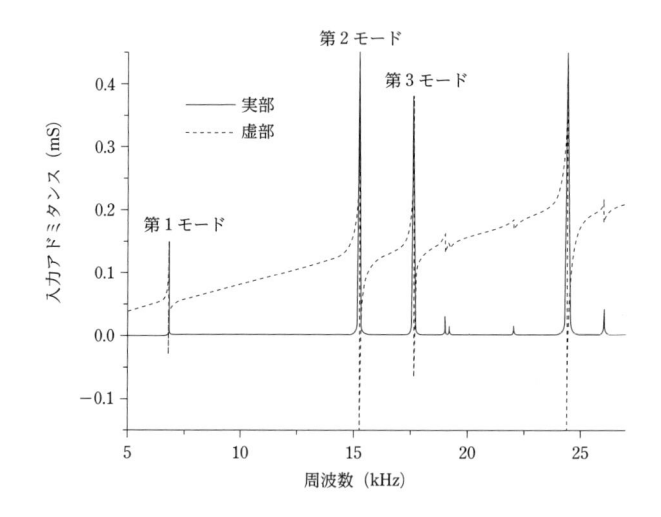

図 6.5.12 駆動電極①からみたアドミタンス特性 [11]

これは 6-6-1 項の実験に使ったものを流用したもので不要な電極が多数存在する．電極では電位は等電位である．圧電材の物理定数を表 6.5.2 に示す．

・振動体の特性（回転なし）

　はじめに振動モードに関して数値計算を行う．図 6.5.12 は駆動電極①からみたアドミタンス特性である．上方の残りの電極は開放，下方の電極は接地とした．周波数の低いほうから 3 つの振動モードを図 6.5.13 に示す．低いほう 2 つは曲げモードであり，もう 1 つは伸びのモードである．駆動電極①から単位の電圧（1V）で駆動したときの表面電位分布を濃淡で示しているが，正確に対称とはなっていない．その理由は電極の境界条件が厳密に対称ではないからである．

　周波数が一番低い曲げモードをジャイロとして使う．駆動電極①からみた一番低いモード近傍の周波数特性を図 6.5.14 に示す．実測値もあわせて示している．一般に有限要素法による共振周波数の解は高めの値が得られる．今回の例も計測値より約

6-5 回転の効果——圧電型振動ジャイロ

電位分布（V）

曲げの1次モード　曲げの2次モード　伸びモード

図 6.5.13 振動モード [11]

共振周波数
$f_1 = 6797 \text{Hz}$

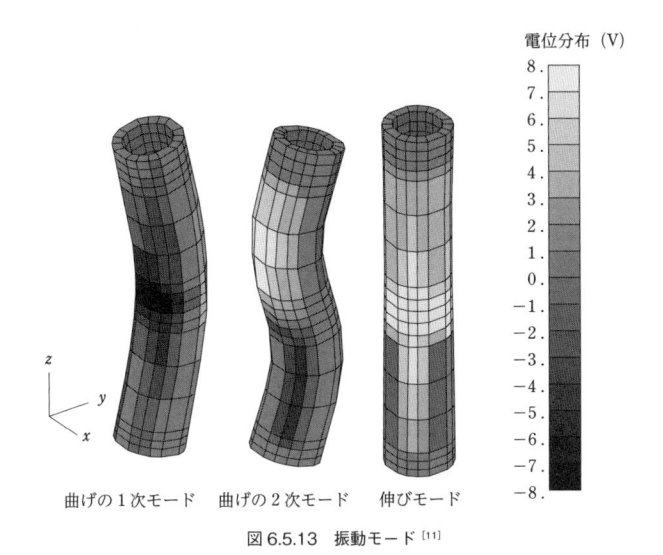

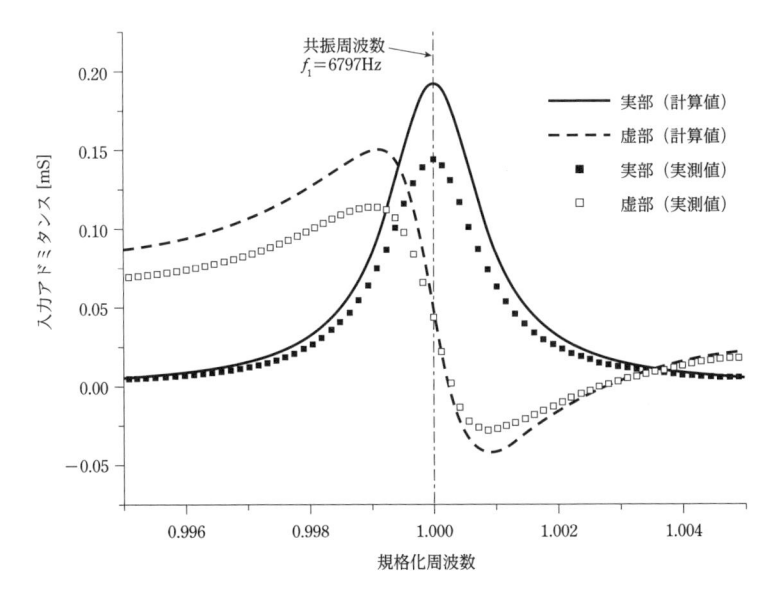

実部（計算値）
虚部（計算値）
実部（実測値）
虚部（実測値）

入力アドミタンス [mS]

規格化周波数

図 6.5.14 周波数特性の計算結果および実測結果（1次モード近傍）[11]

1.3% 高い．横軸はそれぞれの共振周波数で規格化している．計算では尖鋭度 Q 値としてカタログ値では 889 を採用したが，実測では 475 となった．これは硬プラスチックで作られた支持部の影響と考えられる．以下の計算ではこの値を採用した．

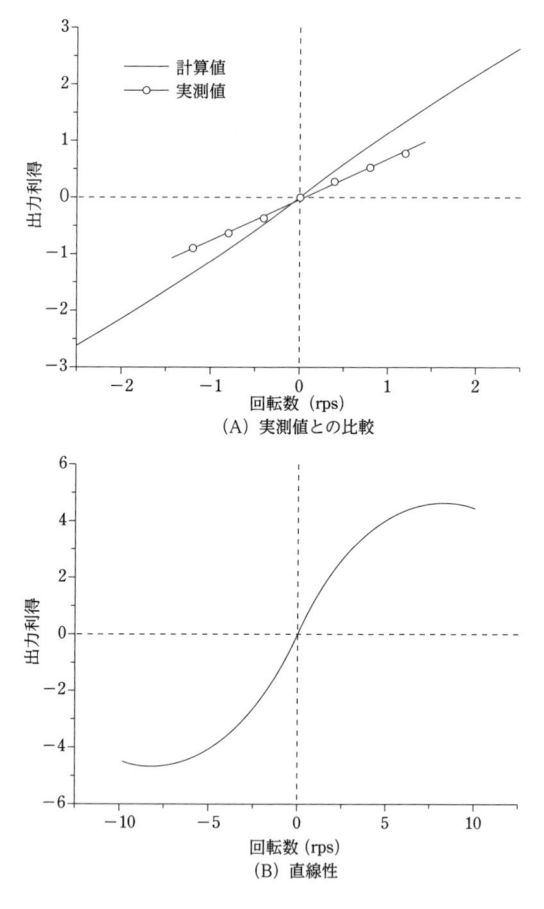

図 6.5.15 回転に対する出力利得 [11]

・回転特性

　ジャイロスコープの応答性は回転に対する出力利得により評価することができる．出力利得（虚部）を図 6.5.15 (A), (B) に示す．実測結果もあわせて示す．回転に対する感度は，計算では 1.2 V/rps，実測では 0.8 V/rps である．

　Q の値は前項で得られたものと同じではなく，支持の状態が少し異なる．図 6.5.15 (B) に示すように出力感度は，回転数が大きくなるに従い飽和の傾向にある．測定値には漏洩成分が含まれており，回転していないときも出力が認められた．

(2)　計測実験について

　今回実験に使用した 3 軸円筒形圧電体の電極の配置，分極方向は図 6.5.10 (A) に

示した通りである．図に示すように電極は8箇所ある．下方の電極は励振用，上方の電極を検出用とした．電極①に正弦波の電圧を加えると，いくつかの共振点で曲げ振動が励起される．円筒形圧電体の軸周りに回転を加えると，もとの振動に対してコリオリ力により直角方向の振動が励起され，このようにして電極⑥と⑧には回転速度に対応した電位が発生する．出力検出には高インピーダンス入力増幅器を用いた．

(3) 考察

有限要素モデルでは，2つのモードは直交しているために，回転していない状態では出力信号が現れないことが示されている．しかし実際には，静電結合により非常にわずかの漏洩電圧が発生することはあり得る．実測では非回転時の漏洩電圧は回転時と同等の大きさである．実験では，非回転時のオフセット電圧は出力信号から除かれている．計算では円筒形圧電体が中心軸に対して軸対称であると見なしていた．しかし，実体はそうではなく，圧電体はセラミックスであるから焼結の結果ゆがんで非対称となり，直交性が損なわれることがあり得る．

原因究明のためにこの状態をシミュレーションする．図6.5.10示した円筒形圧電体の横断面を少し変形させ卵形とした例について考察する．主軸を$\theta°$傾ける．偏平比$\alpha=d_2/d_1$を定義する．ここで長軸長d_1，短軸長d_2である．それらをシミュレーションのパラメータとする．$\theta=15°$，$\alpha=1.0015$での例を示す．図6.5.16にみるように

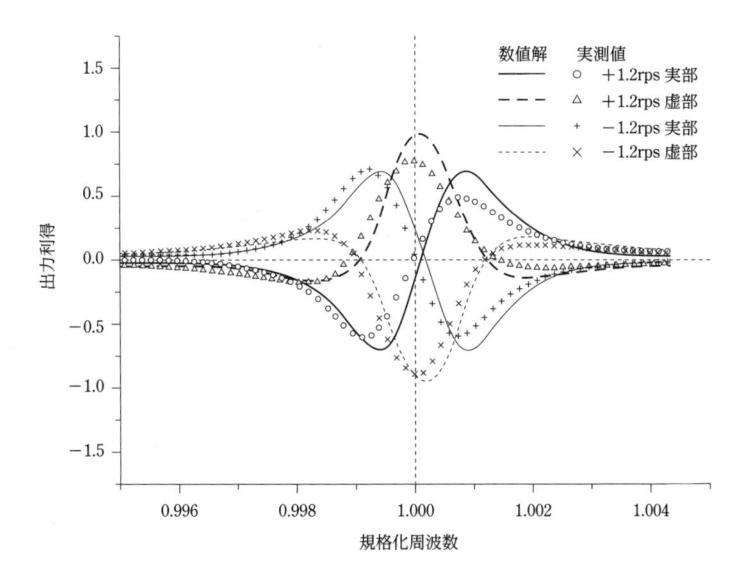

図6.5.16 変形した円筒モデルの出力利得 [11]

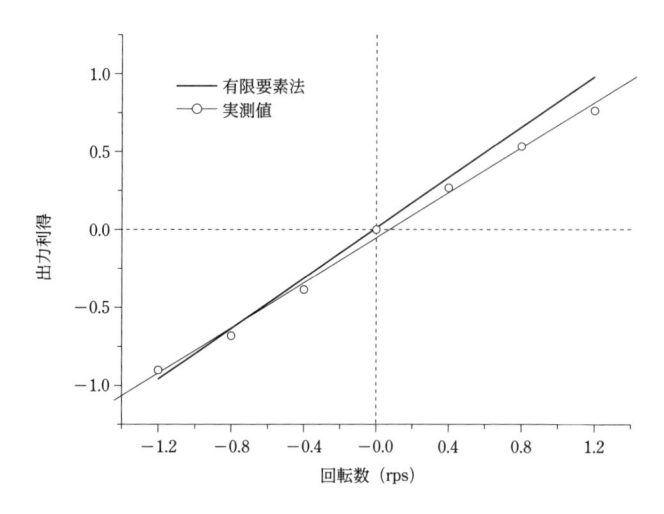

図 6.5.17 変形したモデルの出力利得の計算値および実測値 [11]

共振周波数が少し変化するとともに，出力利得・周波数特性は対称でなくなる．しかし図 6.5.17 にみるように，回転時の計算結果は図 6.5.15 に比べてより実測値に近づいていることがわかる．

このシミュレーションにより，わずかな非対称変形が非回転時の漏洩電圧にかかわっていることが明らかになった．圧電トランスの場合と同様に，シミュレーションが原因究明あるいはトラブルシューティングに有効な手段となり得ることを確認した．あるモードについて特性を調整するため，使用されていない電極に可変抵抗あるいは可変容量を接続して電気的境界条件を変えることも可能であるが，このようなシミュレーションもソフト上で容易に可能である．

曲げ振動を利用したものとしては音叉形，平面形のものも検討されている[12], [13]．

参考文献 (6-5)

[1] Gates, W. G.: Vibrating angular rate sensor may threaten the gyroscope, *Elecrton.*, **10**, 130-134（1968）．
[2] 近野　正：圧電形振動ジャイロスコープ——圧電ジャイロ，日本音響学会誌，**45**, 402-408（1989）．
[3] 富川義朗：超音波機能デバイス，日本音響学会誌，**47**, 206-212（1991）．
[4] 佐藤一輝：振動ジャイロ技術とその応用および今後の動向，電波航法，**33**, 15-21（1988）．
[5] 中村　武：ジャイロスター，センサー技術，**10**, 65-70（1989）．
[6] 近野　正，菅原澄夫，中村　尚，尾山　茂：圧電形の振動ジャイロ，信学論 (A)，**J68-A**, 602-603（1985）．
[7] 近野　正，菅原澄夫，尾山　茂，中村　尚：圧電形振動ジャイロ・角速度センサの等価回路，信学論 (A)，**J70-A**, 1724-1727（1987）．

[8] Chou, C. S., Yang, J. W., Hwang, Y. C. and Yang, H. J.: Analysis on vibrating piezoelectric beam gyroscope, *Int. J. Appl. Electromagn. Materials*, **2**, 227-241 (1991).

[9] Kagawa, Y., Tsuchiya, T. and Kawashima, T., : Finite element simulation of piezoelectric vibrator gyroscopes, *IEEE Trans. UFFC*, **43**, 509-518 (1996).

[10] 加川幸雄, 土屋隆生, 川島寿一, 安藤英一：圧電ジャイロのための有限要素法解析, 信学技報, **US93-70**, 47-54 (1993)

[11] Kagawa, Y., Wakatsuki, N., Tsuchiya, T. and Terada, Y.: A tubular piezoelectric vibrator gyroscope, *IEEE Sensors J.*, **6**, 325-330 (2006).

[12] 宮原友樹, 土屋隆生, 加川幸雄：回転下の3D弾性振動体, 日本シミュレーション学会：第20回計算電気・電子工学シンポジウム, 187-190 (1999).

[13] 土屋隆生, 宮原友樹, 加川幸雄：3次元圧電系有限要素モデルにおけるジャイロ効果の組入れ, 日本シミュレーション学会：第18回シミュレーション・テクノロジー・コンファレンス, 131-134 (1999)

6-6 単一素子3軸力センサー／アクチュエータ

圧電素子は多くの分野で使われており，センサー，アクチュエータ，電気機械フィルターなどがその例である．センサーあるいはアクチュエータは電気的エネルギー⇔機械的エネルギー変換によるもので，そのメカニズムは同じ構成方程式（2章参照）で表すことができる．

機械的な動きや負荷を感知するセンサーを必要とすることがある．ロボットに滑らかな動きをさせ，同時に3次元で負荷状態を検知するために圧電素子センサーが多く使われている．一方，圧電素子アクチュエータは，走査型トンネル顕微鏡のステージの移動あるいは針のスキャンに使われている．カメラ・レンズのフォーカス用などモーターとしても利用されている．

円筒形型圧電3軸センサーおよびアクチュエータの動作特性の有限要素法による解析，実験検証例を紹介する[1],[2]．

6-6-1 円筒形型圧電セラミックスによる3軸センサーおよびアクチュエータ——3次元有限要素解析

まず3次元有限要素法を用いて3軸圧電センサーおよびアクチュエータの静的動作特性を示す．解析には7章で紹介しているPIEZO3D1を用いている．径方向に分極処理された円筒形の圧電セラミックスの内・外面に複数個の電極を設置したもので6-5-3項で示したジャイロと同一のもの（これは実験用プロトタイプである）を流用している．図には構成だけでなく，大きさも示す．内側面は全面電極でGNDとしている．上下にそれぞれ4枚計8枚の電極（対）がある．便宜上 $x1, x2, y1, y2$（前節の①〜⑧の番号に相当）のように名前をつけておく．上方の4枚については後述するが，それらは電気的に開放である．3軸について独立にセンシングするために4枚の電極の位置は対称に配置されている．センサーの底部は基板に固定されている．このセンサーの上部に力が加えられた場合を考える．垂直方向に力を加えると圧電横効果により，すべての電極に同一の電圧が発生するはずである．x方向に力を加えると電極$x1$と$x2$にはお互いが逆極性の電圧が発生し，電極$y1$と$y2$には同じ極性の電圧が発生する．

(1) 3軸検出の原理

加えられた力を3軸について $\boldsymbol{f} = \{f_x, f_y, f_z\}$ とし，$x1$から$y2$までの電極のGNDに対する電圧をV_{x1}からV_{y2}のように表す．電圧V_{x1}からV_{y2}は開放電圧とする．電

極配置が対称であることから，次の関係が成り立つ：

$$\begin{bmatrix} V_{x1} \\ V_{x2} \\ V_{y1} \\ V_{y2} \end{bmatrix} = \begin{bmatrix} \alpha & 0 & \beta \\ -\alpha & 0 & \beta \\ 0 & \alpha & \beta \\ 0 & -\alpha & \beta \end{bmatrix} \begin{bmatrix} f_x \\ f_y \\ f_z \end{bmatrix} \tag{6.6.1}$$

α, β は圧電定数と電極配置に依存する比例係数である．これは力に関して次のように書ける：

$$\left. \begin{aligned} f_x &= (V_{x1}-V_{x2})/2\alpha \\ f_y &= (V_{y1}-V_{y2})/2\alpha \\ f_z &= (V_{x1}+V_{x2})/2\beta \text{ または } f_z = (V_{y1}+V_{y2})/2\beta \end{aligned} \right\} \tag{6.6.2}$$

最後の式は f_z が V_{x1} と V_{x2} あるいは V_{y1} と V_{y2} のどちらからでも決定できることを示している．しかし，測定誤差を小さくするには平均化が有効との考えから次のように f_z を求めるものとする：

$$f_z = (V_{x1}+V_{x2}+V_{y1}+V_{y2})/4\beta \tag{6.6.3}$$

結局電圧 $V_{x1} \sim V_{y2}$ を測定することで，力の3軸方向成分 f_x, f_y, f_z が求められる．すなわち：

$$\begin{bmatrix} f_x \\ f_y \\ f_z \end{bmatrix} = \begin{bmatrix} \dfrac{1}{2\alpha} & -\dfrac{1}{2\alpha} & 0 & 0 \\ 0 & 0 & \dfrac{1}{2\alpha} & -\dfrac{1}{2\alpha} \\ \dfrac{1}{4\beta} & \dfrac{1}{4\beta} & \dfrac{1}{4\beta} & \dfrac{1}{4\beta} \end{bmatrix} \begin{bmatrix} V_{x1} \\ V_{x2} \\ V_{y1} \\ V_{y2} \end{bmatrix} \tag{6.6.4}$$

係数 α, β は実験もしくは数値シミュレーションにより求める．

一方，電極に対して電気ポテンシャルが与えられたとき，アクチュエータ先端の変位 $\boldsymbol{u}=\{u_x, u_y, u_z\}$ は次式となる：

$$\begin{bmatrix} u_x \\ u_y \\ u_z \end{bmatrix} = \begin{bmatrix} -a & a & 0 & 0 \\ 0 & 0 & -a & a \\ -b & -b & -b & -b \end{bmatrix} \begin{bmatrix} V_{x1} \\ V_{x2} \\ V_{y1} \\ V_{y2} \end{bmatrix} \tag{6.6.5}$$

この式の係数 a, b もまた数値シミュレーションあるいは実験で求められる．この連立方程式を V_{x1} から V_{y2} について解けば，アクチュエータの先端を任意に動かすために加えなければならない電圧を求めることができるが，求める変数の数のほうが式の数よりも多いために，この連立方程式だけからでは上と同様一意に決定できない．

そこで次の条件を課す：

$$V_{x1}+V_{x2} = V_{y1}+V_{y2} \tag{6.6.6}$$

この条件は物理的には，アクチュエータの動作に寄与しないような不要なひずみを発生させないことに相当する．式 (6.6.5) と式 (6.6.6) を連立させて解くことにより次の関係を得る：

$$\begin{bmatrix} V_{x1} \\ V_{x2} \\ V_{y1} \\ V_{y2} \end{bmatrix} = \begin{bmatrix} -\dfrac{1}{2a} & 0 & -\dfrac{1}{4b} \\ \dfrac{1}{2a} & 0 & -\dfrac{1}{4b} \\ 0 & -\dfrac{1}{2a} & -\dfrac{1}{4b} \\ 0 & \dfrac{1}{2a} & -\dfrac{1}{4b} \end{bmatrix} \begin{bmatrix} u_x \\ u_y \\ u_z \end{bmatrix} \tag{6.6.7}$$

この関係に従った電圧を印加することにより，アクチュエータの先端を 3 次元的に任意の方向に駆動することができる．

(2) 有限要素シミュレーション[1]

要素分割は円周方向に 16 要素，長さ方向に 17 要素である．応力の変化は底部の固定された部分でより大きくなるため，その部分は細かく要素分割している．要素数 272，自由度 1912 である．システムマトリックスのバンド幅は 505 になる．

力センサーとして使う場合には振動力はセンサーの最上部に加えられ，電極開放端子において電圧が計測される．変位アクチュエータとして使う場合には，電極に与えられる電圧により変位が得られる．材料定数は表 6.5.2 に示してある．これらはカタログ値（富士セラミック）である．

最上部先端中心で x, y, z 方向それぞれに 1N の力を加えたときの変位図を図 6.6.1 に示す．x および y 方向の変位量は 7.7×10^{-7} m，z 方向はわずかに 7.4×10^{-9} m である．表面電位分布を図 6.6.2〜6.6.4 に示す．それらは円筒の外側面を切り開いた展開図（長方形）である．z 軸方向に力を加えたときの電極開放時の電圧を表 6.6.1 に示す．

(3) 実験検証

センサーの下端を厚さ 10 mm の鉄板にエポキシ樹脂で固定し，上端で電気的加振器により駆動する．図 6.6.5 は水平および垂直に加振されたときの周波数特性である．プリアンプの入力インピーダンスを 100 MΩ としている．以上の結果から，センサーの周波数特性はハイパスフィルターの特性を示し，10 Hz 以上ではその感度はほぼ一

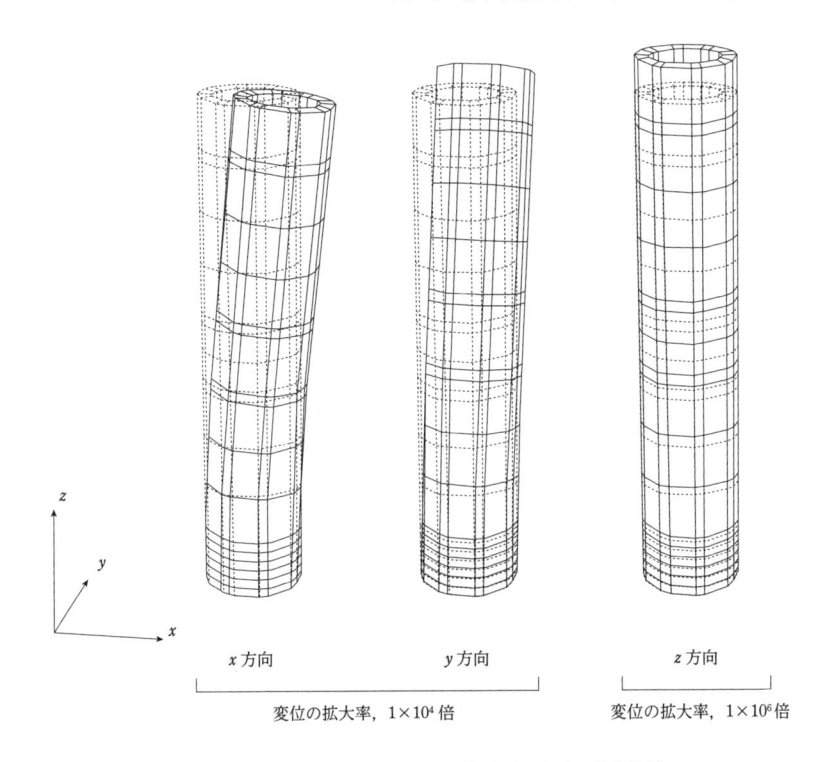

6-6 単一素子3軸力センサー／アクチュエータ

図 6.6.1 最上部表面に 1N の力を加えたときの変位図 [1]

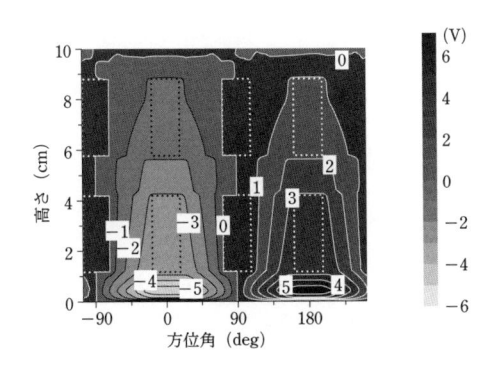

x 方向　　y 方向　　z 方向

変位の拡大率，$1×10^4$ 倍　　　変位の拡大率，$1×10^6$ 倍

図 6.6.2　x 方位に力を加えたときの表面電位分布（展開図）[1]

定で，水平方向では 3.3 V/N，垂直方向では 0.21V/N である．

20 Hz において，機械的に加えた振動力に対する出力電圧を図 6.6.6 に示す．各記号は実測値を示し，直線は有限要素法による計算結果を示す．入力と出力は比例し，

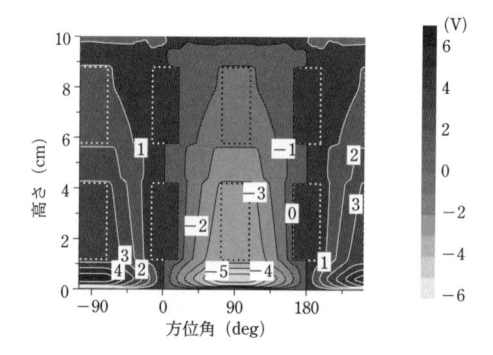

図6.6.3 y方向に力を加えたときの表面電位分布（展開図）[1]

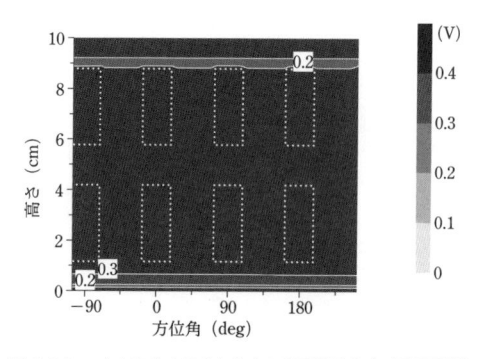

図6.6.4 z方向に力を加えたときの表面電位分布（展開図）[1]

表6.6.1 1Nの力を加えたときの電極開放時の電圧 [1]

方向	V_{x1}	V_{x2}	V_{y1}	V_{y2}	(V)
x	3.3	−3.3	0.00	0.00	
y	0.00	0.00	3.3	−3.3	
z	0.20	0.20	0.20	0.20	

実験と計算はよく一致している．感度係数 α および β は数値計算および実験から求められ，それらを表6.6.2に示す．計算結果は実験により得られた結果とよく一致している．

さらに，力センサーとして任意の方向から加えられた力について考察する．力とその方向成分との関係は図6.6.7に示すように，方位角度と仰角との関係で与えられる．先の実験で明らかになった α および β の値を用いれば，3軸圧電センサーに加えられた力を求めることができる．センサーに加える力を0.4 N，周波数20 Hzとする．図6.6.8および図6.6.9に仰角と方位角に分けられた3軸（x, y, z軸）の力を示す．記号

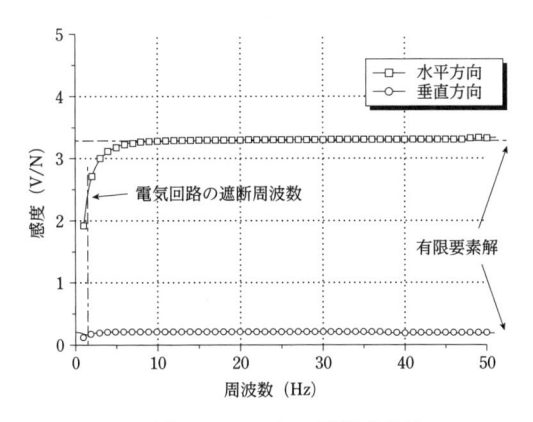

図 6.6.5 センサーの周波数特性 [1]

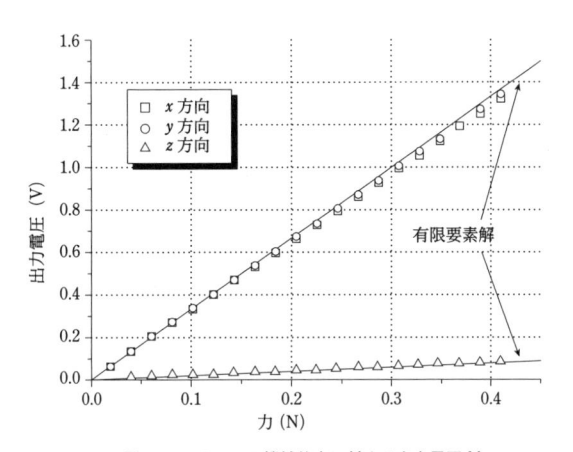

図 6.6.6 20Hz の機械的力に対する出力電圧 [1]

表 6.6.2 センサーの感度係数 α および β [1]

	α	β	(V/N)
数値計算	3.3	0.20	
実験	3.3	0.21	

と実線および鎖線は測定結果と計算結果を示し，それらはよい一致を示す．図 6.6.9 において加振方向が z 方向の力を示す f_z はゼロであるはずであるが，実験では z 方向に角度 ϕ の $(1/4)\pi$ および $(5/4)\pi$ に極大が出ている．これはすべての電極の感度が均一ではないからと考えられる．感度が均一でないのは作り方，分極過程，電極位置，実験のセッティングなどによると考えられる．垂直方向の感度は水平方向に比べ

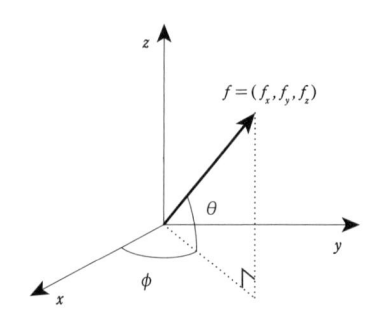

図 6.6.7　加えられた力の方位角度と仰角 [1]

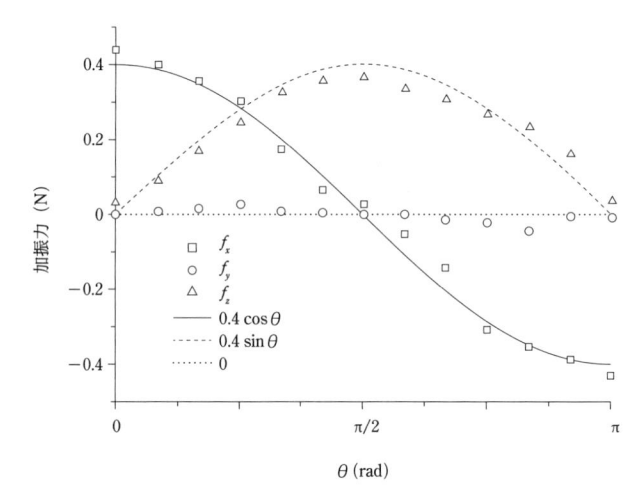

図 6.6.8　仰角に対する 3 軸 $(x, y, z$ 軸$)$ の力 [1]

て非常に小さいため，垂直方向の力に対しては誤差が顕著になる．

6-6-2　3 軸アクチュエータ

圧電アクチュエータは微少な移動をさせるために多く使われている．ここでは単一の圧電素子を用いて 3 次元の動きを考察する．

周囲方向に 16，縦方向に 14 分割している．電極の端付近は細かい分割としてあり，要素数 224，自由度 1477 である．システムマトリックスのバンド幅は 397 である．機械的境界条件として，底部は固定である．駆動のための電圧を外面の電極と GND 間に与える．計算によって得られた変位状態を図 6.6.10 に示す．図には与えた電圧も

6-6 単一素子3軸力センサー／アクチュエータ　181

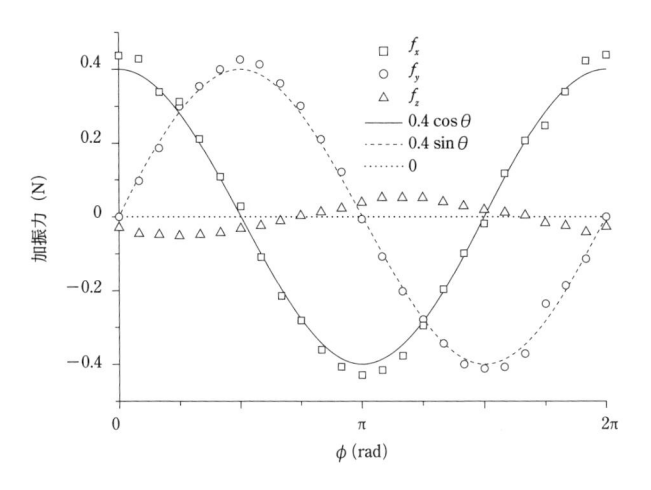

図 6.6.9　方位角に対する3軸 (x, y, z 軸) の力 [1]

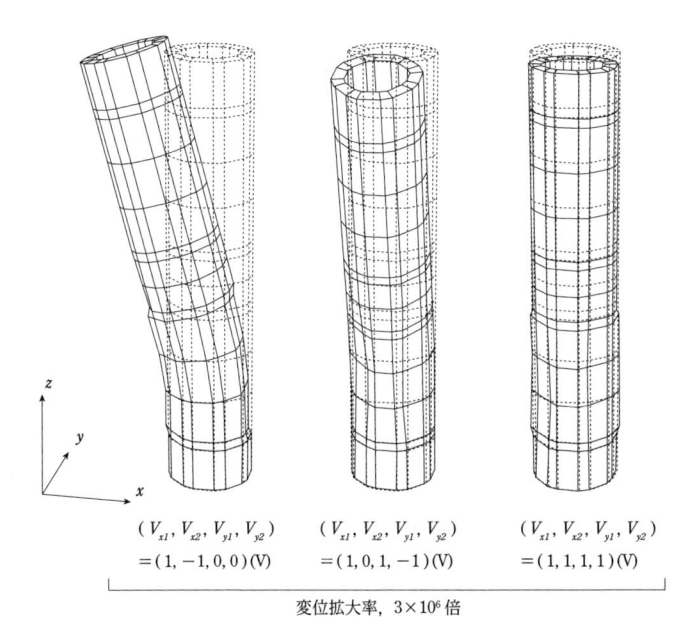

$(V_{x1}, V_{x2}, V_{y1}, V_{y2})$
$= (1, -1, 0, 0)$ (V)

$(V_{x1}, V_{x2}, V_{y1}, V_{y2})$
$= (1, 0, 1, -1)$ (V)

$(V_{x1}, V_{x2}, V_{y1}, V_{y2})$
$= (1, 1, 1, 1)$ (V)

変位拡大率, 3×10^6 倍

図 6.6.10　変位状態の計算結果 [1]

示してある.有限要素法による,センサーの x および y 方向の変位は 6.7×10^{-9} m/V,z 方向は 8.4×10^{-10} m/V である.

参考文献 (6-6)

[1] Wakatsuki, N., Kagawa, Y. and Haba, M.: Tri-axial sensors and actuators made of a single piezoelectric cylindrical shell, *IEEE Sensors J.*, 4, 102-107 (2004).

[2] 若槻尚斗,加川幸雄,土屋隆生:3次元有限要素法を用いた3軸圧電センサーの特性解析,日本シミュレーション学会:第18回計算電気・電子工学シンポジウム,233-236 (1997).

6-7 曲げ振動子

ここでは曲げ振動子を用いた2つの例を紹介する．はじめの例は，電歪振動子を貼付した音片振動子による電気機械フィルターの解析と設計に応用したものである．これは，有限要素法を圧電問題へ採用した最初の例として意義があろう．次に，小型でモノリシック構造のショックセンサーについて，圧電効果を考慮した3次元有限要素法を用いて圧電単結晶を用いた曲げ振動子の検討をしている．

6-7-1 電歪振動子を貼付した音片振動子とフィルターの解析

はりの曲げ振動を利用した音片振動子や音叉は，低周波用のものが小型に作ることができることから，電気機械フィルター，トランスジューサやレゾネータとして広く使われている．振動子や電気機械フィルターを解析するうえで多く用いられる方法は，機械振動系を電気的等価回路に変換して考察する方法である[1]．伸び振動や捩じり振動を利用した機械フィルターやレゾネータでは，等価回路が4端子網で書けるから，既知の電気回路網の知識を利用した設計，解析が容易である[2]．はりの曲げ振動を電気的等価回路で考察することも行われているが[3],[4]，はりの曲げ振動は応力および変位のほかにモーメント，回転（スロープ）が関係するので，等価回路は4端子対回路網で複雑となり，電気技術者にとってもその回路から具体的な応答を直観的に理解することが容易ではない．形状，構造が複雑になったり，高次モードを扱う場合にはさらに困難になる．

ここでは有限要素法により，電歪振動子を貼付した音片振動子を1次元モデルとして考察する[5],[6]．有限要素モデルは曲げ弾性体をはり要素分割し，それぞれを，4端子対のマトリックス要素モデルを導出し，それらを接合することで系マトリックス方程式が得られる．電気端子が短絡の場合と開放の場合について，系の固有振動周波数を計算し，電気的素子として重要なパラメータである電気端における入力アドミタンスについても計算している．機械系が電気系と結合している場合，電気端子も1つの境界条件である．厳密にいえばこの電気端子に接続される外部回路によって，はりの振動モードも影響を受けることになるはずで，回路網的伝達特性解析はそのような意味でも近似的である．

曲げ振動を含む解析も 6-3-2 項にみるように 3D モデルを用いれば本書のプログラム PIEZO3D1 で容易に解析できる．これは曲げ振動子による電気機械結合フィルターの解析に有限要素法を適用したもので（本節の解析は圧電系に有限要素法を最初に

適用した例として意義があろう[7]）有限要素法による離散化方程式の導出については参考文献 [5]～[8] を参照していただくこととして，同一の曲げ振動体に入力と出力系を設けた場合について述べる．

・数値計算例――サンドイッチ型音片振動子

図 6.7.1 に示すように音片の上下面に圧電素子が接着されている．上下の圧電素子は逆相に接続されているので，圧電横効果により，上が伸びれば下は縮み，音片に曲げ振動が励起される．振動子の大きさは以下のとおりである．$r_b=b_t/b_m=1.0$，$r_h=h_t/h_r=1.5$，$r_{hL}=h_m/L=0.004903$，$r_\rho=\rho_t/\rho_m=0.962$，$r_Y=Y_t/Y_m=0.381$，$l_t/L=0.7$，$l_1/L=0.15$，$l_2/L=0.15$，$l_3/L=0.2$，$k_{31}=0.31$（電気機械結合係数）である．ここで P, Y はそれぞれ密度，ヤング率を表し，長さなどの記号も図に示してあるが，下付き添え字 t, m はそれぞれ圧電素子，基板素材を示している．電極は左右に 2 分割されそれぞれ入力，出力端子としている．図 6.7.2 に一要素と曲げの様子が示してある．計算では振動子は 6 要素に分割され，左右それぞれ 3 要素からなる．両端を自由とした場合の剛性行列の大きさは 14×14 である．分割された一要素が長さ方向に図 6.7.1 (B) のような曲げ変形をする場合について有限要素マトリックスを導出し，それらを接合して全体のマトリックスが構築された．系全体を六面体要素の集積からなる 3D モデルとすれば，PIEZO3D1 を利用して解くことができるが大きな行列となり，それだけコストがかかる．図 6.7.3 に示すのは，規格化された入力アドミタンスで，$Y_0^{(s)}$ および $Y_0^{(0)}$ は 2 次側端子が短絡および解放された場合である．これに基づき振動フィルターの特性を求めることができる[9]．入力および出力間の浮遊容量は考慮さ

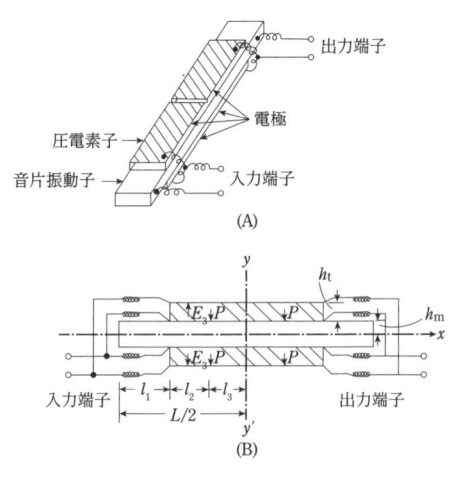

図 6.7.1 電気機械フィルター [5]

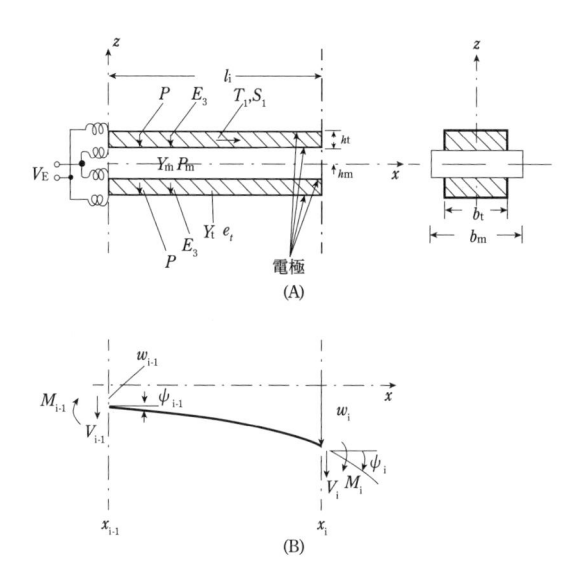

図 6.7.2 サンドイッチはり（一要素）[5]

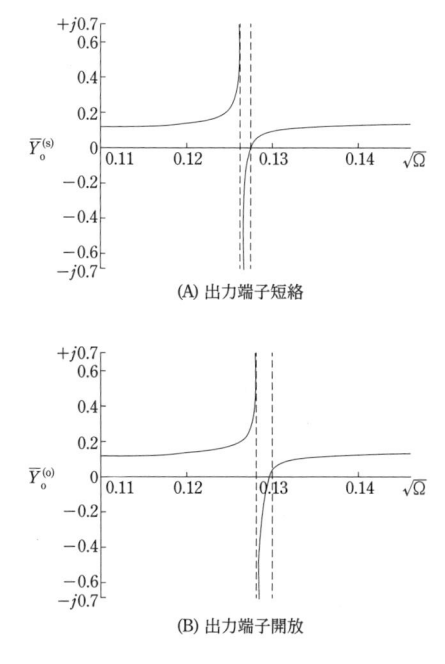

図 6.7.3 規格化された入力アドミタンス [7]

(A) 出力端子短絡

(B) 出力端子開放

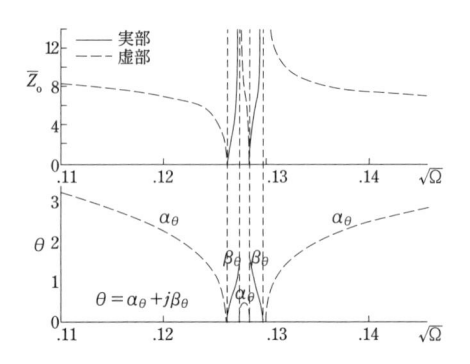

図6.7.4 特性インピーダンスおよび伝搬定数 [7]

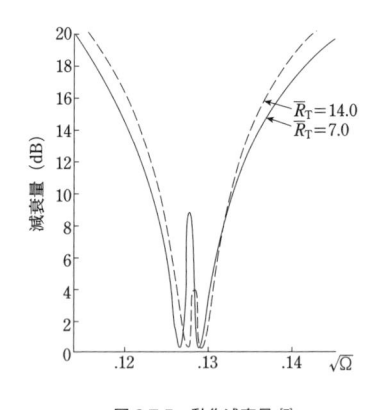

図6.7.5 動作減衰量 [7]

れていない．特性インピーダンスおよび伝搬定数を図6.7.4に示す．入出力回路ともに比抵抗 $\overline{R}_T$ で終端した場合の動作減衰量を図6.7.5に示す．双峰特性を示している．

以上，有限要素モデルによる伝達動作減衰量を等価回路的考察に基づいて求めたが，有限要素モデルでは，伝達特性は直接的に求めることができる．その結果との比較がないのは残念である．

6-7-2　圧電単結晶を用いたセンサー

小型で単純な構造の振動センサーがしばしば要求される．たとえば，コンピュータの外部記憶装置であるハードディスク装置は，とくに書きこみ時において衝撃を避ける必要がある．ハードディスク装置に衝撃が加えられた場合には書きこみ動作を一時停止させるためのセンサーが必要である．この目的のために小型の曲げ振動子センサ

ーが用いられる．そのようなセンサーとして，圧電単結晶である LiNbO$_3$ の基板でバイモルフを構成した曲げ振動子センサーが提案されている[10], [11]．センサーの構造をより単純化することは，信頼性，生産能率の向上やコスト削減につながる．

ここで考察するセンサーは構造の単純な，一枚の圧電単結晶基板をそのまま利用するモノリシックタイプ（バイモルフ構造にしない）の曲げ音片振動子センサーである．3次元有限要素法によりその特性解析を行う[12]．

(1) 構成

センサーの概観を図 6.7.6 (A) に示す．衝撃を検出するカンチレバー部分とセンサーを台に固定するための支持部分からなる．カンチレバー部分と支持部分は一体で，水晶の 90°回転 Y-カット（Z-カット）基板を想定している．カット角 90°を採用した理由は後述する．

図 6.7.6 (B) に示すように 2 対の電極がカンチレバー部分の上・下面に設置してあり，逆相で接続されている．図 6.7.6 (A) の電極間の波形は 2 つの電極が離れていることを示す．

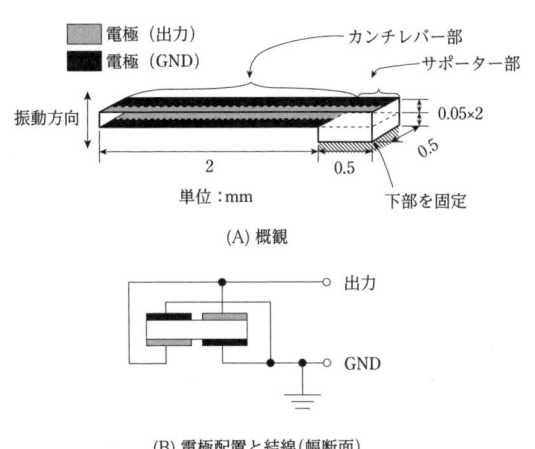

(A) 概観

(B) 電極配置と結線（幅断面）

図 6.7.6 曲げ振動子センサー [11]

図 6.7.7 動作原理 [12]

188   6章　圧電デバイス応用例

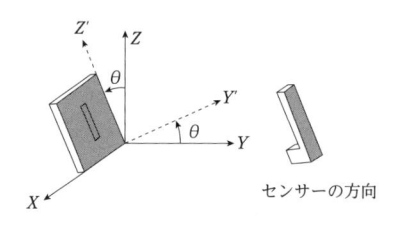

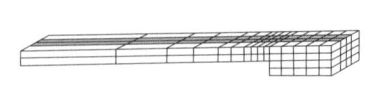

図6.7.8　座標系とカット角 [12]

図6.7.9　要素分割図 [12]

表6.7.1　材料定数 [12]

弾性スティフネス ×10¹¹ (N/m²)			圧電 e 定数（C/m²）	比誘電率	密度（kg/m³）
c_{11}^E=0.8674	c_{12}^E=0.0699	c_{13}^E=0.1191	e_{11}=0.171	ε_{11}^S=4.43	ρ=2650
c_{14}^E=0.1791	c_{33}^E=1.072	c_{44}^E=0.5794	e_{14}=0.0406	ε_{11}^S=4.43	
c_{66}^E=0.39875					

(2) 動作原理

　センサーを固定している台が衝撃等により上下に振動した場合，慣性力によりカンチレバー部分は上下方向に曲げられる．たとえば，カンチレバーが下に曲がった場合を考えると，カンチレバーの上半分は伸び，下半分は縮むことになる．このとき，圧電横効果によりカンチレバーの幅方向に発生する電界は，図6.7.7に示すように，上部と下部では向きが反対になる．そこで，カンチレバーの上，下面それぞれに一組の電極を設けた場合，逆向きに接合することにより横振動が検出できる．

　図6.7.8に水晶単結晶の回転 Y-カット基板の座標系とカット角の定義を示す．また，センサーの方向もあわせて示してある．応答はカット角に依存する．

(3) 有限要素モデル

　数値シミュレーションには圧電効果を考慮した3次元有限要素法を用いている．8節点のアイソパラメトリック六面体要素を用いた3次元有限要素による添付プログラムと同一のものである．最終的に得られた離散化方程式は，

$$\begin{bmatrix} [K]-\omega^2[M] & [\Gamma] \\ [\Gamma]^t & [G] \end{bmatrix} \begin{Bmatrix} \{u\} \\ \{\phi\} \end{Bmatrix} = \begin{Bmatrix} \{F\} \\ \{Q\} \end{Bmatrix} \quad (6.7.1)$$

$[K]$：剛性マトリックス　　　$[M]$：質量マトリックス　　$[G]$：静電容量マトリックス
$[\Gamma]$：電気機械結合マトリックス　$\{u\}$：変位ベクトル　$\{\phi\}$：電位ベクトル
$\{F\}$：外力ベクトル　　　　　$\{Q\}$：電荷ベクトル
ここでは機械損失を考慮していない．

　図6.7.9に要素分割を示す．要素数は160，自由度数は994となっている．
　ここで $\{u\}$，$\{\phi\}$ の一部に境界条件を課し $\{F\}$，$\{Q\}$ を与えて，残りの $\{u\}$，$\{\phi\}$

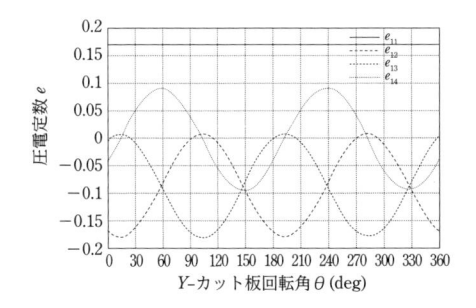

図 6.7.10 圧電 e 定数のカット角依存性 [12]

を求める．また，出力電極端子は開放として，$\{Q\}=0$ を与えている．すなわち，信号検出のためには入力インピーダンスが非常に高い増幅器を接続することを想定している．ほかの境界条件は以下の通りである：
・支持部下面の変位は 0．　・GND 電極上の節点電位は 0．
・入力，出力電極上の節点はそれぞれ同電位．

入力として，加速度による慣性力をすべての節点に与えている．材料定数を表 6.7.1 に示す．これらの定数は，解析プログラム中で基板のカット角にあわせて座標変換してから用いている．

(4) 基板カット角の検討

前述の (2) 動作原理によれば，出力として取り出される電圧はおもにカンチレバーの長さ方向 (z' 方向) のひずみによって発生する幅方向 (x 方向) の電界によるものである．これは圧電 [e] 定数の e_{13} に対応する．したがって e_{13} が大きくなるようなカット角においてセンサー感度が高くなると考えられる．

x 方向の電界を発生させる要因になりうる圧電定数 e_{11}~e_{16} について，カット角依存性を図 6.7.10 に示す．ただし，e_{15}, e_{16} は常に 0 であったので図示していない．カット角 θ が約 $100°$ のときに e_{13} の大きさが最大になっており，このときにセンサー感度が高くなることが期待される．

(5) 計算結果

(5-1) センサー感度のカット角依存性

大きさ 1 G，周波数 1 kHz の加速度入力に対する出力電圧の計算結果を図 6.7.11 に示す．約 $90°$ 付近でセンサー感度の大きさが最大となり，0.47 mV/G が得られた．また，感度のカット角に対する変化が図 6.7.10 における e_{13} の変化と類似していることがわかる．ただし，両者はピークの値が少しずれており，センサー出力の要因が z' 方

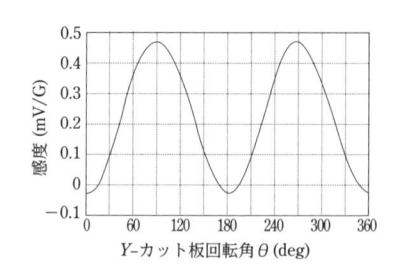

図 6.7.11 センサー感度のカット角依存性 [12]

図 6.7.12 変位図 [11]

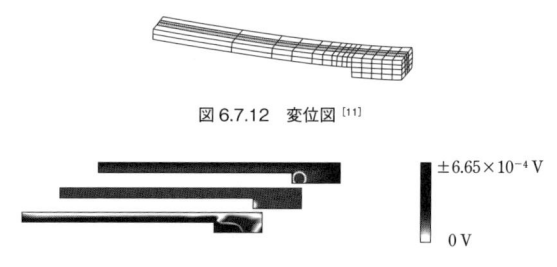

図 6.7.13 断面, 電位分布 [12]

向の縦ひずみだけでなく，せん断ひずみによっても引き起こされ，e_{14} も影響していることが考えられる．

有限要素法解析の結果より，基板のカット角が 90°（Z-カット）付近で高感度が得られることがわかった．よって，以後の解析では 90°のカット角を採用する．

(5-2) 変位と電位分布

センサーの厚さ方向に，大きさ 1 G，周波数 1 kHz の加速度を加えたときの変位と各断面の電位分布を計算した．結果を図 6.7.12，図 6.7.13 にそれぞれ示す．図 6.7.12 において，カンチレバー先端の変位は 7.8×10^{-10} m となった．図 6.7.13 より，カンチレバー部分の電界の方向が手前と奥の図では上下反転しており電荷は 2 倍，出力電極と GND 電極間の電圧も 2 倍となる．

(5-3) 周波数応答

入力加速度の大きさを 1 G として，周波数応答を計算した．結果を図 6.7.14 に示す．共振周波数は約 21 kHz となった．また，10 kHz 以下の周波数でほぼ一定な感度が得られることがわかる．

(5-4) カンチレバー長の検討

支持部分はそのままで，カンチレバー部分の長さを 1〜4 mm の間で変化させ，加振周波数 1 kHz におけるセンサー感度を求めた．また共振周波数のカンチレバー長の

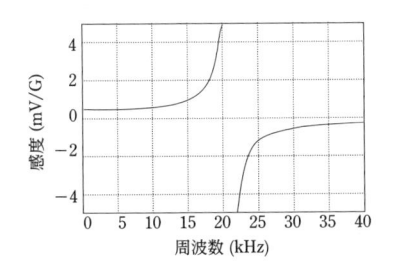

図 6.7.14 周波数応答 [12]

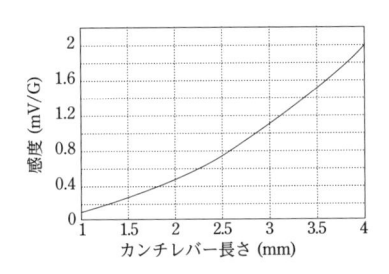

図 6.7.15 センサー感度のカンチレバー長さ依存性（加振周波数 1 kHz）[12]

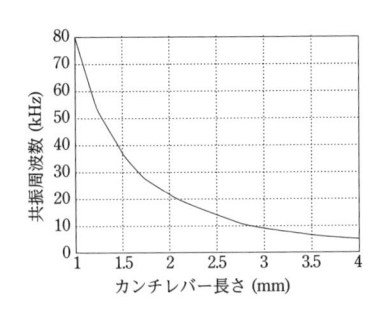

図 6.7.16 共振周波数のカンチレバー長さ依存性 [12]

依存性を求めた．その結果をそれぞれ図 6.7.15, 図 6.7.16 に示す．当然のことながらカンチレバーの長さが長いほど高感度が得られるが，その一方で共振周波数は低くなる．ハードディスク装置への応用のためには，10 kHz 程度の周波数まで検出することを考えると，共振周波数はおおむね 20 kHz 以上であることが望ましい．よって，ここではカンチレバーの長さは 2 mm 程度が適当であろう．

　以上，圧電単結晶として水晶単板，モノリシック構造の振動センサーを提案し，圧電効果を考慮した 3 次元有限要素法により特性解析を行った．その結果，

　　・提案する構成により，カンチレバーの横方向の振動を検出できることを示した．

- センサー感度は，回転 Y-カット基板のカット角により変化し，その様子は圧電 e 定数 e_{13} のふるまいに類似している．最も高感度が得られるカット角は $90°$，すなわち Z-カットの時である．そのときの感度は 0.47 mV/G となった．
- カンチレバーの長さによって感度と共振周波数が変化する．両者はトレードオフの関係にあり，用途に応じて最適な長さを決定する必要がある．

今後の課題としては，
- 負荷抵抗の効果を組み込む．
- 過渡応答解析を行う．

等があげられる．

参考文献 (6-7)

[1] たとえば，Mason, W. P.: Electromechanical Transducer and Wave Filters, 2nd edition, Van Nostrand (1948).
[2] たとえば，永井健三，神谷六郎：伝送回路網学（上巻）改訂 11 版，コロナ社 (1956).
[3] 近野 正，中村 尚，日下部千春，富川義朗：横振動細棒の等価回路網について，日本音響学会誌，**20**, 164-174 (1964).
[4] Konno, M. and Nakamura, H.: Equivalent electrical network for the transversely vibrating uniform bar, *J. Acoust. Soc. Am.*, **38**, 614-622 (1965).
[5] Kagawa, Y. and Gladwell G. M. L.: Finite element analysis of flexure-type vibrators with electrostrictive transducers, *IEEE Trans. Sonics Ultrason.*, **SU-17**, 41-48 (1970).
[6] 加川幸雄，グラッドウェル，G. M. L.：電気系と機械系が結合している振動系への有限素子法の応用，日本音響学会誌，**26**, 117-128 (1970).
[7] Kagawa, Y.: A new approach to analysis and design of electromechanical filters by finite-element technique, *ISVR Memo*, **326** (1969).
[8] 加川幸雄：有限素子法による電気機械フィルタの解析と設計，日本音響学会誌，**27**, 201-214 (1971).
[9] 日下部千春，近野 正：圧電形の低周波メカニカル・フィルタ，電通学誌，**51-A**, 40-41 (1968).
[10] Ohtsuchi, T., Sugimoto, M., Ogura, T., Tomita, Y., Kawasaki, O. and Eda, K.: Shock sensors using direct bonding of $LiNbO_3$ crystals, *Procs. of IEEE Ultrason. Sym.*, 331-334 (1996).
[11] 若槻尚斗，土屋隆生，加川幸雄：衝撃センサの有限要素シミュレーション，日本シミュレーション学会：第 17 回シミュレーション・テクノロジー・コンファレンス，213-216 (1998).
[12] 若槻尚斗，土屋隆生，加川幸雄：圧電単結晶を用いたモノリシック衝撃センサ，"日本シミュレーション学会：第 19 回計算電気・電子工学シンポジウム，223-226 (1998).

6-8 振動制御

構造体の制振は，振動エネルギーを散逸させることで振動を制御・抑制するもので，アクティブ制振とパッシブ制振に分けられる．前者は振動体に装着された振動センサーとアクチュエータの間に帰還回路を設け，逆相の駆動力を加えて能動的に振動制御を行うもので，これに対して後者は従来の方式で構造体の機械的エネルギー損失を制振板などで受動的に増加させるものである．後者の場合も制振板の代わりに圧電素子（電気機械変換素子）を貼付して電気エネルギーの形に変換してエネルギーを消失させるものがある[1]~[3]．すなわち電気端子に接続された抵抗素子によりエネルギー消散が行われる．この方式は抵抗値を変えることで減衰特性を変えることができる．

ここでは圧電振動体を用いたパッシブ制振について述べる．その手順はまず圧電系を含む構造体について有限要素モデルを求め，モード解析を基にした等価回路を導出し，そのメカニズムと効果を等価回路モデル上で検討する．

圧電振動の有限要素モデルについては4章で，モード解析については5章に詳細が述べられている．

6-8-1 等価回路モデル

圧電材の有限要素離散化方程式は次のように与えられた：

$$\begin{bmatrix} K-j\omega R & P \\ P^t & G \end{bmatrix} \begin{bmatrix} u \\ \phi \end{bmatrix} = \begin{bmatrix} f \\ q \end{bmatrix} \tag{6.8.1}$$

これは式 (6.3.1) で誘電体損を除いたものである．ただし，ここでは u, ϕ はそれぞれ変位，電位ベクトル，f, q は力，電荷ベクトルである．ϕ を消去すると

$$(\overline{K}+j\omega\overline{R}-\omega^2\overline{M})\overline{u} = \overline{f} \tag{6.8.1}'$$

となる．ここで，

$$\overline{K} = K+PG^{-1}P^t, \quad \overline{R} = \eta K, \quad \overline{u} = u, \quad \overline{f} = f+PG^{-1}q$$

$\eta(=Q^{-1})$ は損失係数（構造減衰）である．特性方程式 $(\overline{K}-\omega^2\overline{M})\overline{u}=0$ の固有ベクトルを ξ_m $(m=1\sim n)$，モーダルマトリックスを

$$\varXi = [\xi_1 \ \xi_2 \ \cdots \ \xi_N] \tag{6.8.2}$$

とすれば直交性によって，式 (6.8.2) はモード結合が解除されて

$$(\overline{K}_m + j\omega\overline{R}_m - \omega^2\overline{M}_m)\overline{X}_m = \overline{F}_m \tag{6.8.3}$$

ここで，

$$\overline{K}_m = \boldsymbol{\Xi}^t\boldsymbol{K}\boldsymbol{\Xi}, \quad \overline{R}_m = \eta\boldsymbol{\Xi}^t\boldsymbol{K}\boldsymbol{\Xi}, \quad \overline{M}_m = \boldsymbol{\Xi}^t\boldsymbol{M}\boldsymbol{\Xi}, \quad \overline{F}_m = \boldsymbol{\Xi}^t\overline{\boldsymbol{f}} = \boldsymbol{\xi}_m^t\overline{\boldsymbol{f}},$$

ただし，$\overline{\boldsymbol{u}} = \boldsymbol{\Xi}\overline{X}$，$\overline{\boldsymbol{F}} = \boldsymbol{\Xi}\overline{\boldsymbol{f}}$ としている．
式 (6.8.3) を書き直せば

$$\left(\overline{R}_m + j\omega\overline{M}_m + \frac{1}{j\omega\overline{S}_m}\right)\overline{v}_m = \overline{F}_m \tag{6.8.3}'$$

ただし，$\overline{S}_m = 1/\overline{K}_m$ で，$v_m = j\omega\overline{X}_m$ は変位速度である．ここで，v_m を電流，$\overline{F}_m$ を電圧に対応させると，式 (6.8.3)' は $\overline{R}_m$，$\overline{M}_m$，$\overline{S}_m$ の直列共振系からなる電気的等価回路で表現できる．
$\overline{F}_m$ は機械入力と電気入力からなる:

$$\overline{F}_m = \boldsymbol{\xi}_m^t\boldsymbol{f} + \boldsymbol{\xi}_m^t\boldsymbol{P}\boldsymbol{G}^{-1}\hat{\boldsymbol{q}} \equiv \boldsymbol{\xi}_m^t\boldsymbol{f} + \boldsymbol{\xi}_m^t\boldsymbol{P}\boldsymbol{\phi} \tag{6.8.4}$$

式 (6.8.4) の右辺第一項が機械入力端子，第 2 項が電気入力端子にそれぞれ対応する．ただし，$\boldsymbol{\phi}$ は系を機械的に拘束した ($\boldsymbol{u}=0$) ときに電荷により電気端子に現れる電位である．
節点 i に外力 $\hat{f}_i$ が加えられたとすると，対象モードの等価外力は式 (6.8.4) の右辺第 1 項より

$$\overline{F}_{mi} = \xi_{mi}\hat{f}_i \tag{6.8.5}$$

ただし，$\overline{F}_{mi}$ は ξ の下付き添え字の m，i はそれぞれモード番号，要素節点を表す．これは機械入力端子 i に $1:\xi_{mi}$ の理想変圧器が挿入されていることに対応する．($\hat{}$) は既知の値を示す．モーダルベクトル（固有ベクトル）$\boldsymbol{\xi}_m$ は空間的に分布しているために，理想変圧器の変圧比は駆動点の位置により異なる．ξ_{mi} はモード $\boldsymbol{\xi}_m$ の節点 i における値である．
次に，節点 j を電気入力端子として電位 $\hat{\phi}_j$ が与えられたとすると，式 (6.8.4) の第 2 項より

$$\overline{F}_{mj} = \hat{\phi}_j\sum_{l=1}^{n}\xi_{ml}P_{jl} \equiv A_{mj}\hat{\phi}_j \tag{6.8.6}$$

ここで，$A_{mj}\left(=\sum_{l=1}^{n}\xi_{ml}P_{jl}\right)$ は力係数である．これは電気入力端子に $1:A_{mj}$ の理想変圧器が挿入されていることに対応する．さらに，電気端子 j には制動容量 $C_j^{(d)}$ が基準

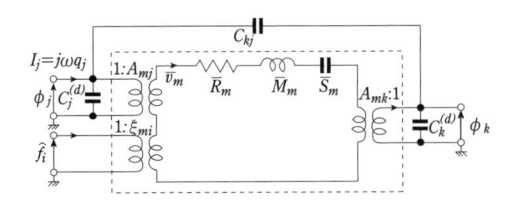

図 6.8.1 入出力端子を考慮した電気的等価回路（第 m モード, 節点 i, j, k に対して）[5]

電位（接地）との間に挿入されている:

$$C_j^{(d)} = \sum_l G_{jl} \tag{6.8.7}$$

ただし, G_{jl} は電気端子 j とほかの節点 l との間の静電容量に対応する.

第 m モードについて変位速度 $\bar{v}_m$ が求まったとする. そのときの変位 u_m は

$$u_m = \frac{\bar{v}_m}{j\omega} \xi_m \tag{6.8.8}$$

式 (6.8.1) の第 2 式に代入すれば

$$\boldsymbol{G\phi} = \frac{\bar{v}_m}{j\omega} \boldsymbol{P}^t \xi_m - \hat{\boldsymbol{q}} \tag{6.8.9}$$

式 (6.8.9) の右辺第 1 項は, 振動が圧電効果により変換されて電気端子に現れた電荷, 第 2 項は電極に与えられた電荷である. ここで, 電気端子 k 開放 ($\hat{q}_k = 0$) について式 (6.8.9) を書き直すと

$$G_{kk}\phi_k + G_{kj}\phi_j = \frac{\bar{v}_m}{j\omega} \sum_{l=1}^n P_{lk} \xi_{ml} \tag{6.8.10}$$

ただし, ϕ_k, ϕ_j はそれぞれ端子 k, j の電位である. 両辺に $j\omega$ をかけ, 書き直すと

$$j\omega C_k^{(d)} \phi_k = A_{mk} \bar{v}_m - j\omega C_{kj}(\phi_k - \phi_j) \tag{6.8.11}$$

ここで,

$$C_k^{(d)} \equiv G_{kk} + G_{kj} \tag{6.8.12}$$

$$A_{mk} \equiv \sum_{l=1}^n P_{lk} \xi_{ml} \tag{6.8.13}$$

$$C_{kj} \equiv -G_{kj} \tag{6.8.14}$$

ただし, $C_k^{(d)}$ は出力端子 k の制動容量, A_{mk} は力係数, G_{kk}, G_{kj} はそれぞれ端子 k の自

己静電容量，端子 k-j 間の相互静電容量である．式 (6.8.11) の右辺第 1 項は変位速度により出力電極に生じる電位を表す．これは電気出力端子に $A_{mk}:1$ の理想変圧器が挿入されていることに対応する．

以上をまとめると，入出力と電気・機械変換を考慮した電気的等価回路は図 6.8.1 のようになる．入出力が複数の節点で構成される場合は，それぞれの節点に対応する理想変圧器が挿入されることになる．また，この等価回路はほかのモードについても任意の節点について成立し，入力端子に与えられた入力はすべてのモードの応答が現れるから各モードに対応する回路は端子で接合されることになる．

6-8-2 圧電素子によるパッシブ制振[8]

圧電素子によるパッシブ制振の有効性を検討する．この方法は，振動部材に貼付された圧電素子により電気エネルギーに変換された振動エネルギーを，電気端子に接続された抵抗器で電気的に散逸させることで部材の振動を制御するものである．

圧電素子の電極に電気抵抗がつながれているとき，機械的エネルギーは電気的エネルギーに変換されて抵抗で消費されることになる．図 6.8.1 の等価回路で電気端子 k に負荷抵抗 R_L をつないだとき，共振角周波数 ω_m における変位速度は次のようになる：

$$\bar{v}_m = \frac{1+(\omega_m C_k^{(d)} R_L)^2}{\bar{R}_m\{1+(\omega_m C_k^{(D)} R_L)^2\}+R_L A_{mk}^2}\bar{f}_m \tag{6.8.15}$$

これが最小となる，$R_L(\equiv R_0)$ の条件を求めると

$$R_0 = \frac{1}{\omega_m C_k^{(d)}} \tag{6.8.16}$$

したがって，負荷抵抗が式 (6.8.16) を満たすときインピーダンスは整合し，変位が最小となる．また，整合時の共振角周波数 ω_m は

$$\omega_m = \sqrt{\frac{\bar{K}_m}{\bar{M}_m}\left(1+\frac{1}{2\bar{c}_m}\right)} \tag{6.8.17}$$

ただし，$\bar{c}_m$ は容量比で

$$\bar{c}_m = \frac{C_k^{(d)}}{A_{mk}^2 \bar{S}_m} = \frac{\bar{K}_m C_k^{(d)}}{A_{mk}^2} = \frac{C_k^{(d)}}{C_{mk}} \tag{6.8.18}$$

で表される．ここで C_{mk} は k 端子からみたモード m の等価容量 (等価剛性に対応) である．共振時のモーダル減衰 $\bar{r}_m$ は

$$\bar{r}_m = \bar{R}_m + \frac{A_{mk}^2 R_0}{2} = \bar{R}_m\left(1+\frac{1}{2\bar{\eta}_m \bar{c}_m}\right) \tag{6.8.19}$$

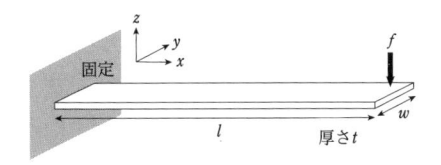

$l=100\text{mm}, \quad w=10\text{mm}, \quad t=2\text{mm} \quad t_d:$ 制振板の厚さ

図 6.8.2　片持ち弾性板

ただし，$\bar{\eta}_m = \omega_m \bar{S}_m \bar{R}_m$ は電気端子短絡時の系全体の損失係数である．ここで，負荷抵抗が接続されたときの等価的な損失係数を求めてみると

$$\bar{\eta}'_m = \omega_m \bar{S}_m \bar{r}_m = \bar{\eta}_m + \frac{1}{2\bar{c}_m} \tag{6.8.20}$$

したがって，容量比 $\bar{c}_m$ が小さいほど（すなわち電気機械結合係数が大きいほど）系のダンピングが大きくなることがわかる．また，$1/\bar{c}_m$ が $\bar{\eta}_m$ よりも十分に大きい場合，系の損失は容量比すなわち，電気機械結合係数 k（1-2節，5-5節参照）に支配されることになる．このように，圧電素子による機械・電気変換系では圧電素子の電気機械結合係数が大きな役割を果たす．

(1)　数値実験

図 6.8.2 のように長さ $l=10\text{ cm}$，厚さ $t=2\text{ mm}$，幅 $w=1\text{ cm}$ の等方性弾性板の曲げ振動について考える．簡単のために幅（y）方向には一様な 2 次元問題を仮定する．板はアルミ（ヤング率 $E=70.3\text{ GPa}$，ポアソン比 $\sigma=0.345$，密度 $\rho=2690\text{ kg/m}^3$，$\eta=0.01$）を想定し，六面体アイソパラメトリック要素で分割（40：1：2）している．境界条件は一端（$x=0$）を固定，他端（$x=l$）の上面に外力 $F=0.1\text{ N}$ の調和駆動力を加えるものとする．また，2 次元振動を想定しているため，PIEZO3D1 プログラムでは全節点に y 方向の変位を 0 にする拘束条件を課している．固有値，固有ベクトルの計算にはハウスホルダ変換と二分法，逆反復法を用いた．

(1-1)　弾性板の振動

まず，弾性板単体の曲げ振動を調べた．第 5 モードまでの固有周波数，モーダルパラメータを表 6.8.1 に示す．モーダル質量はモードによらず一定であるが，モーダル剛性，減衰はモード番号とともに大きくなっており，高次モードほど励振されにくくなっている．

(1-2)　エポキシ系樹脂による制振

圧電材の貼付には接着剤が必要である．そこでまず接着剤の効果について検討した．制振板は弾性板と同一寸法である．エポキシ系の樹脂（ヤング率 $E=0.1\text{ GPa}$，ポア

表 6.8.1　弾性板のモーダルパラメータ [8]

m	f_m(Hz)	$\bar{K}_m$(kN/m)	$\bar{M}_m$(g)	$\bar{R}_m$(mN/m/s)
1	176.47	1.652	1.343	14.89
2	1,105.5	64.88	1.345	93.41
3	3,095.2	509.32	1.347	261.9
4	6,067.0	1,960.2	1.349	514.2
5	10,034.0	5,373.9	1.352	852.3

表 6.8.2　制振板（エポキシ系樹脂）貼付時のモーダルパラメータ [8]

m	f_m(Hz)	$\bar{K}_m$(kN/m)	$\bar{M}_m$(g)	$\bar{R}_m$(mN/m/s)
1	150.03	1.684	1.895	24.20
2	939.02	66.189	1.901	152.0
3	2,626.4	518.10	1.903	424.9
4	5,141.0	1,961.5	1.880	826.3
5	8,485.7	5,125.3	1.803	1,348.8

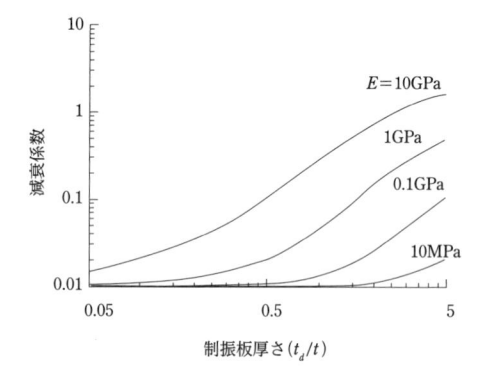

図 6.8.3　制振板（E：ヤング率）の貼付による減衰係数の変化 [8]

ソン比 $\sigma=0.48$, 密度 $\rho=1,100\,\mathrm{kg/m^3}$, $\eta=0.2$) の薄層を板の上面に貼付するものとする．表 6.8.2 は制振板を貼り付けたときのモーダルパラメータである．板単体の時と比べるとモーダル剛性にはほとんど変化はないが，モーダル質量が制振板の分だけ増加している．また，モーダル減衰も制振板の損失係数が大きいために増加している．系全体の損失係数 $\eta(=Q^{-1})$ は各モードともほぼ 0.014 で，制振板を貼付することで約 40％ 増加した．

　制振板の厚さに対する損失係数の変化を図 6.8.3 に示す．制振板のヤング率 E を

表 6.8.3　圧電素子貼付時のモーダルパラメータ [8]

m	f_m(Hz)	$\overline{K}_m$(kN/m)	$\overline{M}_m$(g)	$\overline{R}_m$(mN/m/s)	$\overline{A}_m$(mN/V)
1	208.67	2.161	1.257	45.51	−0.197
2	1,197.1	78.588	1.389	240.9	0.0959
3	3,043.0	559.74	1.531	527.3	−1.314
4	5,645.4	1,808.4	1.437	830.1	0.450
5	9,424.8	4,648.7	1.326	1,317.0	3.328

表 6.8.4　圧電素子貼付（端子開放）時の減衰係数（接着剤あり）[8]

m	$\overline{r}_m$	$\overline{R}_0$(kΩ)	$\overline{\eta}_m$(負荷時)	$\overline{\eta}_m$(開放時)
1	73.08	580.1	0.0345	0.0276
2	112.1	1,012	0.0275	0.0231
3	424.8	39.89	0.0192	0.0180
4	11,690	21.51	0.0163	0.0163
5	550.1	12.88	0.0177	0.0168

表 6.8.5　圧電素子貼付（端子開放）時の減衰係数（接着剤なし）[8]

m	$\overline{r}_m$	$\overline{R}_0$(kΩ)	$\overline{\eta}_m$(負荷時)	$\overline{\eta}_m$(開放時)
1	21.85	524.5	0.0316	0.00874
2	23.13	91.75	0.0303	0.00869
3	43.28	36.45	0.0205	0.00893
4	473.4	19.97	0.0104	0.00931
5	1,056	12.10	0.0099	0.00939

表 6.8.4, 6.8.5 の $\overline{R}_0$ は最大減衰を与える整合負荷抵抗

10 MPa～10 GPa の間で変化させた結果も示している．制振板が厚いほど損失係数は大きくなるが，ある程度以上の厚さでは系全体が制振板の損失に支配されるため損失係数は頭打ちとなる．また，ヤング率が大きいほど損失係数が大きい．これは，構造減衰を仮定していることから，制振板の損失はヤング率に比例するため，制振板の損失係数が一定であればヤング率が大きいほど損失が増えるためである．

(1-3) 圧電素子による制振

最後に，圧電素子を構造体に貼付する場合について検討する．圧電素子は $l_p=20$, $w_P=10$, $t_p=1$ mm の圧電セラミックス（NEPEC6, $\eta=0.001$）を想定し，両面に電極を施している．これを $x=0$ の位置に厚さ 0.1 mm の接着剤（$E=0.3$ GPa, $\sigma=0.46$, $\rho=1,100$ kg/m^3, $\eta=0.2$）で貼り付けた場合のモーダルパラメータを表 6.8.3 に示す

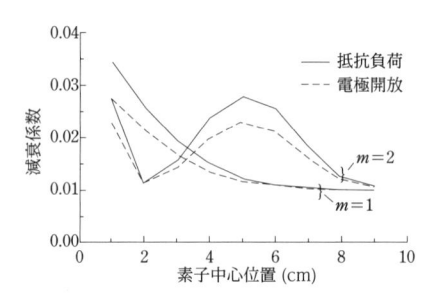

図 6.8.4 圧電素子の位置による減衰係数の変化 [8]

(電極開放). 制動容量 C_d は 1,310 nF であった. 圧電素子を貼付したことでモーダル剛性が大きくなり, モーダル減衰も大きく増加していることがわかる. モーダルパラメータをもとに式 (6.8.19) から求めた減衰係数を表 6.8.4 に示す. 圧電素子を貼り付けただけで減衰係数が大きく増加しているのがわかる. また, 電極に抵抗をつないで最適整合とすることで, さらに 25% 減衰を増加させることができた. しかしながら, 接着層がない場合 (表 6.8.5) と比べると, 抵抗負荷時の減衰係数には大きな変化がないが, 電極開放時の減衰係数に大きな差が表れている. これは, 接着層自身が制振板の役割を果たしており, 減衰のほとんどが電気負荷よりも接着層で生じていることを意味する. 接着層が 0.1 mm と薄く, 材質も前節のエポキシ系の制振板とほとんど同じであるにもかかわらずこのような大きな減衰を生じるのは, 接着層が弾性板と圧電素子に挟まれたサンドイッチ構造になっているためと考えられる. ただし, 表 6.8.5 で電極開放時の損失係数が弾性板よりも小さくなっているのは, 圧電素子の貼付によりモードの形と共振周波数が変化したためである. 比較のために, 圧電素子を弾性板と同じ材質のアルミに置き換えた場合の損失係数を第 1 モードについて計算すると, 0.0281 となり, 圧電素子の電極開放時の値とほぼ一致した.

次に, モードと静電系の減衰係数 (誘電損失) γ の関係を考察する. 表 6.8.4 ではモードにより減衰係数が異なっている. これはモーダル力係数 A_{mk} が固有ベクトル ξ_{mi} に依存するため, モードの形と圧電素子の設置位置の関係により A_{mk} が大きく変化することが原因と考えられる. 図 6.8.4 は第 1 および第 2 モードに対する圧電素子の中心位置と減衰係数の関係を示したものである. 実線は抵抗負荷の場合, 破線は電気端子開放の場合である. いずれのモードも圧電素子の位置により減衰係数が大きく変化している. したがって, 1 つのモードで最大の減衰が得られる位置に圧電素子を設置できたとしても, それがほかのモードに対しても最適であるとは限らない. さらに, 最大の減衰を与える抵抗 R_0 の値もモードにより異なるため, 1 つのモードでダンピ

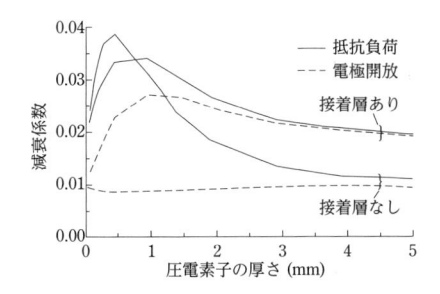

図6.8.5 圧電素子の厚さによる減衰係数の変化 [8]

ングの効果を最大にできたとしても，現実的にはモードごとに抵抗値を変更できないことから，すべてのモードに対して最大の減衰を得ることは期待できない．抵抗負荷の場合，容量比が減衰係数に大きく依存することになる．図6.8.5は圧電素子の厚さを変化させたときの減衰係数の変化を示したものである．抵抗負荷の場合，接着層の有無にかかわらず最適な厚みが存在する．終端抵抗を負性抵抗とした実験的考察も発表されている[9]．多くの制振システムでは能動的制振技術が使われる[10]．

参考文献（6-8）

[1] Hollkamp, J. J.: Multimodal passive vibration suppression with piezoelectric materials and resonant shunts, J. Intelligent Mater. Sys. & Struct., **5**, 49-57（1994）.
[2] Behrens, S., Fleming, A. J. and Moheimani, S. O.: New method for multiple-mode shunt damping of structural using a single piezoelectric transducer, J. Proc. Smart Mater. & Struct., **4431**, 239-250（2001）.
[3] Kagawa, Y., Tsuchiya, T. and Wakatsuki, N.: Equivalent circuit representation of a vibrating structure with piezoelectric transducers and the stability consideration in the active damping control, Smart Mater. Struct., **10**, 389-394（2001）.
[4] 土屋隆生，加川幸雄：振動系の有限要素等価回路解と直接解の比較，日本シミュレーション学会：第21回シミュレーション・テクノロジー・コンファレンス・計算電気・電子工学シンポジウム，281-284（2002）．
[5] 土屋隆生，加川幸雄：圧電弾性体の応答と能動制御，日本シミュレーション学会：第20回計算電気・電子工学シンポジウム，183-186（1999）．
[6] 加川幸雄：有限要素法による振動・音響工学——基礎と応用，培風館（1981）．
[7] 加川幸雄，石川正臣：モーダル解析入門，オーム社（1987）．
[8] 土屋隆生，加川幸雄：圧電素子によるパッシブ制振の有効性の数値的検討，第22回日本シミュレーション学会大会，157-160（2003）．
[9] Fukada, Y., Kodama, H., Date, M., Fukada, E. and Akhas, G.: Damping control of PZT multilayer vibration using negative impedance circuit, International Workshop, Smart Materials, Structures & NDT in Aerospace Conference（2011）．
[10] たとえば，加川幸雄 編，戸井武夫，安藤英一，堤　一男 著：快音のための騒音・振動制御，丸善出版（2013）．

6-9 非定常／時間領域問題

電気・機械変換器はトランスジューサ，アクチュエータなどに広く利用されており，用途に応じてさまざまな原理のものが採用されている．なかでも圧電効果を利用したものは小型・軽量であるため，比較的小パワーの用途に多くの利用が期待されている．

圧電振動子あるいはアクチュエータなどの圧電デバイスの設計において，定常状態応答解析により，電極間の入力アドミタンス，振動モードあるいは電気・機械変換効率など有用な情報を得ることができる．また，数値解析の手法も確立されている[1]．しかし，駆動開始時あるいは停止時，また時間ごとの入力あるいは負荷状態の過渡応答特性が必要とされる場合も多い．本節では，圧電デバイスの時間領域の応答を含めた過渡応答解析の例を紹介する．

本書では，定常状態の圧電振動解析のための3次元圧電振動解析プログラム PIEZO3D1 を紹介しているが，本節に示すのは本プログラムを過渡応答に拡張するものである（4-4-3項参照）．離散化された方程式の解法には，時間領域に対してニューマークβ法を適用する[2]．計算例として最初にピエゾ振動体の過渡応答の例を示す．次に円環状の超音波モータのステータについて，進行波の変化する状態を示す[3],[4]．最後にモータの等価回路と特性に言及する．

6-9-1 ピエゾ振動子の過渡応答特性——時間領域解法と周波数領域解法[8]

(1) はじめに

ここではまず振動系の過渡応答解法にふれ，非定常有限要素解析によって求め，考察のための数値解法を述べる．非定常解析は，フーリエ変換（FFT），逆フーリエ変換（IFFT）を採用した周波数領域解法とニューマークβ法に代表される時間領域解法に大別される．解析例として準1，2次元有限要素法問題に両解法を適用してピエゾ振動子の過渡応答特性を考察する．

(2) 有限要素表示式

圧電基本式に基づいて得られる有限要素離散化運動方程式は，機械的減衰を考慮すると次のようになる：

$$\left.\begin{array}{l}[M]\{\ddot{d}\}+[R]\{\dot{d}\}+[K]\{d\}+[P]\{\phi\}=\{f\}\\ {[P]^t\{d\}-[G]\{\phi\}=\{q\}}\end{array}\right\} \quad (6.9.1)$$

ただし，$[M]$，$\{R\}$，$[K]$，$[P]$，$[G]$はそれぞれ質量，減衰，剛性，電気・機械結合，静電行列であり，$\{d\}$，$\{\phi\}$，$\{f\}$，$\{q\}$は節点変位，電位，駆動力，駆動電荷ベクトル

である．上付き添え字（˙）は時間微分を表す．機械的損失として構造減衰を想定すれば，減衰行列 $[R]$ は

$$[R] = a[K] \tag{6.9.2}$$

ここで，a は減衰定数である．また，定常問題に対しては（˙）$=d/dt=j\omega$（ω：角周波数）とおけば周波数領域応答の問題へ還元される．減衰行列 $[R]$ は機械的 Q を用いて

$$[R] = \frac{1}{\omega_0 Q}[K] \tag{6.9.3}$$

で表される．ただし，ω_0 は共振角周波数である．

(3) 数値計算法

周波数領域の計算では PIEZO3D1 をそのまま用いることができる．時間領域解法については式 (6.9.1) を，直接に時間積分を行うことができるように，このプログラムにニューマーク β 法による計算ルーチンを加える．

(3-1) 周波数領域解法――FFT，IFFT 経由

定常問題として，調和波電気入力に対する振動系の伝達関数を各節点について周波数刻み間隔 Δf ごとに N 個の点（N は 2 の乗数）求める．次に電気的入力駆動波形の周波数スペクトルと系の伝達関数の積を計算し，電気入力に対する周波数領域での応答を求める．最後にこれらを逆フーリエ変換することにより時間領域での応答が求められる．

(3-2) 時間領域解法――直接法

ここではニューマーク β 法を適用して式 (6.9.1) を直接時間積分する．初期条件を与えて $\Delta\tau$ 秒後の加速度を計算し，それをもとに速度，変位を求め過渡応答解を直接求め，これをくり返す．β は 1 つのパラメータで 0～1 の範囲で選ぶことができる（ここでは 0.25 とした）．時間幅 $\Delta\tau$ を $1/2f_s$（f_s は周波数領域におけるサンプリング周波数で $f_s = N \times \Delta f$）に選べば便利である．

(4) 計算例[3]

ピエゾ振動子の過渡応答特性を非定常有限要素法により解析することを目的としているため，計算例は簡単な準 1，2 次元問題としている．

(4-1) 準 1 次元振動

図 6.9.1 のように圧電細棒を考える．この場合，横効果により x 方向に関する伸び振動となる（分極方向と電界方向は同一である）．解析は対称性を考慮して 1/2 領域モデル（対称面固定）とし，圧電体は NEPEC6（トーキン）を想定した．要素数は 25，

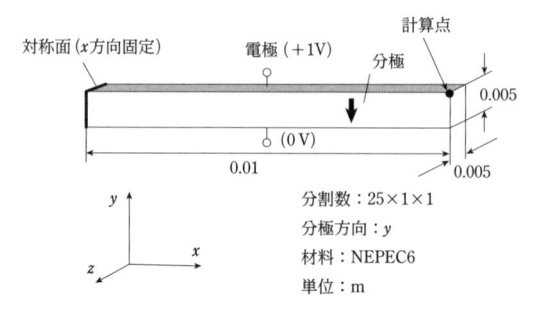

図 6.9.1 準1次元モデル（片持ちビーム）[3]

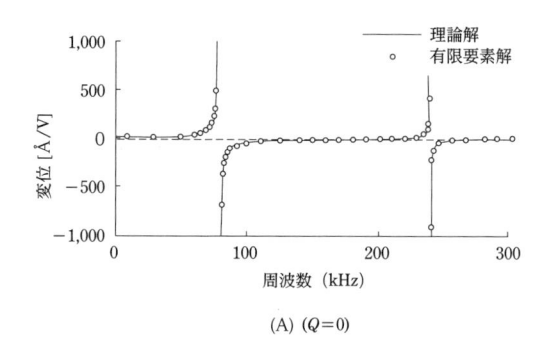

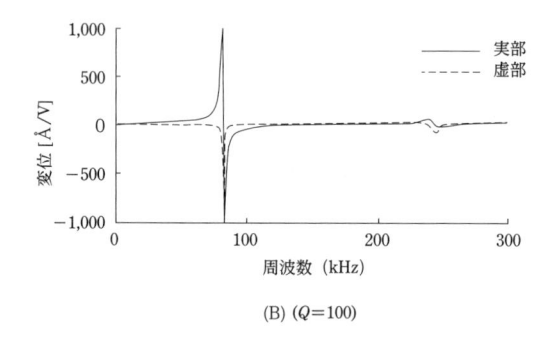

図 6.9.2 電気入力に対する変位（x方向）の周波数特性 [3]

節点数 104, 自由度数 308 である. 図 6.9.2 (A) に無損失としたときの定常解析による変位の周波数特性を示す. 実線は理論解である. 有限要素解は図 6.9.1 に●で示した計算点の x 方向変位である. 両者はよい一致を示している. 図 6.9.2 (B) は部材の損失（$Q=100$）を考慮した場合である. 図 6.9.3 は図 6.9.2 (B) の系に電気的入力として基本共振周波数の正弦波1周期パルスを入力した場合の変位過渡応答である. 実

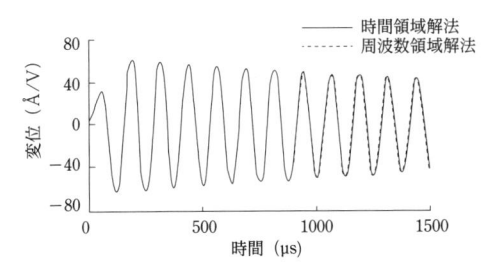

図 6.9.3 細棒ピエゾ振動子 (入力波形：一周期, 振動子 Q=100) の過渡応答 [3] (準1次元モデル)

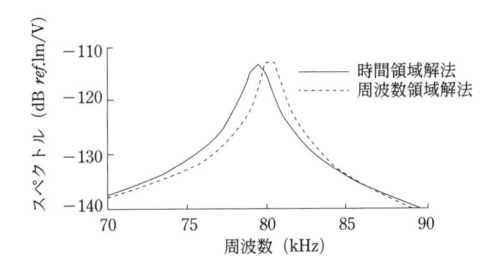

図 6.9.4 過渡振動応答のスペクトル [3]

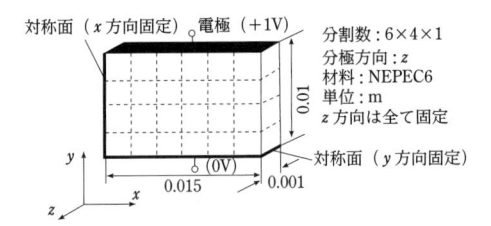

図 6.9.5 準2次元振動モデル (面内振動) [3]

線は時間領域解 ($\Delta\tau = 0.489\,\mu\text{sec}$)，破線は周波数領域解 ($\Delta f = 500\,\text{Hz}, N = 2048$，サンプリング周波数 1.024 MHz) である．Q が比較的大きいため入力停止後もリンギングが発生している．両者はほぼ一致しており精度よく計算が行われたことがわかる．時間領域解は周期が周波数領域解よりも若干長くなる傾向にある．このことは両者を周波数領域で比較した結果 (図 6.9.4) において，時間領域解のピーク周波数が周波数領域解よりも低く現れていることからもわかる．これはニューマーク β 法を適用したための誤差と思われる．

(4-2) 準2次元振動

次に準2次元振動の計算例を示す．図 6.9.5 に示すような平板圧電体モデルを取り

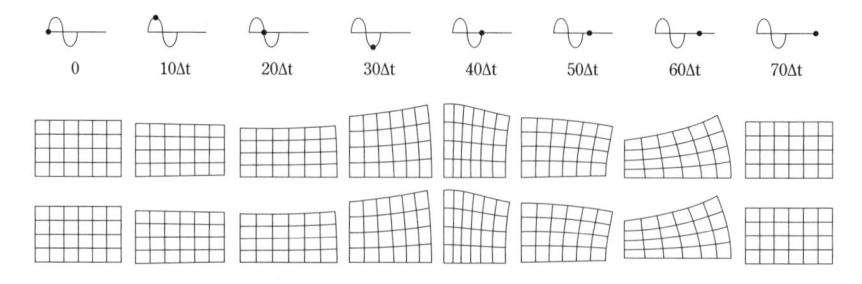

図 6.9.6 ピエゾ平版の非定常応答（上段：時間領域解法、下段：周波数領域解法）[3]

あげる．対称であることから 1/4 の領域について非定常応答解析計算を行った．平面ひずみ準 2 次元問題（x-y の面内振動）として扱う．圧電材は先の計算と同様に NEPEC 6 を想定している．要素数 24，節点数 70，自由度数は 158 である．図 6.9.6 は電気的入力として基本共振周波数の正弦波 1 周期パルスを加えたときの●印を付けた時点の振動変位の立ちあがり状態を示したものである．上段は時間領域解，下段は周波数領域逆 FFT 解である．両者はよく一致している．

(5) まとめ

圧電弾性体の過渡応答特性を求める手法として，時間領域解法および周波数領域解法を検証した．準 1，2 次元モデルの振動問題に適用して両者はよい一致を得た．次に，実際のアクチュエータ等の過渡応答解析への適用例を考える．

6-9-2 円環型超音波モーター[4]～[6]

超音波モーターとしては最も一般的な円環型超音波モーターの例を紹介する．この種のモーターはカメラ用のオートフォーカス機構，腕時計などに利用されている[7]～[9]．静止時の保持力が大きく，無通電で保持できることから，宇宙探査用ロボットのアーム駆動系などへの応用が考えられている．

図 6.9.7 に示すような円環型超音波モーターの円環部（ステータ）に n 次の曲げ定在波振動を励振する．円環に沿った変位 u_A の分布は

$$u_A = u_0 \cos n\theta \cdot \cos \omega_n t \tag{6.9.4}$$

となる．ここで ω_n は共振角周波数である．さらに，位相が空間的に $\lambda/4$（または $\pi/2$），かつ時間的に $\pi/2$ だけずれた同一周波数の定在波を励起されるものとすると，円周に沿った変位 u_B は

6-9 非定常／時間領域問題

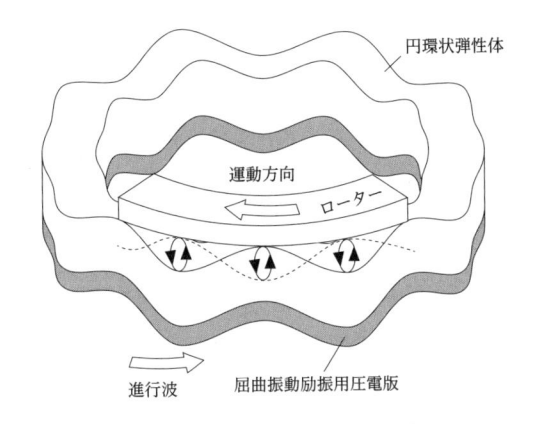

図 6.9.7 円環型超音波モーター[5]

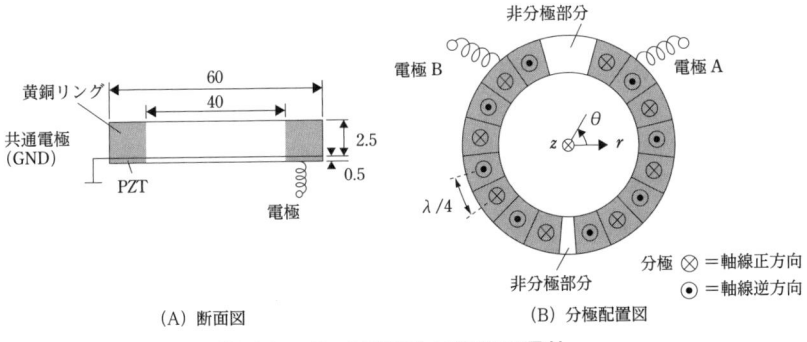

(A) 断面図　　(B) 分極配置図

図 6.9.8 ステータの構成および電極の配置[5]

$$u_B = u_0 \cos(n\theta - \pi/2) \cdot \cos(\omega_n t - \pi/2) \tag{6.9.5}$$

これらを同時に励振すると，円環の変位分布 u は u_A, u_B の重ねあわせになるから

$$u = u_0 \cos(\omega_n t - n\theta) \tag{6.9.6}$$

となる．これは θ の正の方向に伝搬する進行波である．この場合，円環上面の一点の動きは楕円軌道を示す．そのためローターを円環の上に接触させると，ローターはステータとの摩擦により進行波とは逆の方向に回転することになる．

図 6.9.8 にこのような進行波を発生させるためのステータの構成を示す．ステータは黄銅リングの下部に圧電セラミックス PZT 板を接着した構造で，PZT は垂直方向に交互に分極されている．そのため円環に垂直な屈曲モード（とくに 9 次，以下 9Fz モードと呼ぶ）を励振するための電極構造も示されている．分極方向は交互になって

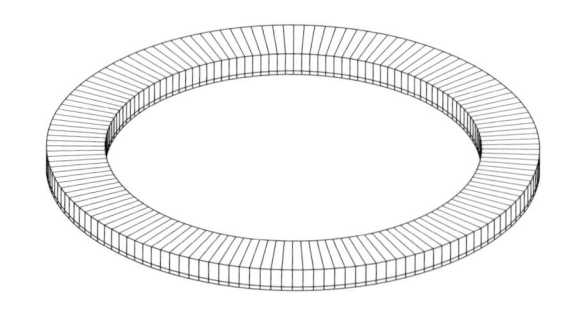

図 6.9.9　図 6.9.7 の要素分割図 [5]

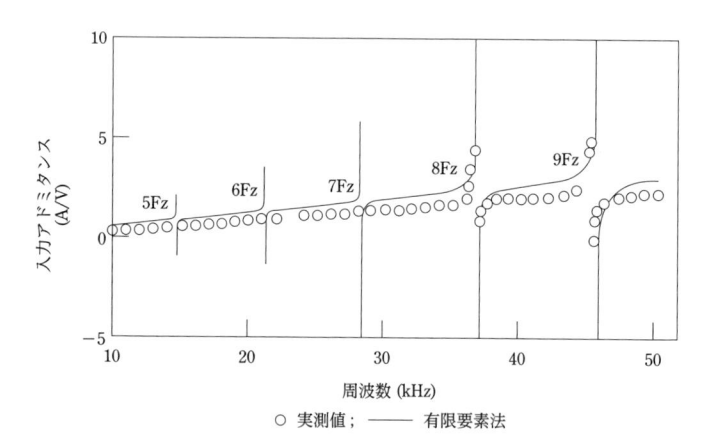

図 6.9.10　電極 A の入力アドミタンスの周波数特性 [5]

いる. なお電極 A と電極 B は空間的に $\lambda/4$ 離して配置してあり, 時間的に $\pi/2$ だけ位相のずれた正弦波を印加して進行波を発生させる. 図 6.9.7 では, 屈曲振動体に接触して回転子が置かれている. ステータ振動体の要素分割が図 6.9.9 に示してある. 分割は $(r:\theta:z)=(1:144:2)$ である. 要素は 8 節点アイソパラメトリック要素で, 要素数は 288, 自由度は 2592 である. 機械的な境界条件は全表面において自由として負荷を想定していない.

最初に定常状態（定在波）の応答計算を行う. 電極 A と接地間においての入力アドミタンスの周波数特性を図 6.9.10 に示す. 機械的な負荷がない場合にはコンダクタンス成分が非常に小さいためにサセプタンスのみを示す. 5 Fz, 6 Fz, …, 9 Fz が屈曲モードである. 実線が有限要素解であり, ○が実測値である. 実測値と計算結果はおおむね一致しているが, 共振周波数の高い部分および制動容量（右上がりの基線）において, 計算結果は実測値よりも高い傾向にある. 計算に使われた圧電定数は表 6.

表 6.9.1　計算に用いた材料定数 [5]

	黄銅	PZT(NEPEC6)
ヤング率 (N/m²×10¹⁰)	10.06	7.90 (非分極部)
ポアソン比	0.35	0.32 (非分極部)
比誘電率		$\varepsilon_{11}^S/\varepsilon_0 = 730$
		$\varepsilon_{33}^S/\varepsilon_0 = 635$
スティフネス (N/m²×10¹⁰)		$c_{11}^E = 13.9$
		$c_{12}^E = 7.78$
		$c_{13}^E = 7.43$
		$c_{33}^E = 11.5$
		$c_{44}^E = 2.56$
		$c_{66}^E = 3.06$
圧電定数 (C/m²)		$e_{31} = -5.2$
		$e_{33} = 15.1$
		$e_{15} = 12.7$
質量密度 (kg/m³)	8,560	7,600

ε_0 は真定の誘電率

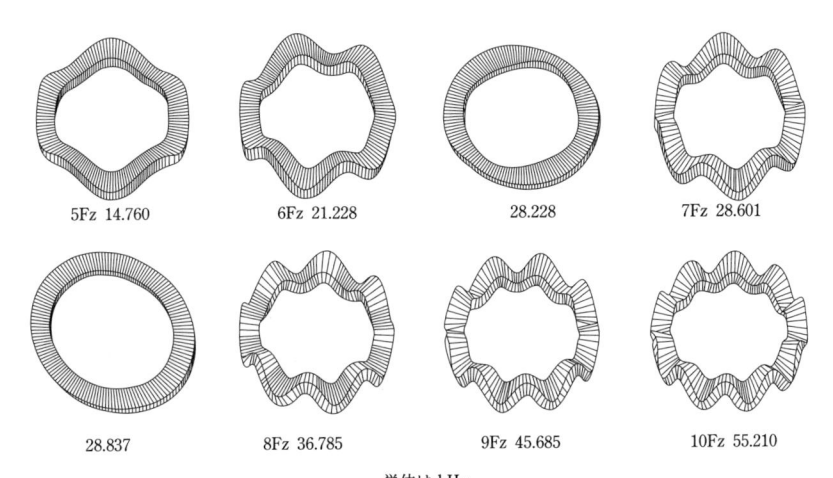

5Fz 14.760　　6Fz 21.228　　28.228　　7Fz 28.601

28.837　　8Fz 36.785　　9Fz 45.685　　10Fz 55.210

単位は kHz

図 6.9.11　各モードの共振周波数とモード図（可視化のため変位を拡大して示してある．以下図 6.9.12, 図 6.9.14, 図 6.9.15, 図 6.9.17 も同様）[5]

9.1 に示してある．これは実験に使われた圧電セラミックスを実測したものでない．実験に使った圧電セラミックスは各電極下で完全な同方向分極がなされていない可能性がある．図 6.9.8 (B) において圧電セラミックスは分極がⒶ部，Ⓑ部交代しているが，隣接間で完全に逆転するように分極することが難しいからである．さらに要素分

210   6章 圧電デバイス応用例

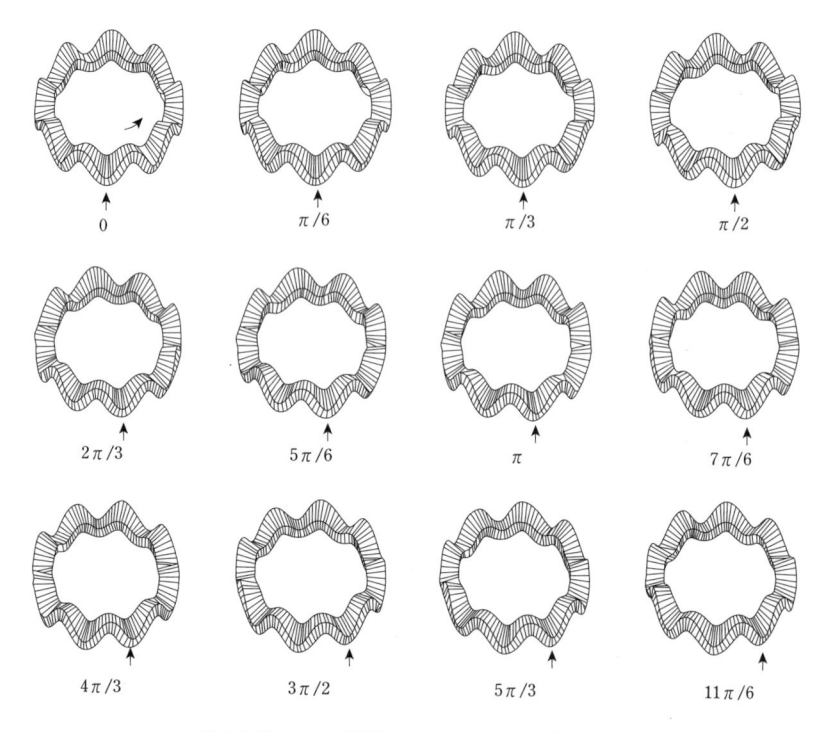

図 6.9.12　9Fz の周波数におけるモード（位相）回転図 [5]

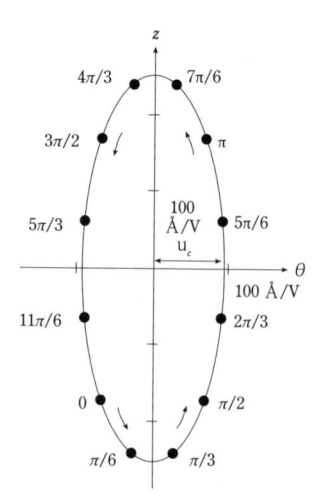

図 6.9.13　ステータ上の一点の変位の軌跡 [5]

割が周波数が高い領域に対しては，波長に対して必ずしも十分に細かいとはいえない．各モードの共振周波数とモード図を図6.9.11に示す．進行波を励振するために9Fzの周波数において位相が$\pi/2$ずれている交番電圧を，電極Aと電極Bに加えて励振された2つのモードを合成すると，図6.9.12に示すような回転したモード図が得られる．矢印は回転による移動を表している．時間の経過とともに反時計回りに回るように見える．図6.9.13は進行波から計算された，ステータの上面のある一点の変位の軌跡を示す．ローターとステータの間が滑らないものとすれば，軌跡は上に乗せたローターを円周方向に進ませることになる．この軌跡からローターの回転速度を求めるのは容易である．

次に過渡応答を考察する．9Fzモード（45.672 kHz）の周波数で励振されたときの応答について注目する．図6.9.14には電極Aと接地間に一波長に相当する正弦波が加えられたときのt=0からの応答が示されている．屈曲波ははじめに電極近くから立ちあがり，両方向に進み2つの波が重なりあうようにして定在波が作られる．

位相が$\pi/2$異なる正弦波を加えた時の応答を図6.9.15に示す．2つの波が重なりあう，進行波が反時計回りに広がる．このような鳥瞰図表示では，見やすくするために変位を拡大して表しており，そのために波の動きはいくぶんゆっくりに見える．図6.9.16はステータの，上面のある一点の過渡応答変位である．実線と破線はそれぞれ円周方向の変位と上下の変位を表す．図6.9.16 (A)は電極Aのみから駆動した場合である．初期の状態ではそれぞれの変位の位相は異なっているが，時間の経過とともに同相となっている．そのために定常状態では軌跡は直線となり，ステータと接触しているローターは進まない．一方，位相を$\pi/2$違えて両電極から駆動すると，上述の動きとは異なり，2つの直交する振動は同相で出発するが，時間の経過に従い位相が$\pi/2$となる．変位の軌跡はしたがって楕円となる．定常状態では軌跡は楕円となり，図6.9.13に示したようにこの楕円運動はステータに接触しているローターを前進させる．定常状態に達した応答を図6.9.17に示す．図中の矢印で示した部分に注目すれば，進行波が反時計回りに9Tで1波形分進む．

図6.9.18は超音波モーターの等価回路表現（利用モード9Fz近傍における）である．1つのジャイレータ（$[\Gamma]$）を境にして左側は振動系に対応するもので，交流系である．実際は，駆動電源は2つある．これに対して右側は回転系に対応し直流系である．電気端子に駆動電圧E_sを印加すると固定子に波動の進行に伴い周辺速度によって$V=\kappa E_r$なる周辺速度が生じ，これが機械系の回転源となる．回転速度は無負荷時の共振周波数における有限要素解析により求められた固定子上の運動軌跡（粒子速度）から計算される．κは1つの力係数である．E_rは，共振時には実数で最大値（E_s）

212   6章　圧電デバイス応用例

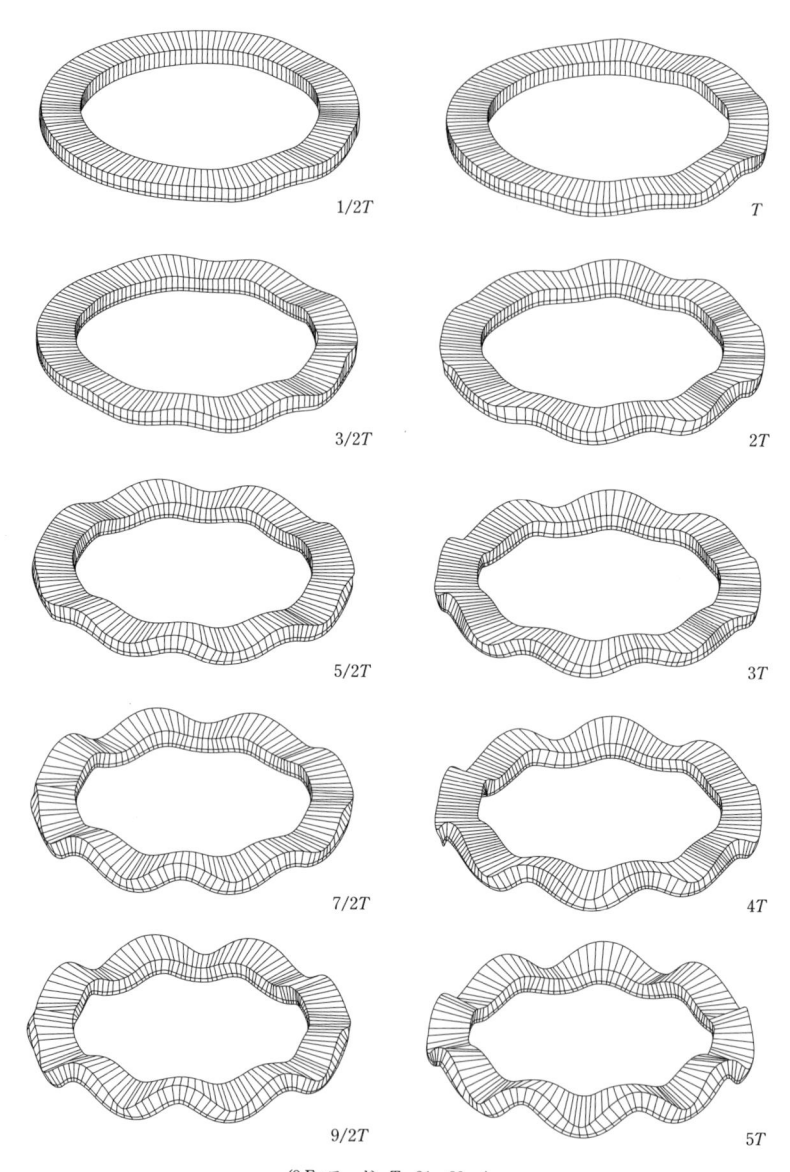

1/2T	T
3/2T	2T
5/2T	3T
7/2T	4T
9/2T	5T

(9 Fz モード, $T = 21 \cdot 89\,\mu s$).

図 6.9.14　9 Fz モードの周波数で励振（A 電極のみ供給）されたときの定在波の創成 [5]

6-9 非定常／時間領域問題　213

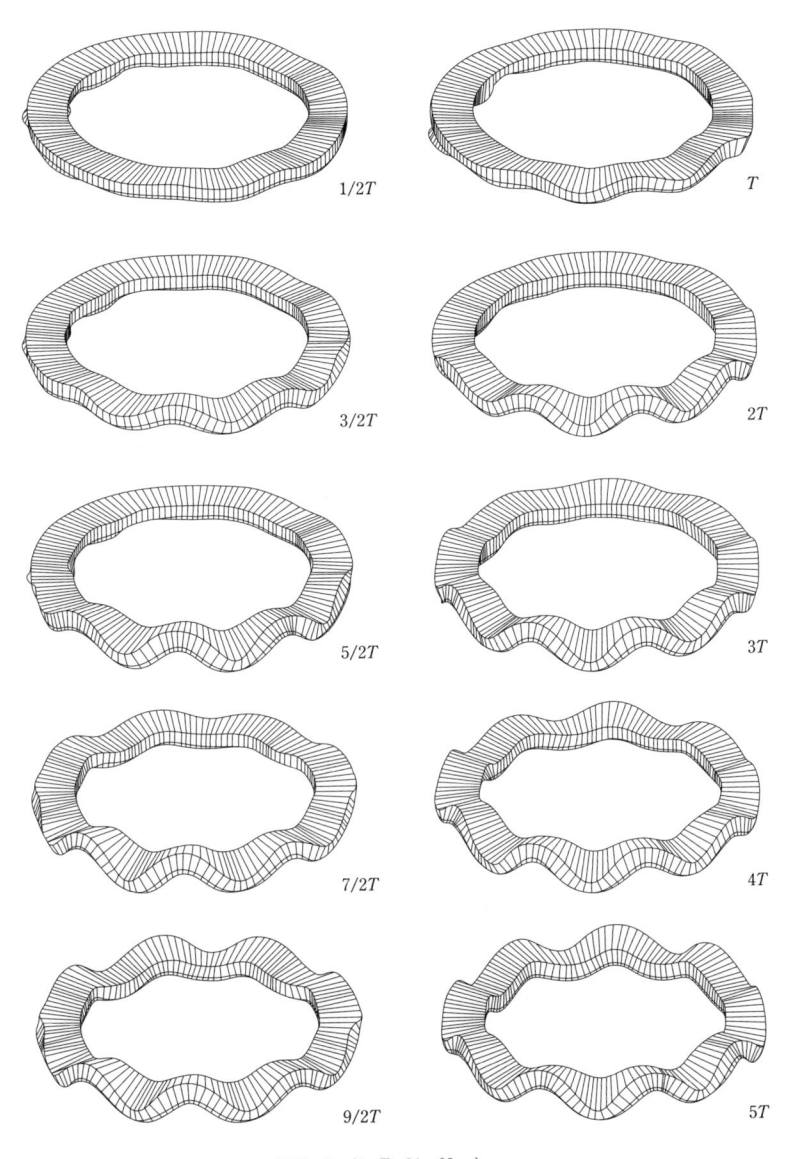

(9 Fz モード, $T=21\cdot 89\ \mu s$).

図 6.9.15　位相が $\pi/2$ 異なる正弦波を加えた（A,B 両電極へ同時給電）時の進行波の過渡応答 [5]

214   6章　圧電デバイス応用例

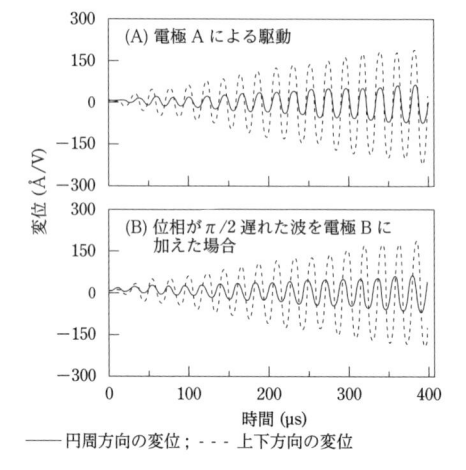

――　円周方向の変位；- - -　上下方向の変位

図 6.9.16　ステータの上面の一点の過渡応答変位 [5]

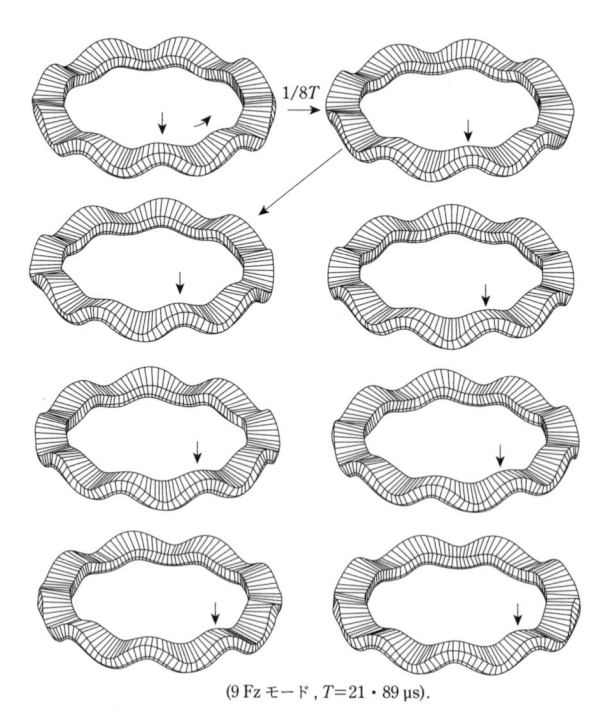

(9 Fz モード, $T=21 \cdot 89$ μs).
図 6.9.17　ローターが定常状態に達したモードの移動 [5]

6-9 非定常／時間領域問題

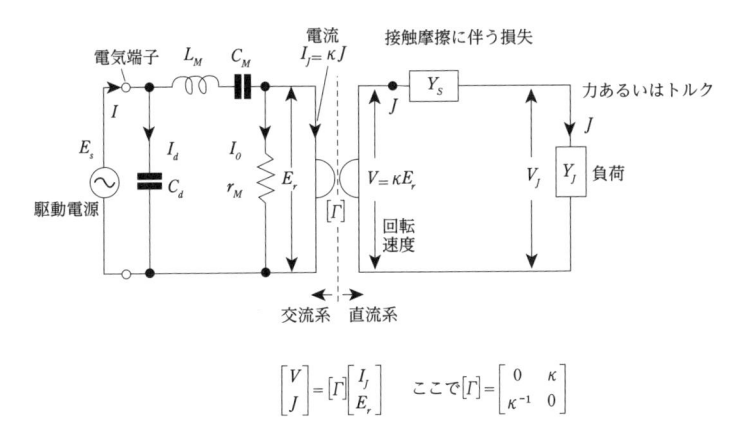

$$\begin{bmatrix} V \\ J \end{bmatrix} = [\Gamma] \begin{bmatrix} I_J \\ E_r \end{bmatrix} \quad \text{ここで}[\Gamma] = \begin{bmatrix} 0 & \kappa \\ \kappa^{-1} & 0 \end{bmatrix}$$

図 6.9.18　超音波モーターの等価回路（文献 [5] をもとに改変）

となる．共振からずれると複素量（進相または遅相）となり，実数部は共振時より減少する．電気系のインダクタンス L_M，容量 C_M は固定子の利用モードにおける等価質量，等価コンプライアンスを電気端子からみたものである．そのインピーダンスは共振時には打ち消され，等価機械抵抗 r_M だけが残る．（回転体の回転速度は系の等価 $Q\left(=\dfrac{\omega L_M}{r_M}\right)$ に比例する．）電源電流は制動容量 C_d を流れる I_d，等価機械抵抗 r_M を流れる電流 I_o と機械的負荷に対応する電流 I_J の和である．Y_S, Y_J はイミッタンスで摩擦損失，負荷を表す．等価定数はすべて有限要素解析により与えられる．Y_S はのちに述べる．電流 I_J は負荷（トルク）の増大につれて増加する（$I_J=\kappa J$）．回転子の回転速度は入力電圧に比例（$V=\kappa E_r$）するが，負荷 Y_J に対しては接触摩擦に伴う損失 Y_S を介した形で表される（電気機械変換を表すジャイレータは図中に示してある．）負荷の両端に現れる等価電圧（V_J）が出力速度である．負荷がない場合は，出力回路は開放となる．したがって $V=V_J$ となる．これに対して，負荷が存在すればころがり摩擦（接触損失）が生じ，またすべりも発生するであろう．これらに対応する内部損失を考慮する必要がある．これが Y_S である．実際の超音波モーターでは出力を取り出す際，回転子を固定子に圧着力 F で押しつける．負荷が大きくなるにつれて，回転速度は徐々に減少し，ついには停止する．この間，固定子側での進行波の粒子速度に対応した回転速度が V のままであるとすると，回転子との間にはすべりが生じていると考えられる．この場合，回転子が停止する（完全スリップ）寸前のトルクを J_{max} とすると，最大可能伝達トルク J_{max} は圧着力 F に依存することから，μRF で与えられる．ここで μ は動摩擦係数，R は固定子の平均半径である．

次に図 6.9.18 の等価回路に基づいて超音波モーターの回転特性について考える．

共振時の回転速度 V は

$$V = \kappa E_r = \omega_0 u_c E_r \quad [\text{m/s}] \tag{6.9.7}$$

ここで E_r は電気端の電圧 E_s（共振時）に等しく，ω_0 は共振角周波数，u_c は図6.9.13に示すように固定子の表面における点の回転方向の変位．κ は力係数にあたる．

無負荷時の固定子に接触している回転子の回転数 n_0 は

$$n_0 = 60V/(2\pi R) \quad [\text{rpm}] \tag{6.9.8}$$

ここに R は接触部の平均半径である．負荷時の回転速度 V_J は，

$$V_J = V - JY_s \quad [\text{m/s}] \tag{6.9.9}$$

最大機械負荷を回転子に与えた場合，ローターはスリップして $V_J = 0$ となるから，摩擦に起因する損失 Y_s は

$$Y_s = V/J_{max} = V/\mu RF \quad [\text{m/s/N}] \tag{6.9.10}$$

ここでは動摩擦係数 μ はすべりの状態にかかわらず一定としている．回転子の回転数 n はトルク J に対して次式で表される：

$$n/n_0 = 1 - J/J_{max} \tag{6.9.11}$$

ここに J_{max} はすべりが発生する直前の最大トルクである．この式は出力トルクが増加するのに比例して回転数は減少することを示している．しかし，実際には Y_s, μ は回転子と固定子の間の摩擦の状態によって変化するはずである．この関係の物理やメカニズムは，必ずしもはっきりしない．

入力電流 I は次式で与えられる．

$$I = \sqrt{(I_0 + I_J)^2 + I_d^2} \quad [\text{A}] \tag{6.9.12}$$

I_0 および I_d は定数である．I_J だけがトルク T に比例する．機械出力 P_{out} は

$$P_{out} = (9.8 \times 10^{-5}) 2\pi Jn/60 \quad [\text{W}] \tag{6.9.13}$$

ここで，有限要素法より得られた値をもとに，前述の超音波モーターの特性を求めてみる．図6.9.13に示された軌跡において変位 u_c は，9Fzモードでは96Å/Vである．超音波モーターが電源電圧50Vで駆動されたとき，係数 κ を 2.76×10^{-3} m/s/V として式（6.9.7）より回転速度 V は0.138m/sと求められる．無負荷状態で固定子

図 6.9.19 超音波モーターの動作特性 [5]

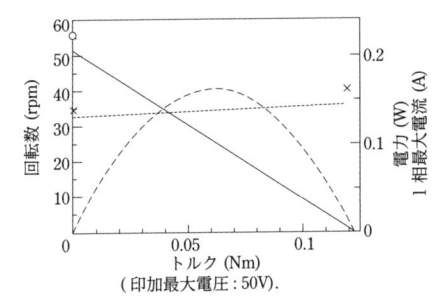

―――：回転数の計算結果，○：回転数の実測値，- - - - ：パワーの計算値，
……：電流の計算値，×：電流の実測値

上に配置された回転子の回転数 n_0 は，$R=26.25$ mm として式 (6.9.8) より 50.2 rpm となる．圧着力 $F_P=15.6$ N，摩擦係数 $\mu=0.3$ としたときの最大可能トルク J_{max} は 4.67 N となる．摩擦による損失イミッタンス Y_s は式 (6.9.10) より 0.0295 m/s/N である．最大トルクは 0.123 Nm となる．図 6.9.19 に超音波モーターの動作特性を示す．有限要素モデル解析により電気的等価パラメータが求められ，等価機械抵抗に流れる電流 I_0 と制動容量に流れる電流 I_d はそれぞれ 110 mA および $j75$ mA となる．実際の超音波モーターは 2 電源で駆動されるため入力電流はこの 2 倍である．入力電流，回転数など動作特性を図 6.9.19 に示す．試作された超音波モーターにおいて実験で簡単に計測できるのは，無負荷状態および最大トルク（すべり直前）である．測定値をそれぞれ図中に示してある．回転数と流入電流値はシミュレーション結果と妥当な対応となっている．超音波モーターの変換効率は 4% 程度である．消費電流値は負荷にはあまり依存しない．図 6.8.18 に示した等価回路は右側がモビリティ対応（速度↔電圧，トルク↔電流）になっていることに留意されたい．これは速度（電流）駆動とするのが素直である．回路は双対形になる．ここでは回転モーターの例を示したが，直動系の動作や位置の保持が容易であるなど有用な特徴もある．摩擦を介する限り効率の大きな向上は難しいであろうが，目的に応じて種々の構成のものが開発されるものと期待される．

参考文献 (6-9)

[1] 加川幸雄：有限要素法による振動・音響工学――基礎と応用，培風館 (1989).
[2] ベーテ，K. J.，ウィルソン，K. L. 著，菊地文雄 訳：有限要素法の数値計算，科学技術出版社 (1979).
[3] 片岡辰雄，土屋隆生，加川幸雄：有限要素法によるピエゾ振動子の過渡応答特性，平成 4 年度電気・情

報関連学会中国支部連合大会 (1992).
[4] 山淵龍夫, 加川幸雄:圧電超音波モータ特性の数値シミュレーション, シミュレーション, **8**, 69-76 (1989).
[5] Kagawa, Y., Tsuchiya, T., Kataoka, T., Yamabuchi, T. and Furukawa, T.: Finite element simulation of dynamic responses of piezoelectric actuators, *J. Sound & Vib.*, **191**, 519-538 (1996).
[6] 日本工業技術振興協会固体アクチュエータ研究部会 編:精密制御用ニューアクチュエータ便覧, フジテクノシステム (1994).
[7] Kurosawa, M., Ueha, S.: Single-phase drive of a circular ultrasonic motor, *J. Acoust. Soc. Am.* **90**, 1723-1728 (1991).
[8] 上羽貞行, 富川義朗:新版 超音波モーター, トリケップス (1991).
[9] 飯野朗弘:マイクロ超音波モーターの応用, 超音波テクノ, **9**, 50-54, 日本工業出版 (1997)

6-10 3次元非線形電界のための有限要素法——圧電材における分極プロセスシミュレーション

　誘電率が電界の大きさに依存する非線形場，たとえば強誘電体（圧電セラミックス）の分極処理に伴う非線形電界の3次元解析に関する例を紹介する．

　圧電セラミックスなどの圧電／電歪材は振動子やトランスジューサだけでなく，アクチュエータや超音波モータなどに広く利用されている．セラミックスなどは，分極操作を施してはじめて圧電体としての作用が現れる．実際の分極の方向や大きさは，厳密には場所によって異なっている．通常，圧電体の数値解析においては，分極が一様になされているものと考えている．しかし，より厳密な解析を行うためには，また，より複雑な振動様式を利用するためには任意に分極された圧電材を創成する必要がある．また，分極の様子をより正確に把握する必要がある．通常セラミックスは強誘電体で，強い非線形性を示す．分極は，セラミックスなどに大きな直流電界を長時間作用させて行われる．分極時における時間的効果，緩和効果，温度の影響などを無視することができれば，これは1つの非線形電界解析問題に帰着する．ここでは，この問題を，D-E（電束密度-電界強度）の非線形関係に注目してニュートン・ラフソン反復法を適用して有限要素法により解く．必要であれば上の効果もメカニズムさえ与えられれば組み込むことができる．ここでは，3次元アイソパラメトリック要素を用いた有限要素法による定式化と，強誘電体の非線形解析を考え，ニュートン・ラフソン反復法の収束条件などを考える．計算例として，このようにして得られた分極分布を考慮した場合の振動子の曲げ振動の例を取り上げ，分極の不均一の影響について考察する（本モデルには時間経過や履歴，温度の効果が入っていないことをお断りしておく）．

6-10-1 圧電セラミックスの分極特性

　電界 E，電束密度（電気変位）D，分極 P は次の関係にある．

$$D = \varepsilon_0 \varepsilon_S E = \varepsilon_0 E + P \approx P \quad (\varepsilon_S \gg 1 \text{ に対して})$$
$$= \varepsilon_0 E + \varepsilon_0(\varepsilon_S - 1)E \tag{6.10.1}$$

$$\therefore P = \varepsilon_0(\varepsilon_S - 1)E \approx \varepsilon_0 \varepsilon_S E \quad (\varepsilon_S \gg 1 \text{ に対して}) \tag{6.10.2}$$

ここで ε_0 は真空中の誘電率，ε_S は比誘電率である．問題を簡単にするために ε などは等方性としている．

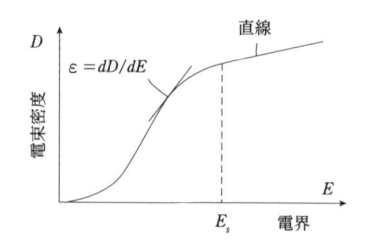

図 6.10.1　D-E 処女曲線と微分誘導率 [1]

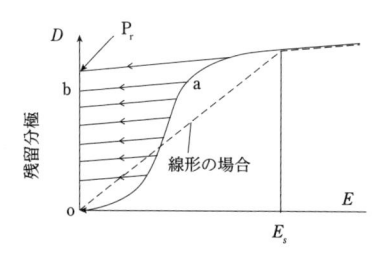

図 6.10.2　D-E 曲線と残留分極モデル ($\varepsilon_s = \partial D/\partial E$ =一定) [1]

高電界の下で誘電体材における電界-電束密度の関係は図 6.10.1 に示すような非線形特性を示す．これが $D-E$ 処女曲線である．誘電率 ε は，非線形の場合には，$D-E$ 曲線の傾斜 (dD/dE) により与えられる．ε は，E の値により変化する．圧電セラミックスのような強誘電体は多くの場合ヒステリシス特性を示し，高電界印加後は電界を取り去ったあと分極が残る．これが残留分極である．残留分極は，図 6.10.2 に示すように直線に沿って減少するものとすれば，縦軸と交わる点が残留分極の大きさとなる．また，E_s を超える E に対しては，ε は一定と見なしてよく，したがって，E_s を超える電界に対する残留分極はすべて P_r となるものとする．また，セラミックスのような強誘電体では比誘電率が $\varepsilon_s \gg 1$ であるから，式 (6.10.2) にみるように分極 P は電束密度とほぼ同一で，P として D を採用してよい．なお，添付プログラム（NE-LEC3D1）では $D-E$ 曲線は 12 点程度の標本点を結ぶ 3 次のスプライン関数で補間したものを使用している．ε については等方性モデルを考えているので，E_s を超える電界に対する D の値は，E_s における傾斜で比例関係にあるものとした．

6-10-2　汎関数表示

非線形電界解析のための汎関数 χ は

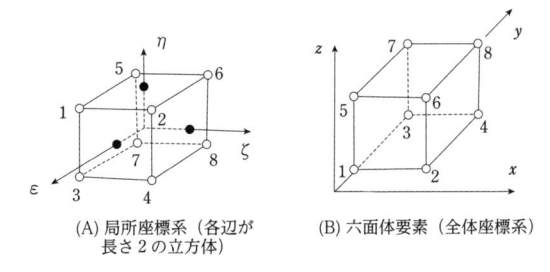

図 6.10.3 全体座標系および局所座標系における8節点アイソパラメトリック六面体要素 [1]

$$\chi = \iiint_v \left(\int_0^D \boldsymbol{E} \cdot d\boldsymbol{D} \right) dxdydz \tag{6.10.3}$$

で与えられる．一方，線形の場合は次のように簡単になる：

$$\chi = \iiint_v \left(\frac{1}{2}\right) \boldsymbol{D} \cdot \boldsymbol{E} dxdydz$$

$$= \iiint_v \left(\frac{\varepsilon}{2}\right) \boldsymbol{E} \cdot \boldsymbol{E} dxdydz$$

$$= \iiint_v \left(\frac{\varepsilon}{2}\right) (E_x^2 + E_y^2 + E_z^2) dxdydz \tag{6.10.4}$$

なお，磁界の非線形解析においては，磁気ベクトル・ポテンシャル，磁性材の特性として ν-B^2 曲線を採用することが広く行われているが，これに対して電界解析では，スカラーポテンシャル，誘電材の特性として D-E 曲線，すなわち誘電率としては微分誘電率を採用することになる．スカラーポテンシャル，電位 ϕ を導入すると

$$\boldsymbol{E} = -\nabla \phi = \{-\partial\phi/\partial x \quad -\partial\phi/\partial y \quad -\partial\phi/\partial z\}$$
$$= \{E_x \quad E_y \quad E_z\} \tag{6.10.5}$$

と表すことができる．

要素として，図 6.10.3 に示すような六面体8節点1次要素を用いることとすると，要素内の任意点 $(\varepsilon, \zeta, \eta)$ における ϕ は節点ポテンシャル・ベクトル $\{\phi\}_e$ と補間関数ベクトル $\{N\}$ とを用いて次のように表される：

$$\phi(\varepsilon, \zeta, \eta) = \{N\}^t \{\phi\}_e \tag{6.10.6}$$

{ } は列ベクトルを表す．したがって行ベクトルは { }^{t} となる．ここで

$$\{N\} = \{N_1 \quad N_2 \quad N_3 \quad N_4 \quad N_5 \quad N_6 \quad N_7 \quad N_8\} \tag{6.10.7}$$

$$\{\phi\} = \{\phi_1 \quad \phi_2 \quad \phi_3 \quad \phi_4 \quad \phi_5 \quad \phi_6 \quad \phi_7 \quad \phi_8\} \tag{6.10.8}$$

補間関数の成分は，それぞれ

$$\left.\begin{array}{l} N_1 = (1/8)(1+\varepsilon)(1-\zeta)(1+\eta) \\ N_2 = (1/8)(1+\varepsilon)(1+\zeta)(1+\eta) \\ N_3 = (1/8)(1+\varepsilon)(1-\zeta)(1-\eta) \\ N_4 = (1/8)(1+\varepsilon)(1+\zeta)(1-\eta) \\ N_5 = (1/8)(1-\varepsilon)(1-\zeta)(1+\eta) \\ N_6 = (1/8)(1-\varepsilon)(1+\zeta)(1+\eta) \\ N_7 = (1/8)(1-\varepsilon)(1-\zeta)(1-\eta) \\ N_8 = (1/8)(1-\varepsilon)(1+\zeta)(1-\eta) \end{array}\right\} \tag{6.10.9}$$

電界の成分は

$$\left.\begin{array}{l} E_x = -\partial\phi/\partial x = -\{\partial N/\partial x\}^t\{\phi\}_e \\ E_y = -\partial\phi/\partial y = -\{\partial N/\partial y\}^t\{\phi\}_e \\ E_z = -\partial\phi/\partial z = -\{\partial N/\partial z\}^t\{\phi\}_e \end{array}\right\} \tag{6.10.10}$$

ここで

$$\left.\begin{array}{l} \partial N_i/\partial\varepsilon = (1/8)\varepsilon_i(1+\zeta\zeta_i)(1+\eta\eta_i) \\ \partial N_i/\partial\zeta = (1/8)\zeta_i(1+\varepsilon\varepsilon_i)(1+\eta\eta_i) \\ \partial N_i/\partial\eta = (1/8)\eta_i(1+\varepsilon\varepsilon_i)(1+\zeta\zeta_i) \end{array}\right\} \tag{6.10.11}$$

とすると，$\{\partial N/\partial x\}$ などはヤコビアン逆行列 $[J]^{-1}$ と $\{\partial N/\partial\varepsilon\}$, $\{\partial N/\partial\zeta\}$, $\{\partial N/\partial\eta\}$ を用いて表される．ただし，$\varepsilon_i, \zeta_i, \eta_i$：節点位置 i に応じて 1 か -1 の値をとる．

すなわち

$$\begin{bmatrix} \{\partial N/\partial x\}^t \\ \{\partial N/\partial y\}^t \\ \{\partial N/\partial z\}^t \end{bmatrix} = \begin{bmatrix} N_{1,x} & N_{2,x} & \cdots & N_{8,x} \\ N_{1,y} & N_{2,y} & \cdots & N_{8,y} \\ N_{1,z} & N_{2,z} & \cdots & N_{8,z} \end{bmatrix} = [J]^{-1} \begin{bmatrix} N_{1,\varepsilon} & \cdots & N_{8,\varepsilon} \\ N_{1,\zeta} & \cdots & N_{8,\zeta} \\ N_{1,\eta} & \cdots & N_{8,\eta} \end{bmatrix} \tag{6.10.12}$$

これは，局所座標変数 (ε,ζ,η) に依存する．そこで E を評価する際に，$\{\partial N/\partial\varepsilon\}$, $\{\partial N/\partial\zeta\}$, $\{\partial N/\partial\eta\}$ に対しては局所座標の原点での値を基準にすれば，六面体 1 次要素 e に対する汎関数 χ_e は式 (6.10.4) に対して次のように書ける：

$$\chi_e = \iiint_e (1/2)(dD/dE)_e\{\phi\}_e^t[S]_e\{\phi\}_e dxdydz \tag{6.10.13}$$

ここで，要素 e の静電行列 $[S]_e$ は次の積分により求められる：

$$[S]_e = \iiint_e (\{\partial N/\partial x\}\{\partial N/\partial x\}^t + \{\partial N/\partial y\}\{\partial N/\partial y\}^t$$
$$+ \{\partial N/\partial z\}\{\partial N/\partial z\}^t) dx dy dz$$
$$= \iiint_e (\{\partial N/\partial x\}\{\partial N/\partial x\}^t + \{\partial N/\partial y\}\{\partial N/\partial y\}^t$$
$$+ \{\partial N/\partial z\}\{\partial N/\partial z\}^t)|\boldsymbol{J}|d\varepsilon d\xi d\eta \tag{6.10.14}$$

ここで，$|\boldsymbol{J}|$ はヤコビアン行列 $[J]$ の行列式である．(8節点アイソパラメトリック要素や局所座標の取り扱いについては4-6節参照)

6-10-3 ニュートン・ラフソン法による定式化

　非線形に対応するために，ここではニュートン・ラフソン法を採用する．ニュートン・ラフソン法とは，k ステップ目の解 $\{\phi\}^{(k)}$ と増分 $\delta\{\phi\}^{(k)}$ により $k+1$ ステップでの解 $\{\phi\}^{(k+1)}$ を得ようとする手法で，このステップをくり返し $\delta\{\phi\}^{(k)}$ が十分小さくなったとき解が収束したものと見なす手法である．すなわち

$$\{\phi\}^{(k+1)} = \{\phi\}^{(k)} + \delta\{\phi\}^{(k)} \tag{6.10.15}$$

ここで $\{\phi\}^{(k)}$ は系全体の節点電位ベクトルを表し，増分 $\delta\{\phi\}^{(k)}$ は次式を解くことにより得られる：

$$\left[\frac{\partial^2 \chi}{\partial \{\phi\}^2}\right]\delta\{\phi\}^{(k)} = -\left[\frac{\partial \chi}{\partial \{\phi\}}\right] \tag{6.10.16}$$

詳しく記せば

$$\begin{bmatrix} \dfrac{\partial^2 \chi}{\partial \phi_1 \partial \phi_1} & \cdots & \dfrac{\partial^2 \chi}{\partial \phi_1 \partial \phi_n} \\ \vdots & \cdots & \vdots \\ \dfrac{\partial^2 \chi}{\partial \phi_n \partial \phi_1} & \cdots & \dfrac{\partial^2 \chi}{\partial \phi_n \partial \phi_n} \end{bmatrix} \begin{bmatrix} \delta\phi_1^{(k)} \\ \vdots \\ \delta\phi_n^{(k)} \end{bmatrix} = -\begin{bmatrix} \dfrac{\partial \chi}{\partial \phi_1} \\ \vdots \\ \dfrac{\partial \chi}{\partial \phi_n} \end{bmatrix} \tag{6.10.16$'$}$$

ここで，χ は系の汎関数，ϕ_i は節点ポテンシャル，$\delta\phi_i$ はその増分である．一方，式 (6.10.16)$'$ の右辺のベクトルは次式で与えられる：

$$\begin{bmatrix} \dfrac{\partial \chi}{\partial \phi_1} \\ \vdots \\ \dfrac{\partial \chi}{\partial \phi_n} \end{bmatrix} = \begin{bmatrix} S_{11} & \cdots & S_{1n} \\ \vdots & \cdots & \vdots \\ S_{n1} & \cdots & S_{nn} \end{bmatrix} \begin{bmatrix} \phi_1^{(k)} \\ \vdots \\ \phi_n^{(k)} \end{bmatrix} \tag{6.10.17}$$

式 (6.10.17) の行列 $[S]$ は系全体の静電行列で，その成分は式 (6.10.14) の要素静電行列 $[S]_e$ を，節点を共有する要素について加えあわせたものである．ここで，要素内の電界 E_e や電束密度 D_e は，実際は節点群における値からなるベクトル量であるが，代表値として六面体要素の重心における大きさを採用し，以下はこれを用いて計算を進めるものとする．要素 e について，上記の諸量を $\{\phi\}_e$ に関して示すと

$$\frac{\partial \chi_e}{\partial \{\phi\}_e} = \left(\frac{dD}{dE}\right)_e [S]_e \{\phi\}_e \tag{6.10.18}$$

式 (6.10.16) の左辺の行列は要素 e に関して

$$\frac{\partial^2 \chi_e}{\partial \{\phi\}_e^2} = \frac{\partial ([S]_e \{\phi\}_e (dD/dE)_e)}{\partial \{\phi\}_e}$$

$$= \left(\frac{dD}{dE}\right)_e [S]_e + \frac{\partial}{\partial E_e}\left(\frac{dD}{dE}\right)_e \frac{\partial E_e}{\partial \{\phi\}_e}[S]_e\{\phi\}_e$$

$$= \left(\frac{dD}{dE}\right)_e [S]_e + \left(\frac{d^2 D}{dE^2}\right)_e \frac{1}{E_e}\{T\}'_e\{T\}'^t_e \tag{6.10.19}$$

ここで

$$\{T\}'_e = [S]_e\{\phi\}_e \tag{6.10.20}$$

$$\{T\}'_e = [S]'_e\{\phi\}_e \tag{6.10.21}$$

ただし

$$[S]'_e = \{N_{,x}\}\{N_{,x}\}^t + \{N_{,y}\}\{N_{,y}\}^t + \{N_{,z}\}\{N_{,z}\}^t \tag{6.10.22}$$

上の $[S]'_e$ は式 (6.10.14) で定義された $[S]_e$ と異なり，積分がなされていないことに注意する．ここで，$\{N_{,x}\}$ などは式 (6.10.12) で定義されたもので，$[T]'_e$ は非線形項を担うベクトルである．

一方，電界の 2 乗振幅は式 (6.10.5) より

$$E_e^2 = \{E\}^t_e\{E\}_e = \{\phi\}^t_e[S]'_e\{\phi\}_e \tag{6.10.23}$$

で与えられる．E_e および，その $\{\phi\}_e$ に関する導関数はそれぞれ次のようになる：

$$E_e = \sqrt{\{\phi\}^t_e[S]'_e\{\phi\}_e} \tag{6.10.24}$$

$$\frac{\partial E_e}{\partial \{\phi\}_e} = \frac{1}{E_e}\{T\}'_e \tag{6.10.25}$$

収束条件としては十分小さな値 EPS 対して

$$\left.\begin{array}{l} \text{EPS} > \text{CONV}^{(k)} \\ \text{または} \\ \text{EPS} > |\text{CONV}^{(k)} - \text{CONV}^{(k-1)}| \end{array}\right\} \quad (6.10.26)$$

を満足するまでステップをくり返すことになる．k ステップにおける収束判定値 $\text{CONV}^{(k)}$ は次式で定義するものとする：

$$\text{CONV}^{(k)} = \frac{\max|\delta\{\phi\}^{(k)}|}{\max|\{\phi\}^{(k)}| - \min|\{\phi\}^{(k)}|} \quad (6.10.27)$$

6-10-4 計算例

(1) 分極電圧と分極ベクトル図

図 6.10.4 (A) にモデルと電極配置を示す．この配置で，中央部で主として x 軸の負の方向に分極を行いたい．モデルは 1/4 部分のみを計算の対象とした．要素分割は 1/4 領域を $(x:y:z)=(12:2:4)$ とした．図 6.10.4 (B) に x-z 断面の要素分割と電極の様子を示す．境界条件は中央断面で $\phi=0$，その他の面で $\partial\phi/\partial n=0$ (n は面に垂直外面) である．図 6.10.5 に x-z 中央断面での等電位線図，電界ベクトル図，分極ベクトル図を示す．分極電圧は 3 kV で **D-E** の傾斜を線形とした場合である．図 6.10.6～図 6.10.8 は，$\partial D/\partial E$ を曲線として非線形計算を行った場合の等電位線図，電界ベ

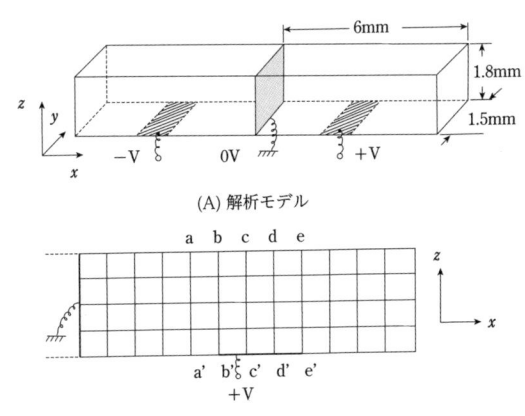

図 6.10.4 分極解析モデル [1]

(A) 等電位線図

(B) 電界分布図（最大電界 16.3kV/cm）

(C) 残留分極分布図（最大分極 0.006033C/cm²）

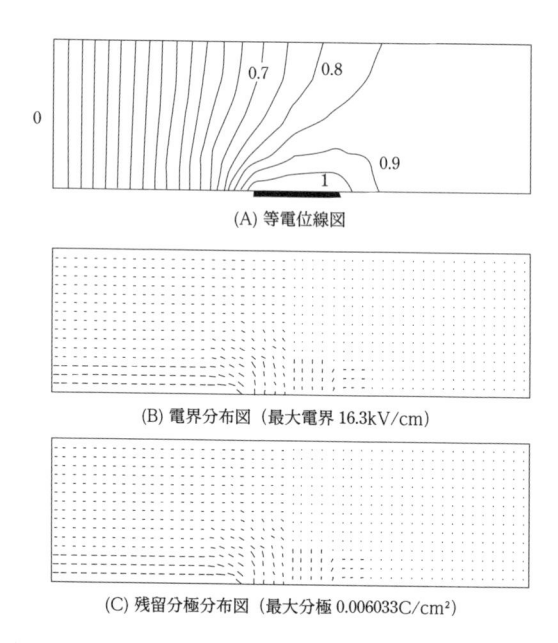

分極電圧：3kV，D-E関係：E_Sまで傾斜一定（$\partial D/\partial E =$ 一定）と仮定

図 6.10.5　x–z 面中央断面における等電位線，電界，分極ベクトル図 [1]

クトル図，分極ベクトル図を示す．分極電圧は，図 6.10.6 は 3 kV，図 6.10.7 は 5 kV，図 6.10.8 は 10 kV である．分極電圧が低い場合は＋電極付近で電界集中が起こるが，分極電圧が高くなるにつれ，これらの結果は線形傾斜の想定に近づくことがわかる．ニュートン・ラフソン法の収束は電界の低い部分で遅く，電界の大きいところで速くなる．これは，D-E曲線の傾斜が小さい部分では，エネルギーの変化が少ないために感度が低下するためと考えられる．電界がさらに大きくなっても同じことが起きるが，ここでは 6-10-1 項で述べたように，E_sを超える電界に対してはスプライン補間をやめ，E_sの部分の傾斜をもつ直線で近似したためでもある．図 6.10.9 は，図 6.10.4 に示す a-a'，b-b'，c-c'，d-d'，e-e' 各面における y-z 断面での等電位線図，電界ベクトル図，分極ベクトル図の詳細である．非線形モデル，分極電圧 10 kV の場合である．（ただし厚み方向には 4 要素を配置しているにすぎない．）図 6.10.10 は下部の電極が図のように幅方向に部分電極となっている場合で，他の条件は図 6.10.9 と同じである．

(2)　分極分布の振動特性への影響

　圧電振動解析においては通常，圧電材の分極が理想的に行われたものとして計算し

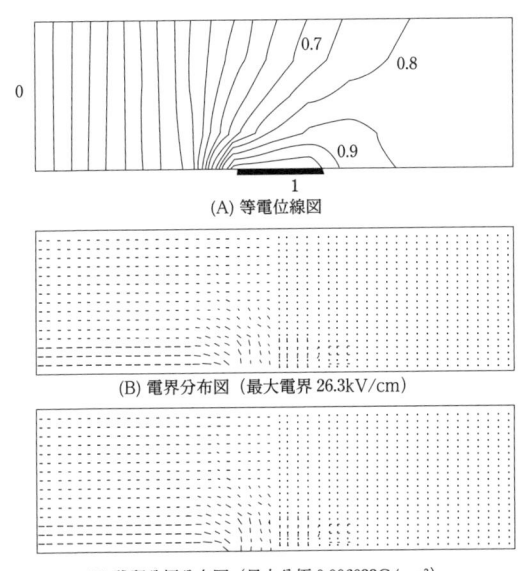

6-10　3次元非線形電界のための有限要素法　　227

(A) 等電位線図

(B) 電界分布図（最大電界 26.3kV/cm）

(C) 残留分極分布図（最大分極 0.006033C/cm²）

分極電圧：3kV, D-E 関係：非線形（図 6.10.2 に示すような S 字曲線を仮定）

図 6.10.6　x-z 面中央断面における等電位線, 電界, 分極ベクトル図 [1]

(A) 等電位線図

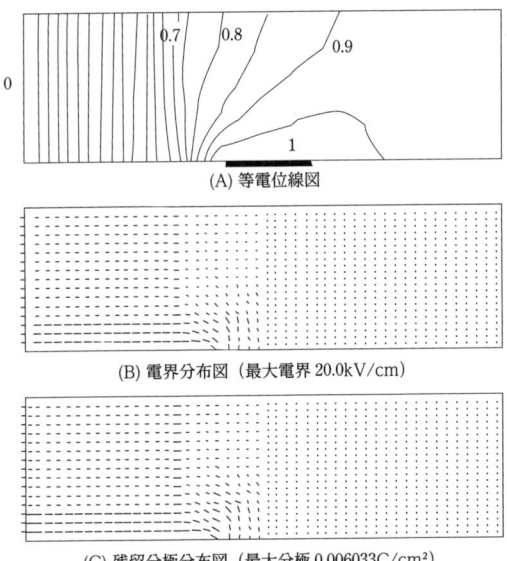

(B) 電界分布図（最大電界 20.0kV/cm）

(C) 残留分極分布図（最大分極 0.006033C/cm²）

分極電圧：5kV, D-E 関係：非線形

図 6.10.7　x-z 面中央断面における等電位線, 電界, 分極ベクトル図 [1]

(A) 等電位線図

(B) 電界分布図（最大電界 53.2kV/cm）

(C) 残留分極分布図（最大分極 0.006033C/cm²）

分極電圧：10kV, D-E 関係：非線形

図 6.10.8　x–z 面中央断面における等電位線, 電界, 分極ベクトル図 [1]

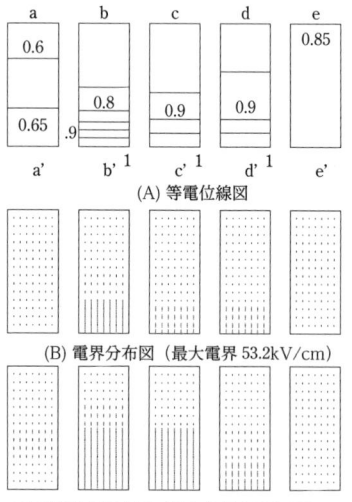

(A) 等電位線図

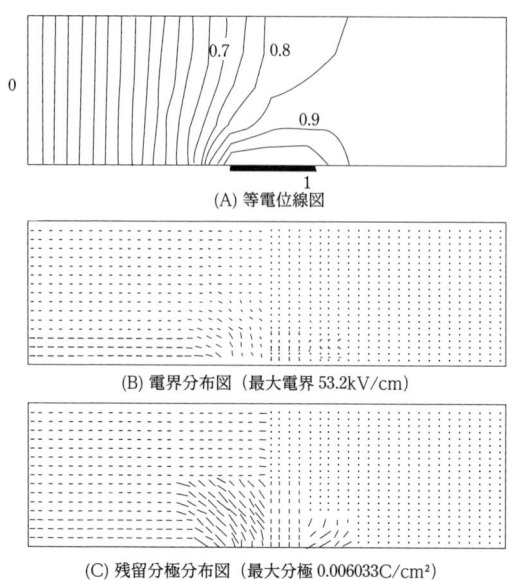

(B) 電界分布図（最大電界 53.2kV/cm）

(C) 残留分極分布図（最大分極 0.006033C/cm²）

分極電圧：10kV, D-E 関係：非線形

図 6.10.9　y-z 断面における等電位線, 電界, 分極ベクトル図 [1]

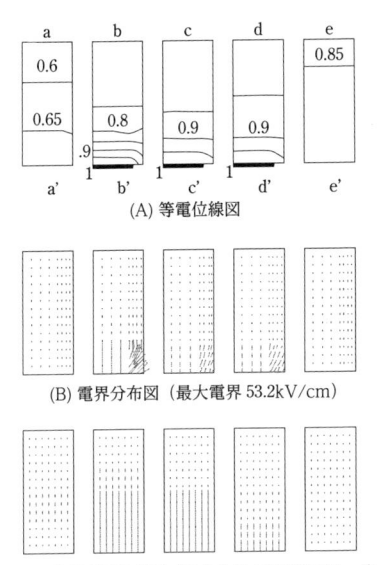

6-10 3次元非線形電界のための有限要素法　229

(A) 等電位線図

(B) 電界分布図（最大電界 53.2kV/cm）

(C) 残留分極分布図（最大分極 0.006033C/cm²）

図 6.10.10　y-z 断面における等電位線，電界，分極ベクトル図 [1]

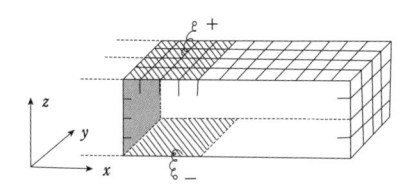

図 6.10.11　曲げモード励振のための電極配置（半分の領域のみが計算される）[1]

ている．前節の場合 x 軸方向に一様，左右で逆向きに分極がなされた場合である．ここで曲げ振動を励振すること考える．図 6.10.11 に示すように，中央部に設けた電極を交流電源により駆動されれば曲げ振動が生じる．この目的のためには図 6.10.4 に示す電極配置による分極は完全ではない．このモデルで分極の不均一が振動に及ぼす効果を考える．上の計算より要素ごとの分極ベクトルの大きさと向きが得られるので，使用する圧電材の圧電テンソル，誘電率テンソルおよびスティフネス・テンソルの値は，それぞれ要素に対して，分極方向に応じて適切に回転変換する．ただ圧電テンソルについては，飽和分極した部分は 1，未飽和部分はそれに比例した係数をかけて修正したものを想定した（圧電テンソルの大きさが分極に比例するという保障はなく，厳密に言えば，基本的な計測データが不足である）．図 6.10.11 には電極配置および要素分割の様子を示してある．振動解析も対称性を考慮して半分について行った．図

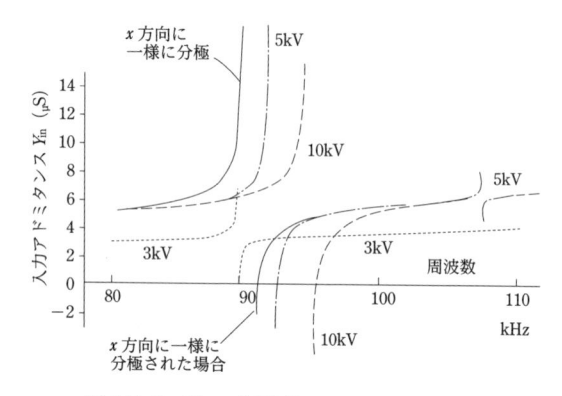

図 6.10.12　種々の分極条件による入力アドミタンス [1]

$$k_p = \sqrt{\frac{f_a - f_r}{f_r}}$$

f_r, f_a：共振，反共振周波数，L：D-E 線形傾斜，
F：x 方向に一様な分極，N：D-ES 字型非線形

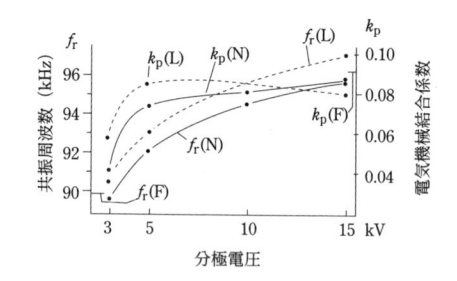

図 6.10.13　共振，反共振周波数及び電気機械結合係数の分極電圧による影響 [1]

6.10.12 には分極分布と分極電圧による入力アドミタンスへの影響が認められる．分極電圧を大きくしても，理想的な一様分極（領域全体が x 方向に一様に分極されている）とした結果とは一致しない．おもしろいことに，分極電圧によっては 108 kHz 付近でほかのモードが励振されるのがわかる．図 6.10.13 は分極電圧の共振，反共振周波数 f_r, f_a および電気機械結合係数 k_p（簡単に $k_p^2 = (f_r - f_a)/f_r$ で定義．f_r, f_a：共振，反共振周波数）への影響を示す．分極仮定を線形傾斜とした場合と，振動系全体が完全に x 軸の負の方向に分極されたとした場合があわせて示してある．分極電圧の増加とともに共振周波数は増加するが，電気機械結合係数は飽和する傾向がみられる．
このように，分極が適切でない場合，電気機械結合係数が低下したり予期しないスプリアスモードが発生したりする（6-3-5 項参照）．本シミュレーションは多くの仮定に基づいたモデルを採用しているので，さらなる検討にはより基本的な実験データが必要であるが，データが不足する場合の補間的予測，近隣に現れるかも知れないスプリ

アス応答の予測など，圧電セラミックス部材の製造，デバイスの作成時等のために本書のシミュレーション技術は有効であると考える．

参考文献 (6-10)

[1] 山淵龍夫, 加川幸雄：圧電材における分極プロセスシミュレーション, 電学論 (A), **110**, 548-554 (1990).
[2] 加川幸雄：有限要素法による振動・音響工学——基礎と応用, 培風館 (1981)
[3] 中田高義, 高橋則雄：電気工学の有限要素法, 森北出版 (1982)
[4] 根本佐久良雄, 田藤清邦, 森 栄：電気ひずみ磁器における非線形電界及び分極過程の有限要素法, 日本音響学会誌, **32**, 106-114 (1976)
[5] 山淵龍夫, 加川幸雄：電歪セラミックスの分極過程の三次元有限要素シミュレーション, 日本シミュレーション学会：第10回計算電気・電子工学シンポジウム, 257-262 (1989)
[6] 山淵龍夫, 加川幸雄：有限要素法による圧電材のための分極シミュレーション, 日本音響学会平成元年度秋季研究発表会講演論文集, 919-920 (1989).
[7] Yamabuchi, T. and Kagawa, K.: Three-dimensional finite element simulation of polarization process in electrostrictive ceramics and its effect on the vibrator characteristic, *Proc. Beijing International Conference, System Simulation and Scientific Computing* (1989).
[8] 山淵龍夫, 加川幸雄：圧電材における分極とその振動, 電気機械結合係数への影響——有限要素シミュレーション, 第11回日本シミュレーション学会：計算電気・電子工学シンポジウム, 365-370 (1990).
[9] 山淵龍夫, 加川幸雄：圧電超音波モーターの有限要素シミュレーション, 日本シミュレーション学会：第8回電気・電子工学への有限要素法の応用シンポジウム, **23**, 151-156 (1987).

関連参考文献

各章の参考文献と重複もある．

- Abe, H., Yoshida, T. and Turuga, K.: Piezoelectric-ceramic cylinder vibratory gyroscope, *Jpn. J. Appl. Phys.*, **31**, 3061-3063 (1992).
- Abe, H., Yoshida, T. and Watanabe, H.: Energy trapping of thickness-shear vibrations excited by parallel electric field and its applications to piezoelectric vibratory gyroscopes, *Proc. IEEE Inter. Ultrason. Sym.*, 467-471 (1998).
- Alzaharani, B. A. and Alghamdi, A. A. A.: Review of the mechanics of materials models for one-dimensional surface-bonded piezoelectric actuators, *Smart Mater. Struct.*, **12**, N1-N4 (2003).
- Auld, B. A.: Acoustic Fields and Waves in Solids (Ⅰ and Ⅱ), Wiley (1973).
- Bailey, T. and Hubbard, J. E.: Distributed piezoelectric polymer active vibration control and Dynamics, *J. Guid., Control Dynam.*, **5**, 606-610 (1982).
- Bathe, K. J., Wilson, E. L. and Peterson, F. E.: SAP Ⅳ-A structural analysis program for static and dynamic response of linear systems, *Earthquake Eng. Res. Ctr. Rep.*, **EERC 73-11** (1974).
- Baz, A. and Poh, S.: Performance of an active control system with piezoelectric actuators, *J. Sound & Vib.*, **126**, 327-343 (1988).
- Berlincourt, D., Jaffe, B., Jaffe, H. and Krueger, H. H. A.: Transducer properties of lead titanate zirconate ceramics, *IRE Trans. Ultrason. Eng.*, **UE-6**, 1-6 (1960).
- Bettess, P.: Infinite element, *Int. J. Num. Meth. Engng.*, **11**, 53-64 (1977).
- Bettess, P.: More on infinite element, *Int. J. Num. Meth. Engng.*, **15**, 1613-1626 (1980).
- Bettess, P. and Zienkiewicz, O. C.: Diffraction and reflection of surface wave using finite and infinite elements, *Int. J. Num. Meth. Engng.*, **11**, 1271-1290 (1977).
- Binning, G. and Rohrer, H.: The scanning tunneling microscope, *Sci. Am.*, **253**, 50-56 (1985).
- Braddick, H. J. J.: Vibrations, Waves and Diffraction, McGraw-Hill (1965).
- Brebbia, C. A. and Walker, S.: Boundary Element Techniques in Engineering, Newnes-Butterworths (1980).
- Brebbia, C. A.: The Boundary Element Method for Engineers, Pentech Press (1978).
- Burdess, J. S.: The dynamics of a thin piezoelectric cylinder gyroscope, *Proc. Instn. Mech. Eng.*, **200** (C4), 271-280 (1986).
- Burdess, J. S. and Wren, T.: The theory of a piezoelectric disk gyroscope, *IEEE Trans. Aerospace Electron. Syst.*, **22**, 410-418 (1986).
- Burdess, J. S., Harris, A. J., Cruickshank, J., Wood, D. and Cooper, G.: A reviw of vibratory gyroscopes, *Eng. Sci. Educ. J.*, **3**, 249-254 (1994).
- Crawley E. F. and de Luis, J.: Use of piezoelectric actuators as elements of intelligent structures, *AIAA J.*, **25**, 1373-1385 (1987).

- Damaren, C. J.: Optimal location of collocated piezo-actuator/sensor combinations in spacecraft box structures, *Smart Mater. Struct.*, **12**, 494-499 (2003).
- Denkmann, W. J., Nickell, R. E. and Sticker, D. C.: Analysis of structural-acoustic interaction in metal ceramic transducers, *IEEE Trans. Audio Electroacoust.*, **21**, 317-324 (1973).
- Engan, H.: Excitation of elastic surface waves by spatial harmonics of interdigital transducers, *IEEE Trans. Electron Devices*, **16**, 1014-1017 (1969).
- Fujishima, S., Nakamura, T. and Fujimoto, K.: Piezoelectric vibratory gyroscope using flexural vibration of a triangular bar, *Proc. IEEE 45th Annual Sym. on Frequency Control*, 261-265 (1991).
- Gladwell, G. M. L.: A variational formulation of damped acoustostractural vibration problems, *J. Sound & Vib.*, **4**, 172-186 (1966).
- Gladwell, G. M. L.: Variational calculation of the impedance of a lossy, non-uniform mechanical transmission line, *J. Sound & Vib.*, **7**, 200-219 (1968).
- Hathaway, J. C. and Babcock, D. F.: Survey of mechanical filters and their applications, *Proc. IRE*, **45**, 5-16 (1957).
- Hirose, S., Magami, N. and Takahashi, S.: Piezoelectric ceramic transformer using piezoelectric lateral effect both for input and on output parts, *Jpn. J. Appl. Phys.*, **35**, 3038-3041 (1996).
- Holman, J. P.: Heat Transfer, 10th edition, McGraw-Hill (2010).
- Hsu, Y-H., Lee, C-K. and Hsiao, W-H.: Optimizing piezoelectric transformer for maximum power transfer, *Smart Mater. Struct.*, **12**, 373-383 (2003).
- Hunt, J. J., Knittle, M. R. and Barach, D.: Finite element approach to acoustic radiation from elastic structures, *J. Acoust. Soc., Am.*, **55**, 265-280 (1974).
- Isler, B. and Washington, G.: Spatial aperture shading of polyvinylidene fluoride applied to distributed systems for uniform damping control, *Smart Mater. Struct.*, **12**, 384-392 (2003).
- Kader, M., Leneczner, M. and Mrcarica, Z.: Distributed optima control of vibrations: a high frequency approximation approach, *Smart Mater. Struct.*, **12**, 437-446 (2003).
- Kagawa, Y.: Modal analysis and finite element, *J. Eng. Design*, **2**, 82-95 (1985).
- Kagawa, Y., Murai, T. and Kitagami, S., On the compatibility I finite element, boundary element compiling in field problems, *J. Comp. Math in Fled. Fleeten, Eng.*, **1**, 197-217 (1982).
- Kagawa, Y. and Omote, T.: Finite element simulation of acoustic filters of arbitrary profiles circular cross-section, *J. Acoust. Soc. Am*, **60**, 1003-1013 (1976).
- Kagawa, Y. and Yamabuchi, T.: Finite element simulation of composite electrostrictive resonators, *Ultrason. Int. Conf. Proc.*, 138-144 (1977).
- Kagawa, Y., Tsuchiya, T. and Sakai, T.: A single plate ultrasonic gyroscope in plane motion, *Ultrasonics*, **38**, 827-829 (2000).
- Kagawa, Y., Tsuchiya, T. and Sakai, T.: Three-dimensional finite element simulation of a piezoelectric vibrator under gyration, *IEEE Trans. UFFC*, **48**, 180-188 (2001).
- Kagawa, Y., Yamabuchi, T. and Mori, A.: Finite element simulation of axisymmetric acoustic transmission system with a sound absorbing wall, *J. Sound & Vib.*, **53**, 357-374 (1977).

- Kapuria, S., Dube, G. P. and Dumir, P. C.: First-order shear deformation theory solution for a circular piezoelectric composite plate under axisymmetric load, *Smart Mater. Struct.*, **12**, 417–423 (2003).
- Kitagami, S., Kagawa, Y. and Yamabuchi, T.: Combined finite-boundary element technique for sound radiation and scattering problems, *Paper of Technical Group on Ultrasonics, IECE Japan*, **82**, 23–30 (1982).
- Konno, M., Kusakabe, C. and Tomikawa, Y.: Electromechanical filter composed of transversely vibrating resonators for low frequencies, *J. Acoust. Soc. Am.*, **39**, 953–961 (1966).
- Krommer, M.: The significance of non-local constitutive relations for for composite thin plates including piezoelectric layers with prescribed electric charge, *Smart Mater. Struct.*, **12**, 318–330 (2003).
- Lagasse, P. E., Mason, I. M. and Ash, E. A.: Acoustic surface waveguides-analysis and assessment, *IEEE Trans. Sonic Ultrason.*, **21**, 225–236 (1973).
- Lagasse, P. E.: Finite element analysis of piezoelectric elastic waveguides, *IEEE Trans. Sonic Ultrason.*, **20**, 354–359 (1973).
- Law, H. H., Rossiter, P. L., Koss, L. L. and Simon, G. P.: Mechanisms in damping of mechanical vibration by piezoelectric ceramic-polymer composite materials, *J. Mater. Science*, **30**, 2648–2655 (1995).
- Leckie, F. A. and Lindberg, G. M.: The effect of lumped parameters on beam frequencies, *Aeron. Quart.*, 224–240 (1963).
- Lee, S., Goo, N. S., Park, H. C., Yoon, K. J. and Cho, C.: A nine-node assumed strain shell element for analysis of a coupled electro-mechanical system, *Smart Mater. Struct.*, **12**, 355–362 (2003).
- Lin, R. M. and Nyang, K. M.: Analytical and experimental investigations on vibrational control mechanisms for flexible active structures, *Smart Mater. Struct.*, **12**, 500–506 (2003).
- Lloyd, P. and Redwood, M.: Finite-difference method for the investigation of the vibration of solids and the evaluation of the equivalent-circuit characteristics of piezoelectric resonators (Ⅰ, Ⅱ), *J. Acoust. Soc. Am.*, **39**, 346–361 (1966).
- Lovday, P. W.: A coupled electromechanical model of an imperfect piezoelectric vibrating cylinder gyroscope, *J. Intell. Mater. Syst. Struct.*, **7**, 44–53 (1996).
- Love, A. E. H.: Treatise on the Mathematical Theory of Elasticity, Cambridge Univ. Press (1927).
- Ma, K.: Vibration control of smart structures with bonded PZT patches: novel adaptive filtering algorithm and hybrid control scheme, *Smart Mater. Struct.*, **12**, 473–482 (2003).
- Makkonen, T., Holappa, A., Ella, J. and Salomea, M. M.: Finite element simulations of thin-film composite SAW resonators, *IEEE Trans. UFFC*, **48**, 1241–1258 (2001).
- Mason, W. P. ed.: Physical Acoustics (Vol. 1, Part A), Academic Press (1964).
- Mason, W. P. and Thurston, R. N.: A compact electromechanical band-pass filter for frequencies below 20 kilocycles, *IRE Trans. Ultrason. Eng.*, **7**, 59–70 (1960).
- McDonald, B. H. and Wexler, A.: Finite element solution of unbounded field problem, *IEEE Trans. MTT*, **2**, 841–847 (1972).
- Meyer, W. L., Bell, W. A. and Zinn, B. T.: Boundary integral coupling of the finite element method and boundary solution procedures, *Int. J. Num. Meth. Engng.*, **11**, 355–375 (1977).

- Newmark, N. M.: A method for computation of structural dynamics, *J. Eng. Mech. Div.*, **85**, 467-470 (1971).
- Okamoto, T., Yukawa, K. and Okuda, S.: Low frequency electromechanical filter, *FUJITSU Sci. Tec. J.*, 53-86 (1966).
- Otsuchi, T., Sugimoto, M., Ogura, T. Tomita, Y., Kawasaki, O. and Eda, K.: Shock sensors using direct bonding of $LiNbO_3$ crystals, *Procs. IEEE Ultrason. Sym.*, 331-334 (1996).
- Paolo Nenzi: NG-SPICE, http://ngspice.sourceforge.net/
- Potter, J. I. and Fisk, S.: Theory of Networks and Lines, Prince-Hall (1963).
- Prentis, J. M. and Leckie, F. A.: Mechanical Vibrations――An Introduction to Matrix Methods, Longmans (1963).
- Reese, G. M., Marek, E. L. and Lobits, D. W.: Three dimensional finite element calculations of an experimental quarts rotation sensor, *Procs. IEEE Ultrason. Sym.*, 419-422 (1989).
- Russene, M., Scarpa, F. and Soranna, F.: Wave beam effects in two-dimensional cellular structures, *Smart Mater. Struct.*, **12**, 367-372 (2003).
- McKeighen, R.: Finite element simulation and modeling of 2-D arrays for 3-D ultrasonic imaging, *IEEE Trans. UFFC*, **48**, 1395-1405 (2001).
- Schenck, H. A.: Improved integral formulation for acoustic radiation problem, *J. Acoust. Am.*, **44**, 41-58 (1968).
- Shea, T. E.: Transmission Networks and Wave Filters, Van Nostrand (1929).
- Shockley, W., Curran, D. R. and Koneval, D. J.: Energy trapping and related studies of multiple electrode filter crystals, *Proc. 17th Freq. Control Sym.* 88-126 (1963).
- Silvester, P. and Hsieh, M. S.: Finite element solution of 2-dimensional exterior field problems, *Proc. Int. Elec. Eng. IEEE*, **118**, 1743-1747 (1971).
- Silvester, P.: A general high-order finite-element waveguide analysis program, *IEEE Trans. MTT*, **17**, 204-210 (1969).
- Smith, G. L.: Computer-aided filter design, *Can. Electron. Eng.*, 42-46 (1969).
- Smith, R. R., Hunt, J. T. and Barach, D.: Finite element analysis of acoustically radiating structures with sonar transducers, *J. Acoust. Soc. Am.*, **54**, 1277-1288 (1973).
- Soderkvist, J.: Micromachined gyroscopes, *Sensers and Actuators A*, **43**, 65-71 (1994).
- Soderkvist, J.: Piezoelectric beams and vibrating angular rate sensors, *IEEE Trans. UFFC*, **38**, 271-280 (1991).
- Tiersten, H. F.: Linear Piezoelectric Plate Vibrations, Plenum Press (1969).
- Tong, P. and Rossettos, J. N.: Finite-Element Method, Basic Technique and Implementation, MIT Press (1977).
- Torby, B. J.: Advanced Dynamics for Engineers, CBS College Publishing (1984).
- Tzou, H. S. and Tseng, C. I.: Distributed modal identification and vibration control of continua: piezoelectric finite element formulation and analysis, *J. Dyn. Sys., Meas. Control*, **113**, 500-505 (1991).
- Ulitko, I. A.: Mathematical theory of the fork-type wave gyroscope, *Procs. IEEE Int. Freq. Control Sym.*,

786-793 (1995).

- Underwater Acoustics Group: Finite element applied to sonar transducers, *Proc. Inst. Acoust.*, **10** (1988).
- Ventura, P., Hode, J. M., Desbois, J. and Solal, M.: Combined FEM and Green's function analysis of periodic SAW structure, application to the calculation of reflection and scattering parameters, *IEEE Trans. UFFC*, **48**, 1259-1274 (2001).
- Wakatsuki, N., Tsuchiya, T., Kagawa, Y. and Suzuki, K.: Frequency-temperature characteristic analysis of piezoelectric resonators using finite element modeling, *Procs. Seoul-Sim 2001*, 215-219 (2001).
- White, R. M.: Surface elastic waves, *Proc. IEEE*, **58**, 1238-1276 (1970).
- Yakuwa, K. and Okuda, S.: Miniaturisation of the mechanical vibrator used in an electromechanical filter, 6th *Int. Cong. on Acoust.*, **6-3-5** (1968).
- Yang, J. S.: Analysis of ceramic thickness shear piezoelectric gyroscopes, *J. Acoust. Soc. Am.*, **102**, 3542-3548 (1997).
- Yang, J. S.: Equations for the extension and flexure of a piezoelectric beam with rectangular cross section and applications, *Int. J. Appl. Electromagnetics Merch.*, **9**, 409-420 (1998).
- Yang, J. S.: Tubular coriolis force driven piezoelectric gyroscope system, and method of use, U.S. Patent No. 6,457, 358 B1 (10 January 2002).
- Yang, J. S. and Fang, H. Y.: A new ceramic tube piezoelectric gyroscope, *Sensors Actuat. A-Phys.*, **107**, 42-49 (2003).
- Yang, J. S., Fang, H. F. and Jiang, Q.: Analysis of a ceramic bimorph piezoelectric gyroscope, *Int. J. Appl. Electromagnetics Mech.*, **10**, 459-473 (1999).
- Yang, J. S., Fang, H. Y. and Jiang, Q.: A vibrating piezoelectric ceramic shell as a rotation sensor, *Smart Mater. Struct.*, **9**, 445-451 (2000).
- Yong, Y. K.: Fundamentals of the finite element method of a piezoelectric resonators, *Course 6 Short Tutorial Course IEEE Int. Ultrason. Sym.* (1994).
- Yu, Y. Y.: Flexural vibrations of elastic sandwich plates, *J. Aero Space Sci.*, **27**, 272-283 (1960).
- Zaitsu, T., Inoue, T., Ohnishi, O. and Iwamoto, A.: 2 MHz power converter with piezoelectric ceramic transformer, *IEEE INTELEC'92 Proc.*, 430-437 (1992).
- Zho, W.: A finite element analysis of the time-delay periodic ring arrays for guided wave generation and reception in hollow cylinders, *IEEE Trans. UFFC*, **48**, 1462-1420 (2001).
- Zienkiewicz, O. C.: The finite element method and its application in vibration analysis, *Symposium papers us on the numerical methods for vibration problem* **3**, 17 (1966).
- Zienkiewicz, O. C.: The Finite Element Method in Engineering Science, McGraw-Hill (1971).
- Zienkiewicz, O. C. and Cheung, Y. K.: The Finite Element Method in Structural and Continuum Mechanics, McGraw-Hill (1967).
- Zienkiewicz, O. C., Kelly, D. W. and Bettess, P.: The coupling of the finite element method and boundary solution procedures, *Int. J. Num. Meth. Engng.*, **11**, 355-375 (1977).

- 荒井秀行, 加川幸雄：エネルギーとじ込め振動子の有限要素シミュレーション, 超音波研究会資料, US73-46, 45 (1974).
- 安藤英一, 加川幸雄：超音波溶接工具ホーンの3次元有限要素シミュレーション, 日本音響学会誌, **48**, 294-300 (1992).
- 池野信一：分布定数濾波器の一設計理論, 電気通信学会雑誌, **35**, 544-548 (1952).
- 伊勢悠紀彦：超音波モータ, 日本音響学会誌, **43**, 184-188 (1987).
- 一ノ瀬昇監修：圧電セラミックス新技術, オーム社 (1991).
- 上羽貞行, 栗林 実：超音波モータ, セラミックス, **21** (1986).
- 上羽貞行, 森 栄司：ボルト締めランジュバン形振動子振動特性への接触面工作精度および温度の影響, 日本音響学会誌, **35**, 469-476 (1979).
- 大西一正, 内藤浩一, 中澤 徹：縦-曲げ結合振動を用いた超音波リニアアクチュエータ, 日本音響学会誌, **47**, 27-34 (1991).
- 尾上守夫, 十文字弘道：エネルギーとじこめ形圧電共振子の解析, 電気通信学会雑誌, **48**, 1574-1581 (1965).
- 小山田公之, 大越孝敬：有限要素法による非軸対称光ファイバの伝搬特性の解析, 信学技報, **EMT81-40**, 63-72 (1981).
- 加川幸雄：サンドイッチ片持はりの横振動の粘性制御, 日本音響学会誌, **24**, 18-26 (1968).
- 加川幸雄：電気・電子のための有限要素法の実際, オーム社 (1981).
- 加川幸雄：有限素子法による電気機械フィルタの解析と設計, 日本音響学会誌, **27**, 201-213 (1971).
- 加川幸雄：有限要素法および境界要素法の現状, 信学誌, **72**, 1074-1084 (1989).
- 加川幸雄, 山淵龍夫, 川上勝巳：無限要素を用いたポアソン, ヘルムホルツ開領域問題の解析, 信学論 (A), **J65-A**, 1262-1269 (1982).
- 加川幸雄：電気・電子のための有限要素法入門, オーム社 (1977).
- 加川幸雄：有限要素法の基礎 I, 日本音響学会誌, **28**, 207-212 (1972).
- 加川幸雄：有限要素法の基礎 IV, 日本音響学会誌, **28**, 259-264 (1972).
- 菊池一二, 山内 基, 小野正明, 山田澄夫, 若月 昇, 工藤すばる：$LiTaO_3$ 音さ形圧電ジャイロの漏れ出力の検討, 信学技報, **US95-42**, 57-64 (1995).
- 岸 憲史, 石川恭輔：超音波モータ用薄肉円筒振動子の有限要素解析, 信学技報, **US94-9**, 61-67 (1994).
- 日下部千春, 近野 正, 富川義朗：電歪変換器を貼付した音片振動子の共振周波数について, 信学誌, **48**, 150-155 (1965).
- 日下部千春, 近野 正：電歪変換器を貼付した音片振動子の振動姿態, 信学誌, **49**, 42-47 (1966).
- 熊坂克典, 小野裕司, 勝野超史, 布田良明, 吉田哲男：低電圧駆動に適した積層一体焼結型圧電トランス, 信学技報, **US95-21**, 9-16 (1995).
- 黒澤 実, 刑部尚樹, 東条啓一郎, 高崎正也, 樋口俊郎：シリコンスライダを用いた弾性表面波モータ, 信学技報, **EMD98-25**, 55-62 (1998).
- 黒澤 実, 上羽貞行：振動子と積層型圧電アクチュエータを用いた超音波モータ, 信学技報, **US87-31**, 27-32 (1987).

関連参考文献

- 小池義和, 黒沢 実, 上羽貞行, 足立和成：2次元的な広がりを持った超音波振動工具の振動分布制御, 信学技報, **US91-12**, 37-44 (1991).
- 近野 正, 富川義朗, 高野剛浩：円板の双共振を利用したメカニカル・フィルタおよび差動形フィルタ, 日本音響学会誌, **24**, 143-150 (1968).
- 指田年生：超音波モータの試作, 応用物理, **51**, 713-720 (1982).
- 島貫正治, 青柳 学, 富川義朗：縦-捩り振動利用超音波モータの伝送線路表示による共振周波数及び変位のシミュレーション, 信学技報, **US93-1**, 1-8 (1993).
- 十文字弘道, 尾上守夫：たて屈曲多重モード振動子の振動解析, 信学論 (A), **J51-A**, 110-117 (1968).
- 十文字弘道：たて・屈曲多重モード振動子の諸特性の解析, 信学論 (A), **J53-A**, 176-183 (1970).
- ジョーンズ, D.I.G. 著, 鈴木浩平 監訳, 浅見敏彦, 井上喜雄, 入江良彦, 佐藤美洋 訳：粘弾性ダンピング技術ハンドブック, 丸善 (2003).
- 関谷卓朗, 駒井博道, Bolema, S.J., 古川達也, 武田有介, 海老 豊：連続流型マルチオリフィスインクジェット用ドロップジェネレータの研究, 電子写真学会誌, **26**, 11-17 (1987).
- 髙島祐二：インクジェット技術概論, 電子写真学会誌, **34**, 214-220 (1995).
- 滝 貞男 監修：人工水晶とその電気的応用, 日刊工業新聞 (1974).
- 田中治雄, 清水 洋：圧電磁器板を伝搬する厚みたて振動, 超音波研究会資料, **US71-3**, 1 (1971).
- 田中哲郎, 岡崎 清：圧電セラミックス材料, 学献社 (1973).
- ツィエンキーヴィッツ, O.C., チューン, Y.K. 著, 吉識雅夫 監訳：マトリックス有限要素法, 培風館 (1970).
- ツィエンキーヴィッツ, O.C. 著, 吉識雅夫, 山田嘉昭 監訳：基礎工学におけるマトリックス有限要素法, オーム社 (1969).
- 土屋隆生, 加川幸雄, 山淵龍夫：有限要素法による収束トランスジューサの応答解析, 信学論 (A), **J74-A**, 929-940 (1991).
- 電気学会 編：エレクトロ・メカニカル機能部品, オーム社 (1972).
- 戸川隼人：有限要素法による振動解析, サイエンス社 (1975).
- 富川義朗, 近野 正, 和泉裕彦：方形板多重モード振動子と電気・機械フィルタ, 日本音響学会誌, **25**, 114-121 (1969).
- 長松昭男：モード解析, 培風館 (1985).
- 中村 尚, 近野 正：段付片持棒の共振周波数について, 日本音響学会誌, **21**, 55-64 (1965).
- 中村僖良, 清水 洋：二次元的エネルギーとじこめ解析, 第8回エレクトロメカニカル委員会資料 (1971).
- 日本工業技術センター 編, 内野研二 著：圧電／電歪アクチュエータ――基礎から応用まで, 森北出版 (1986).
- 日本鋼構造協会 編, 川井忠彦 著：マトリックス法振動および応答 (コンピュータによる構造工学講座 I-4-B), 培風館 (1971).
- 抜山平一：電気音響機器の研究, 丸善 (1948).
- 秦 秀聡, 富川義朗, 広瀬清二, 高野剛活：多重モード縮退型リング振動子を用いた2次元 (x-y) 移動アクチュエータ, 信学技報, **US95-40**, 41-48 (1995).

- 広瀬精二, 横山友男, 中村　尚, 清水　洋：圧電トランス用方形圧電磁器板の有限要素解析, 信学技報, **US87-27**, 1-6 (1987).
- 広瀬精二, 菅野善弘：入出力に圧電横効果を利用するセラミック・トランス, 信学技報, **US93-96**, 15-22 (1994).
- 古川達也, 新行内充, 加川幸雄：同型縮退モードを利用した自走型超音波アクチュエータの有限要素モデル援用による検討, 日本音響学会誌, **55**, 554-559 (1999).
- 古川達也, 駒井博道, 関谷卓朗, 加川幸雄：有限要素モーダル解析手法援用によるマルチノズル型インクジェットヘッドの開発, 日本音響学会誌, **56**, 91-97 (2000).
- 古川達也, 新行内充, 加川幸雄：自走矩形超音波アクチュエータの小型化の検討, 電学論, **121**, 295-301 (2001).
- 古川達也, 堀家正紀, 加川幸雄, 若槻尚斗：有限要素モデルによる圧電振動ポンプの設計, 日本音響学会誌, **55**, 351-355 (1999).
- ブレビア, C. A. 著, 神谷紀生, 田中正隆, 田中喜久昭 訳：境界要素法入門, 培風館 (1980).
- ブレビア, C. A., ウォーカー, S. 著, 神谷紀生, 田中正隆, 田中喜久昭 訳：境界要素法の基礎と応用, 培風館 (1981).
- 三浦真芳, 山森清司, 鈴木一史, 溝口　昭：インクオンデマンド方式インクジェット記録ヘッドの振動特性, 信学論 (C), **J62-C**, 321-328 (1979).
- 矢川元基, 青山裕司：有限要素固有値解析──大規模並列計算手法, 森北出版 (2001).
- 山淵龍夫, 加川幸雄, 高橋貞行：圧電電界分布も考慮に入れた超音波円柱振動子の有限要素法解析, 日本音響学会誌, **37**, 307-315 (1981).
- 鷲巣　慎, 深井一郎, 鈴木道雄：有限要素法による開放領域問題の解析, 信学論 (B), **J64-B**, 1-7 (1981).

7章　ダウンロードできるプログラムについて

　以上，圧電デバイスのための有限要素モデルと応用について考察してきた．静的変形，動的振動，温度効果，回転運動の効果の例として，アクチュエータやセンサー解析の応用例については6章で紹介した．線形問題としての圧電系の基礎と有限要素モデルによる解析手法は，すでにほぼ確立されているといってよく，その妥当性は種々のデバイスへの応用例により検証されている．また解析ソフトも2, 3市販されているようである．

　3次元圧電振動解析用ソフトウェア（3次元圧電弾性振動解析有限要素法プログラム（PIEZO3D1））と圧電セラミックス分極シミュレーションのための電界非線形ソフトウェア（圧電分極シミュレーション・プログラム（POLPROC3DE1））の解説，コードリスト，利用方法がweb経由でダウンロードできる．これらのプログラムは，必要なサブルーチンはすべて含んでおり，FORTRAN77に準拠して書かれている．

　お手持ちのコンピュータ上で稼働させるためにはシステムの違いなどにより，コントロールコマンドなどいくつかの変更を必要とするかもしれない．また入出力形式についてもそれぞれのプログラムは一定でなく，不ぞろいである．これらについては使用計算機の周辺機器によりまちまちであるから，利用に際してはこの部分についても変更が必要と思われる．

　なお，本書のプログラムに基づいた計算，あるいはそれをもとに改良したソフトによる計算を含む論文等を発表される場合には，プログラムについての言及をお願いしたい．また，このプログラムをもとに販売用ソフトウェアを開発される場合には，出版社に連絡，許可を得るようにお願いしたい．

　7章については以下のURLにアクセスしていただき，ユーザー名とパスワードをそれぞれ入力していただければ，ダウンロードが可能である．上記の解説と以下の注意事項を確認の上，ご利用いただきたい．

　　　　　　　URL：http://pub.maruzen.co.jp/space/atsuden/
　　　　ユーザー名：modeling
　　　　パスワード：simulate

7-1 3次元圧電弾性振動解析有限要素法プログラム（PIEZO3D1）

7-1-1 理論解説
7-1-2 プログラムの概要
7-1-3 メインプログラムと主なサブルーチンプログラム
7-1-4 メインプログラムの説明
7-1-5 サブルーチンプログラムの説明
7-1-6 計算例
7-1-7 3次元圧電弾性振動解析有限要素法プログラム（PIEZO3D1）コード

7-2 圧電分極シミュレーションプログラム（POLPROC3DE1）

7-2-1 理論解説
7-2-2 プログラムの概要
7-2-3 メインプログラムと主なサブルーチンプログラム
7-2-4 メインプログラムの説明
7-2-5 サブルーチンプログラムの説明
7-2-6 共通サブルーチンの使用法
7-2-7 計算例
7-2-8 圧電分極シミュレーションプログラム（POLPROC3DE1）コード

参考文献

注意事項

- 本解析プログラムおよび本解析プログラムを改変したものを学習および研究以外の目的で使う場合には必ず丸善出版株式会社までご相談ください.
- 本解析プログラムおよび本解析プログラムを改変したものを第3者に譲渡することは禁止します.
- 本解析プログラムの使用による計算結果や損害について，著作権者および出版社はその責任を負いません.
- 本解析プログラム及び解説の内容は予告なく変更することがあります.
- 著作権者および出版社は，本解析プログラムに不具合があったとしても，これを修正する義務はありません．また，その不具合によって何らかの損害が購入者に発生したとしてもその責任を負いません.
- 本解析プログラムに関する技術的なサポートなどは一切行いません.
- 本解析プログラムを使用して得られた研究成果を学会などで発表する場合は，本解析プログラムを使用した旨の引用を適切に行ってください.
- 本解析プログラムのダウンロードサービスは予告なく終了することがあります.

あとがき

　編者が，有限要素法を圧電系の問題に適応しようと考えたのは，1960年代の終わりごろ，英国サウサンプトン大学音響振動研究所（Institute of Sound and Vibration Research, ISVR）を訪問したとき，有限要素法の存在を知ったことによる．有限要素法がエネルギー原理に基づくものであれば，エネルギーの次元では，機械系も電気系も同一であるから，圧電系のように機械系と電気系が連成しているような問題の解析に有効かつ容易に適応できるのではないかと考えたからであった．

　当時ノルウェー工科大学音響研究所に滞在中であったが，その後 ISVR の研究員として勤務する機会に恵まれ，G. M. L. Gladwell 博士（当時 Senior Lecturer，その後，カナダ ウォータールー大学教授）の指導を受けた．

　1969年，圧電振動子の有限要素法解析に関する最初の論文：A New Approach to Analysis and Design of Electromechanical Filters by Finite Element Techniques (*ISVR Memo* 326. 1969) を発表した．これはこの種の問題で最初の論文である．圧電問題における変分原理については，同年に，モノグラフ（Tiersten, H. F.: Linear Piezoelectric Vibrations, Plenum Press, (1969), Holland, R. and EerNisse, E. P.: Design of Resonant Piezoelectric Devices, Research Monograph No. 56, MIT Press, Mass., (1969)）が発表されていることを帰国数年後に知った．当時，有限要素法研究は揺籃期であり，主として構造力学の分野で研究されていた．Finite Element についてはどこにも言及されていないものの，対象を分割して変分原理による離散化プロセスを適用すれば圧電系への有限要素法の応用は直近のはずで，まさに有限要素モデルの入り口にあったといってよい．

　1970年に帰国後，転勤に伴い富山大学，岡山大学，秋田県立大学と研究の場を変えたが，本研究はいつもテーマの1つとしてあった．教室員として，山淵龍夫（共著者，富山大学名誉教授），土屋隆生（同志社大学教授），若槻尚斗（筑波大学准教授）の諸先生から協力をいただけたのは幸いであった．多くの学部生，大学院生も参加した．荒井秀行，前田豊信，坂井剛，岡村広樹，小田和幸，宮原友樹，片岡辰雄，川島俊和，大島善正，寺田陽一などの諸君である．学外との共同研究は，安藤英一（共著者，元島田理化工業技師長，芝浦工業大学講師），古川達也（元リコー技師），若菜忠，羽場方正（ともに明電舎）の諸氏の協力も得た．

院生，留学生時代には柴山乾夫先生（東北大学名誉教授）に圧電振動，磁歪振動についてのご講義（本書で参考）を受け，また殻振動についてご指導をいただいた．Yi-Yuan Yu 先生（当時ブルックリン工科大学教授）にはサンドイッチ殻振動についてご教授をうけた．今野正先生（故人，元山形大学工学部長），富川義朗先生（山形大学名誉教授）には音片振動子と等価回路についてご教示をいただいた．深田栄一先生（小林理化学研究所名誉研究員，理化学研究所名誉研究員）には時折ご鞭撻をいただいている．ここに感謝の意を表します．

ただ残念なことは，紙幅の制限もあり，準備をしていた磁歪問題と音響放射についての2つの章を割愛せざるをえなかったことである．磁歪現象の発見は圧電と同様に古く，超音波発生用磁歪振動子などに利用されてきた．励磁巻線や永久磁石などの付加装置が必要なことなどの不便さから暫時圧電素子に置き換えられる傾向にあったが，近年になって巨大磁歪変位を生じる物質が発見されるにおよんで，リバイバルの兆しがみえる．堅牢性，高出力など優れている点があるためである．磁歪問題は，磁歪と磁界の非線形を考慮すれば圧電問題と類似の手法で取り扱うことができる．

超音波送受波器などの場合には，振動系と音波放射系が連成している問題を扱う必要がある．これについては，部分的にではあるが，旧著（加川幸雄 編，加川幸雄，山淵龍夫，村井忠邦，土屋隆生 著：音場・圧電弾性振動場（FEMプログラム選3）——2次元，軸対称，3次元・2次元，森北出版，1998）をご参照願いたい．

3Dプリンタの実用化のニュースをしばしば聞く．硬質プラスチックなどをバインダーとしてピエゾセラミックス粉末を配合した材料を用意できれば，複雑構造，形状の変換器が単体の素子として容易に作成できるようになるものと考えられ，任意の形状，任意の分極構成，任意の電極配置をもつデバイス（たとえば One piece integrated device でビームの収束，スティアなど）の最適設計も可能となろう．有現要素モデルはこのような変換デバイスのための解析設計に対する有力な手段を提供するものである．広帯域特性ができれば2形状構成を先行して設置設計が可能となることが考えられる．

もう10年ほども前のことになるが，米国のある出版社から圧電デバイスに関する有限要素の本を書くようにお誘いを受けた．日本の出版社であれば，お引き受けすればあとは原稿ができるまで待ってくれるものであるが，どこまで進んだか，図面は何枚あるかなど矢のような催促で，できた原稿も識者が査読をするのだという．私としてはもうすこし応用の例証を加えたいところであったので，迅速な対応ができなかった．そのうち結局うやむやになってしまった．このような経過もあって，このたびよい出版社に恵まれ，よい協力者を得てここに本書が刊行されるにいたったことは，大

きな喜びである．編者の浅学菲才のため，不適切な記述だけでなく，間違いも多々あるかと思われる．これらはすべて編者の責任に帰すべきものである．ご指摘いただければ，適当な機会に訂正していきたい．

編者しるす

索引

[欧数字]

1次元縦振動　77
1次元理論　103
2次関数近似　87
2次形式　28
2次元圧電平板　85
2乗振幅　224
3軸アクチュエータ　180
3軸圧電センサー　174, 178
4端子対回路網　183
4端子網　183
6節点三角形要素　87
90°回転 Y-カット　187
AT-カット　41
AT-カット板　143
BLT　153
c-205　123
D-E 処女曲線　220
EPS　225
LiNbO₃　187
Lloyd　85
LU 分解法　161
Rayleigh-Rits 法　85
Redwood　85
Rosen 型圧電トランス　119
SAP IV　60
X-カット長方形板振動子　133
Y-カット厚みすべり水晶振動子　133
Z-カット　187
ν-B^2 曲線　221

[あ行]

アイソパラメトリック要素　55
アクチュエータ　132, 174
アクティブ制振　193
圧着力　217
圧電応力定数テンソル　42, 43, 54
圧電応力テンソル　90
圧電型振動ジャイロ　158
圧電機械振動連成問題　107
圧電基本式　16, 37, 202
圧電共振体　106
圧電結晶体　40
圧電効果　1, 17
圧電型振動ジャイロ　158
圧電セラミックス　40, 42
圧電素子アクチュエータ　174
圧電素子センサー　174
圧電型振動ジャイロ　158
圧電単結晶　183, 186
圧電定数　17
圧電デバイス　85
圧電トランス　119
圧電板振動子　85
圧電板の変形　3
圧電平板　85
圧電横効果　184, 188
圧電（歪）定数　9
厚みすべりエネルギー閉じ込め型振動子　92
厚みすべり振動モード　92
厚みすべり水晶振動子　143
アドミタンス　7
アドミタンスカーブ　86
位相遅れ　160
位相差　162
板水晶振動子　133
一様分極　230
一般解　112
異方性板状振動子　133
因数分解　73
インターデジタル・トランスジューサ　92
インピーダンスアナライザ　122
インピーダンス変換器　119
インピーダンス変換　119
ウィルソンの方法　139
裏打ち板　153

運動エネルギー 27, 46, 48
運動軌跡 211
永年方程式 68
液晶バックライト 119
エネルギー関数 45
エネルギー原理 85
エネルギー消散 193
エネルギー閉じ込めモード 94
エネルギー変換 119
エネルギー法 107
エポキシ系樹脂 197
エルミート行列 160
円環型超音波モーター 206
円環振動子 100
円環部 206
遠心力 165
円筒形型振動ジャイロ 166, 158
応答解析 202
応答性 170
応力 11
応力分布 123
応力ベクトル 39
オートフォーカス機構 206
音片振動子 183
音響散乱問題 117
音響振動工学 120
音響負荷 106
音響放射 33, 100
音響放射場 106
音叉 183
音叉形 172
温度依存性 135
温度依存特性 135
温度係数 135
温度効果 133
温度勾配 156
温度センサー 143
温度特性 133, 235

[か行]

解析的等価回路解 79
回転 183
回転 X-カット 136
回転角 136
回転角周波数 164
回転角速度 158, 161, 161
回転カット角 136
回転カット板水晶振動子 133
回転子 208, 215
回転速度ベクトル 165
回転変換 133, 229
外部から与えられた仕事 49, 46
外部記憶装置 186
回路シミュレータ 148
回路網的伝達特性解析 183
ガウス・ルジャンドル積分 62
仮想仕事 30
仮想節点 60, 61
加速度 189
片面接水状態 109
カット角依存性 189
過渡応答 202
過渡応答解析 192, 202
過渡応答特性 202
過渡応答解法 202
過渡応答変位 211
慣性力 188, 189
完全スリップ 215
カンチレバー部分 187
感度 98
感度指数 164
緩和効果 219
機械振動系 183
機械的尖鋭度 121, 144
機械的内部損失 149
幾何学的対称性 92
規格化固有周波数 89
帰還回路 193
基準温度 135
規準化座標 76
基準電位 194
寄生共振 128
寄生振動 124
奇対称 93
奇対称モード 103
逆相 184, 187
逆反復法 79, 197
逆フーリエ変換 202

索引　247

逆べき乗法	161		剛性マトリックス	47, 57
級数展開法	86		構造減衰	70, 78, 149, 203
キュリー温度	148		交流系	211
境界積分法	112		小型昇圧器	119
境界要素法	33, 107, 112		呼吸円柱	113, 114
仰角	178		固体-液体境界面	106
強制対流	150		固定子	216
強誘電体	120		コマ・ジャイロ	158
行列式探索法	161		固有角周波数	68
局所座標系	60		固有関数展開法	112
局所座標変換	60, 222		固有周波数	86
局所振動	123		固有値	68
虚部	111		固有値解析	52
キルヒホッフの定理	107		固有ベクトル	68, 193
均一円筒振動子	102		固有モード	52, 53
近距離音圧分布	107		固有モード展開	70
近距離音場	111		コリオリカ	158, 165
近接モード	109		ころがり摩擦	215
偶対称	93		混合型	112
偶対称モード	103		コンダクタンス	208
くし形トランスジューサ	98		コンプライアンス	90
屈曲振動体	208		**[さ行]**	
屈曲波	211			
屈曲モード	207		最小二乗法	127
駆動アドミタンス	123		最大可能伝達トルク	215
駆動電極	161, 120		最適整合	200
グリーン関数	107		サセプタンス	111, 208
形態係数	150		差動的	165
軽負荷	122		サーモトレーサ	152
径方向振動	103		座標変換	133
結合マトリックス	47, 58		差分法	85
結合モード	88		三角円環要素	100
結合容量	120		サンドイッチ型音片振動子	184
結晶軸	135		サンドイッチ構造	107, 200
検出電極	161		サンプリング周波数	203
減衰型	112		散乱問題	113
減衰型無限要素	112, 115		残留分極	220
減衰行列	149		時間基準素子	133
減衰係数	114		時間積分	203
減衰定数	48, 112, 149		時間的効果	219
鋼円柱	105		時間領域	202
工学表示	13		時間領域解	205
高次モード	82		時間領域解法	202
構成方程式	174		時間領域問題	202

248　索引

磁気ベクトル・ポテンシャル　221
軸対称振動　100
軸対称振動子　100
軸対称定常圧電振動モデル　100
軸対称モード　86
指向性パターン　106
指向特性　111
自己静電容量　195
システム行列　113
システムマトリックス　176
姿勢制御　158
自然対流　150
実験的モーダル解析法　67
質量マトリックス　58
質量密度　136
締め付けボルト　153
ジャイレータ　215
ジャイロ効果　158
ジャイロスコープ　170
ジャイロ特性　163
ジャイロマトリックス　160
弱結合　85
自由エネルギー　27
自由振動　76
収束条件　219, 225
収束判定値　225
周波数応答　190, 190
周波数-温度係数　135
周波数-温度特性　133
周波数ジャンプ　143
周波数スペクトル　203
周波数制御デバイス　143
周波数方程式　68, 74
周波数領域解　205
周波数領域解法　202
重負荷　122
周辺速度　211
主共振　128
縮退　161
縮退モード　88, 161
主軸　171
出力電極　121, 120
出力利得　170
準静的モデル　32

ショックセンサー　183
磁歪　3, 22
磁歪効果　3
磁歪の基本式　21
磁歪率　22
人工水晶　4
進行波　202, 211
進相　215
振動エネルギー　196
振動解析　67
振動角周波数　160
振動減衰　71
振動子　85
振動制御　193
振動損　148
振動の節　153
振動ひずみ　148
振動モデル　148
振動様式（モード）　5, 86
振動／波動方程式　15
真の節点変位ベクトル　61
水晶　2, 40, 41
水晶振動子　133
水晶板　133
垂直外面　225
スカラーポテンシャル　221
すだれ状の電極モデル　95
スティフネス・テンソル　40, 41, 42, 54, 54
ステータ　202, 206
ステファン・ボルツマン定数　150
スプライン関数　220
スプリアス　98
スプリアス応答　230
スプリアスモード　79, 146
すべり　215
スロープ　183
制振　197
制振板　193, 198
静電エネルギー　48
静電界エネルギー　46
静電結合　171
静電マトリックス　59
制動アドミタンス　94, 101
制動容量　98

正方形板　87
赤外線放射温度計　152
積分方程式法　107, 112
接合条件　85
接触損失　215
絶対零度　150
接地電極　120
節点温度ベクトル　150
節点電位ベクトル　39
節点変位ベクトル　38
節点ポテンシャル・ベクトル　221
セラミックス磁器　1
尖鋭度　48
線形傾斜　226
センサー　174
センサー感度　189
せん断　92
せん断振動モード　93
せん断ひずみ　190
線膨張係数　135
全面電極　89, 174
相互静電容量　196
走査型トンネル顕微鏡　174
双対性　23, 24
増分　223
双峰特性　128, 186
速度ポテンシャル　107
ソナー　108
損失エネルギー　46, 48
損失マトリックス　48

[た行]

対角化　70
対角行列　76
対角成分　76
対角マトリックス　69
台形円環要素　103
対象モード　82
大振幅　119
楕円運動　211
楕円軌道　207
高さ／直径比　100
多自由度等価回路　77
多重モード　85

縦振動　103
縦ひずみ　190
ターンオーバ温度　140
短軸長　171
弾性振動場　68
弾性体放射面　107
弾性定数　11
弾性表面波　94
遅延線路　94
力係数　75, 120
力センサー　176
遅相　215
チタン酸バリウムセラミックス　87
チタン酸バリウム磁器　89
中空円筒形　151
超音波共振子　119
超音波トランスジューサ　106
超音波プラスチック溶接機　151
超音波モーター　202
超音波レベル計　151
鳥瞰図表示　211
長軸長　171
長方形板　86
調和強制駆動　71
調和駆動力　197
調和振動　77
直接解　67
直接法　203
直流系　211
直交　88
直交性　76, 193
定在波　206
低次モード　82
定常応答　51
定常熱伝導モデル　150
テイラー展開　135
停留性　135
適合性　135
デシベル表示　111
手ぶれ防止　158
電圧変換　119
電圧利得　124, 128
電位分布　190
電界　219

電界集中　226
電界-電束密度　220
電界の準静的取り扱い　32
電界の強さベクトル　39
電界波伝搬　96
電界ベクトル図　225
電気エネルギー　196
電気回路網　183
電気機械結合　72, 86
電気機械結合係数　7, 19, 20, 75, 86, 184, 197
電気機械結合フィルター　183
電気-機械振動-音響結合問題　107
電気・機械振動子　85
電気・機械素子　92
電気機械フィルター　174, 183
電気・機械変換　196
電気的境界条件　87
電気的等価回路　183
電気変位　219
電気変位（電束密度）ベクトル　40
電気ポテンシャル　175
電極厚／板厚比　93
電極位置　179
電極形状　119
電極構造　92
電極配列　92
電磁波導波管　96
電束密度　219
電束密度-電界強度　219
テンソルの座標回転変換　43
テンソル表示　13
伝達関数　203
伝達動作減衰量　186
伝達特性　186
天然水晶　4
伝搬定数　186
電歪　1
電歪効果　3
電歪振動子　183
動アドミタンス　101
等音圧線　111
等価インダクタンス　75, 120
等価外力　194

等価回路　119
等価回路法　158
等価回路網法　67
等価機械抵抗　215
等価質量　7, 86
等価集中定数　120
等価スティフネス　75, 86
等価抵抗　120
等価定数　119
等価モデル　85
等価容量　75, 120
同次式　69
等電位線図　225
同方向分極　209
等方性　219
等方性平板　86
補ぎ　220
特性インピーダンス　34, 112, 186
特性方程式　68, 74, 193
トラブルシューティング　172
トランスジューサ　183
トルク　215
トレース　13

[な行]

内挿関数ベクトル　39
内挿関数マトリックス　38, 38
内挿（試験）関数マトリックス　134
内部損失　148
長さ／厚さ比　93
二分法　79, 197
入力アドミタンス　52, 86
入力駆動波形　203
ニュートン・ラフソン反復法　219
ニュートン・ラフソン法　24, 223
ニューマークβ法　51, 202
捩じり振動　183
熱応力　150, 156
熱応力分布　148, 155
熱応力ベクトル　150
熱弾性　150
熱伝達　150
熱伝達係数　150
熱伝導行列　150

索引

熱伝導モデル 148
熱伝導問題 149
熱ひずみ 151
熱ひずみベクトル 150
熱放射 150
熱膨張 133, 135, 136, 151
熱膨張係数 135
熱容量行列 150
熱流束 150
熱流束ベクトル 150
粘性 148
能率 98
伸び振動 183
伸びのモード 168

[は行]

倍精度複素数計算 161
ハイパスフィルター 176
ハイブリッド型 113
ハイブリッド型無限要素 112, 117
バイモルフ 187
ハウスホルダ変換 79, 197
発散定理 28
パッシブ制振 193
ハードディスク装置 186
ばね定数 7
ハミルトンの原理 45
パラメータ減衰長 114
バルク波 96
汎関数 45, 135, 220, 222
バンド幅 98, 176
半無限空間 107
ピエゾ振動子 202
ピークピッキング 124
非縮退モード 161
微小変位 119
ヒステリシス 33
ヒステリシス特性 220
ひずみ 12
ひずみエネルギー 46, 47
ひずみベクトル 39
非線形 33, 132
非線形項 224
非線形性 24, 219

非線形電界 219
非線形電界解析問題 219
非線形場 219
非線形モデル 119
非対称マトリックス 160
非対称モード 87
非体積波 16
比抵抗 186
非定常 202
非定常応答 50
非定常解析 202
非定常有限要素解析 202
比熱 152
微分係数成分 134
微分誘電率 221
表面積 150
表面弾性波 92
表面波 96
フィルター 85, 85
負荷インピーダンス 121
複合振動子 100
複素化 78
複素固有値問題 53
複素数モード 162
富士セラミックス 123
フックの法則 11, 13
部分電極 89
浮遊容量 120
フラックス 113
プラノコンベックス DT-カット 133
プラノコンベックス DT-カット振動子 139
フランジ 153
プリアンプ 176
フーリエ変換 202
プローブ 122
分極 40, 42, 119, 128, 219
分極過程 179
分極処理 3, 219
分極装置 128
分極電圧 225
分極特性 219
分極プロセス 219
分極ベクトル図 225

252　索引

平板圧電振動ジャイロ　159
平面応力　15, 133
平面形　172
平面ひずみ　14
ヘルムホルツの恒等式　15
変位アクチュエータ　176
変位過渡応答　204
変位関数　85
変位関数近似　85
変位速度　194
変位分布　123
変位ベクトル　38, 38
変換効率　119
変分原理　37
変分法　85
偏平比　171
方位角計測　158
方位角度　178
方形ピストン　115
方向異方性　89
放射インピーダンス　107
放射面　107
放射率　150
膨張波　16
飽和分極　229
等方性モデル　220
補間　220
補間関数　113, 222
補間法　111
保持力　206
ボルト締めランジュバン形振動子　151, 153

[ま行]

前打板　153
巻線比　77
曲げ振動　103
曲げ振動子　183
曲げモード　168
摩擦係数　217
マックスウェル方程式　24
水負荷　111
無限遠　107
無限音響空間　107

無限空間　107
無限大バッフル板　108
無限平板モデル　145
無限要素　112
無限領域　112
無通電　206
無負荷状態　109
メインモード　143
面積座標　55, 56
面内応力モデル　135
面内振動　85, 123
面内振動解析　85
モーショナル・アドミタンス　89
モーダル解析　67, 120
モーダル減衰　76, 196, 198
モーダル剛性　76, 197
モーダル質量　76, 197
モーダル力係数　200
モーダルパラメータ　67, 197
モーダルベクトル　69, 194
モーダルマトリックス　69, 193
モーダル・モデル　67, 120
モード解析　193
モード間結合　79
モード結合　145, 193
モードチャート　145
モードの分離　70
モード分離　161
モノリシック型振動ジャイロ　165
モノリシックデバイス　165
モーメント　183
漏れ磁束　119

[や行]

ヤコビアン　62
ヤコビアン逆行列　222
ヤコビアン行列　62, 223
有限要素等価回路解　67
有限要素法　68
誘電損失　149
誘電体損　148
誘電体損失係数　121
誘電体テンソル　42
誘電体力率　150

誘電率　　　90
誘電率テンソル　　　43, 54
容量比　　　196
横効果　　　120

[ラ行]

ランジュバン形振動子　　　2, 107
ランジュバン形電気・機械変換器　　　100, 105
離散化　　　47
離散化方程式　　　47

理想変圧器　　　77, 120, 7
粒子速度　　　211
流束　　　113
リンギング　　　205
レーザー・ドップラ振動計　　　128
レゾネータ　　　183
漏洩電圧　　　171
六面体8節点アイソパラメトリック要素　　　143
ローター　　　207
ロボット　　　174

著者紹介

加川幸雄（かがわ　ゆきお）

　工学博士．富山大学・岡山大学・秋田県立大学名誉教授．1963年東北大学大学院工学研究科修了．ブルックリン工科大学，ノルウェー工科大学音響研究所，サウサンプトン大学音響振動研究所などの研究員をへて，富山大学，岡山大学，秋田県立大学の教授を歴任．その間，インド工科大学（デリー），ニューサウスウェールズ大学，中国科学院音響研究所，蘭州大学などの客員教授を務める．一般社団法人日本シミュレーション学会名誉会員（元会長），インド音響学会名誉フェロー，アメリカ電気電子学会（IEEE）終身フェロー，イギリス音響学会フェロー．主として，電気，音響，振動工学分野の数値シミュレーションの研究に従事．

山淵龍夫（やまぶち　たつお）

　工学博士．富山大学名誉教授．1972年東北大学大学院博士課程修了．1972年富山大学工学部電気工学科助手．1979年同講師．1983年同助教授．1989年電子情報工学科助教授，1990年同教授．おもに有限要素法を用いた圧電振動子や音場などの解析に関する研究に従事．

安藤英一（あんどう　えいいち）

　工学博士．芝浦工業大学工学部非常勤講師．1971年芝浦工業大学工学部電子工学科卒業．1971年島田理化工業株式会社入社．2003年同社技師長．2008年中央大学理工学部教育技術員．2011年同大学共同研究員．1989年第20回石川賞（企業部門，財団法人日本科学技術連盟）を加川幸雄と共同受賞．おもに超音波応用機器の設計および数値解析の研究に従事．

圧電デバイスの有限要素モデルとシミュレーション

平成 26 年 9 月 30 日　発　行

編　者　　加　川　幸　雄

発行者　　池　田　和　博

発行所　　丸善出版株式会社

〒101-0051　東京都千代田区神田神保町二丁目17番
編集：電話(03)3512-3265／FAX(03)3512-3272
営業：電話(03)3512-3256／FAX(03)3512-3270
http://pub.maruzen.co.jp/

© Yukio Kagawa, 2014

組版印刷・株式会社 精興社／製本・株式会社 松岳社

ISBN 978-4-621-08841-8 C 3053　　　　　Printed in Japan

JCOPY 〈(社)出版者著作権管理機構 委託出版物〉
本書の無断複写は著作権法上での例外を除き禁じられています．複写される場合は，そのつど事前に，(社)出版者著作権管理機構(電話 03-3513-6969, FAX 03-3513-6979, e-mail: info@jcopy.or.jp)の許諾を得てください．